高职高专规划教材

市政工程测量

（市政工程专业适用）

林致福　王云江　主编

中国建筑工业出版社

图书在版编目（CIP）数据

市政工程测量/林致福，王云江主编．北京：中国建筑工业出版社，2003
高职高专规划教材．市政工程专业适用
ISBN 978-7-112-05937-9

Ⅰ．市… Ⅱ．①林… ②王… Ⅲ．市政工程-工程测量-高等学校：技术学校-教材 Ⅳ．TU198

中国版本图书馆 CIP 数据核字（2003）第 060117 号

本书是根据高职高专市政工程测量教学大纲，并结合多年教学经验和市政工程现状与发展要求而编写的。

全书分十章，第一章至四章讲述测量学的基本知识，测量仪器构造和使用技能；第五章简述地形图基本知识，测绘与应用；第六章讲述施工测量基本工作与技能，第七章至第九章，分别讲述道路工程、管道工程、桥梁工程等设计与施工中的测量工作；第十章讲述全站仪的构造和使用技能。每章后均附有思考题与习题。

本书具有较宽的专业适应范围，既有较完整的科学理论，又注重能在市政工程中实用，并力求反映当代测量学科的新技术，故其所选内容有一定的科学性、适用性和先进性，通俗易懂，更便于自学。

本书既可作为高职高专相关专业教材；也可作为建设岗位市政专业高、中级岗位培训教材，并可供市政工程技术员参考。

* * *

责任编辑 朱首明 齐庆梅

高职高专规划教材
市政工程测量
（市政工程专业适用）
林致福 王云江 主编

*

中国建筑工业出版社出版、发行（北京西郊百万庄）
各地新华书店、建筑书店经销
廊坊市海涛印刷有限公司印刷

*

开本：787×1092毫米 1/16 印张：12¼ 字数：297 千字
2003 年 9 月第一版 2014年 7 月第四次印刷
定价：**18.00** 元
ISBN 978-7-112-05937-9
（11576）

前言

为了满足市政工程建设不断发展和继续提高技术人员技术素质的需要，根据目前市政工程及相关专业《市政工程测量》教学大纲和教学要求，结合编者原来编写的《市政工程测量》岗位培训统一试行教材和多年来的教学实践，并参阅相关专业的有关教材和参考书，适应传统测量学向现代测量学转变的趋势和拓宽知识面所需，特编写本教材。

本教材在编写过程中，力求做到以下几点：

(1) 面对市政岗位人材实际需求，注意教学内容的系统性和逻辑性，力求做到通俗易懂，深入浅出，重点、难点分析透彻，涉及到内业计算部分均有例题作为样题，以便自学。

(2) 根据市政岗位和教学的要求，保证市政工程相关专业所需测量学的基本内容，尽量做到除旧更新，精炼内涵。

(3) 适当引用和讲述测量学科的新技术和测绘新仪器，以适应科技发展的需要。

(4) 按照国家现行规范编写内容，力求做到简明、扼要和实用。

(5) 书中配有大量插图，力求做到图文并茂；各章后附有思考题和习题，以便组织教学。

本书由林致福、王云江主编，由赵西安主审。具体分工如下：林致福编写第一章、第二章、第四章、第五章、第六章、第七章；王云江编写第三章、第九章；王凌华编写第十章；伍华星编写第八章。全书由林致福统稿，参加描绘插图、校对工作的有黄韵蓉、林灵等。

本书编者敬请使用本教材的师生与读者批评指正。

目　录

第一章　市政工程测量基本知识

第一节　测量学的内容和任务

测量学是一门应用科学，是主要研究和确定地球的形状和大小以及确定地面（包含地下、海底和空中）点位的科学。

一、测量学的内容

它的内容包括测定和测设两个部分。

(1) 测定，又称测图。它是将地球表面的形状和大小，按一定比例尺，使用测量仪器和工具，通过测量和计算，运用各种符号及数字缩绘成地形图，供科学研究、经济建设、国防建设和规划设计使用。其实质就是将地面上点的位置测绘到图上。

(2) 测设，又称放样。它是将图纸上已设计好的建（构）筑物的位置，按照设计的要求，根据施工的需要，运用测量仪器和工具，使用各种标志在地面上标定出来，作为施工的依据。其实质就是将图纸上点的位置测设到地面上。

测量学按其研究的目的、对象和方法的不同，可分为大地测量学、地形测量学、摄影测量学、工程测量学及地图制图学等。

大地测量学——研究地球表面大区域的点位测定以及整个地球的形状、大小和地球重力场测定的理论和方法的学科。它又分为常规大地测量学和卫星大地测量学。

地形测量学——又称普通测量学，是研究将地球表面局部地区的地貌及人工建筑和行政权属界限等测绘成大比例尺地形图的基本理论和方法的学科，它是测量学的基础。

摄影测量学——研究利用摄影或遥感技术获取被测定地表物体的信息，进行分析处理，绘制成地形图或数字模型的理论和方法的学科。它又可分为地面摄影测量学、航空摄影测量学、水下摄影测量学和航天摄影测量学等。

工程测量学——研究各种工程建设在规划、设计、施工、运行、管理等各阶段进行的测量工作的理论和方法的学科。它又可分为建筑工程测量、市政工程测量、水利工程测量等。

制图学——研究将地球表面的点、线经过投影变换后绘制成满足各种不同要求的地图、海图的学科。

本教材主要阐述普通测量学及道路、桥梁与涵洞、管道工程测量学的内容。

二、测量学的任务

从上述测量学的内容不难看出、测量学的任务是：

(1) 研究和确定地球的形状和大小；

(2) 根据测量的内容和要求将所测区域内的地物（天然或人工固定物体）和地貌（地表面的起伏形态）位置，按其比例尺绘制成各种图，即为测图。

(3) 在各种工程建设项目中，将设计图纸上的建（构）筑物的位置测设在地面上，作好标志，为施工提供依据，即为测设。

（4）为使用部门提供各种测绘信息资料，为政治、经济、国防、科研等事业服务。

测量学的实质就是确定地面点位置，它也是测量工作的基本任务。

三、测量学的作用

测绘科学广泛应用于国民经济建设、科学研究和军事技术等领域。测绘信息是最重要的基础信息之一，它为城市规划、建筑设计、市政工程、土地开发与管理、地籍与房地产管理等方面提供各种比例尺的地形图等测绘信息资料，供城镇规划、选择厂址、交通及管道线路选线以及总平面图设计和竖向设计之用。在各种工程施工阶段，要将设计好的建（构）筑物的平面位置和高程在实地标定出来，作为施工的依据。待工程竣工后，还要测绘竣工图，以供日后扩建、改建和维修之用。在工程运营管理阶段，对一些高层、大型、重要的建筑，还需要进行变形观测，以保证建筑物的安全使用。在国防建设中，军事测量和军用地图是现代大规模的诸兵种协同作战不可缺少的重要工具和保障。至于空间武器、人造卫星、远程导弹的精确入轨和命中目标，更离不开坐标、方位、距离等有关的测量数据资料。在科学研究中，地壳的形变、空间科学技术的研究、地震预报、海陆变迁等都有赖于现代测量技术和手段的运用。

随着科学技术的发展、新技术的开发应用，测绘科学在国民经济建设、国防建设和科学研究中的作用将日益增大。综上所述，测绘是了解自然、改造自然的重要手段，测绘工作是经济建设中的一项基础性和前期的工作，所以，测绘工作者常被人们誉为建设的尖兵。

四、测量工作的要求

（一）测量工作的要求

测量工作在整个市政工程建设中具有不可缺少的重要作用，测量速度和质量直接影响工程建设的速度和质量。它是一项非常细致的工作，若稍有不慎就会影响工程进度甚至返工浪费。因此，要求工程测量人员必须做到：

（1）树立为市政工程建设服务的思想，具有对工作负责的精神，坚持严肃认真的科学态度。做到测、算工作步步有检核，确保测量成果的精度。

（2）养成不畏劳苦和细致的工作作风。不论外业观测，还是内业计算，一定要按现行规范规定作业，坚持精度标准，严守岗位责任制，以确保测量成果的质量。

（3）要爱护测量仪器和工具，正确使用仪器，并要定期维护和检校仪器。

（4）要认真做好测量记录工作，要做到内容真实、原始，书写清楚、整洁。

（5）要做好标志的设置和保护工作。

（二）学习市政工程测量的要求

市政工程测量是一门实践性较强的技术基础课程，并为学习市政工程有关的科学技术知识打下必要的基础。因此，要求学员通过教学达到“一知四会”的基本要求，即：

（1）知原理　对测量的基本理论、基本原理，要切实知晓并清楚。

（2）会用仪器　熟悉钢尺、水准仪、经纬仪和平板仪、全站仪的使用。

（3）会测量方法　掌握测量操作技能和方法。

（4）会识图、用图　能识别地形图和地形图的应用。

（5）会施工测量　重点掌握市政工程施工测量内容及能描绘市政工程测量内业图表。

第二节　测量工作的基准面

测量工作是在地球表面进行的，而地球的自然表面是个极不规则的地面，有高山、丘陵、平原和海洋等起伏形态。就整个地球而言，海洋面积约占地表的71%，而陆地约占29%，其中最高的珠穆朗玛峰高出海水面8848.13m，最低的马里亚纳海沟低于海水面11022m。但是，这样的高低起伏，相对于地球半径6371km来说还是很小的。因此，人们习惯上把海水面所包围的地球形体视为地球的形状。地球的形状和大小与测量工作有直接关系，为便于测量成果的处理，就必须掌握测量工作的基准面与基准线和测量计算工作的基准面与基准线。

一、大地水准面

假设某一个静止不动的水面延伸而穿过陆地，包围整个地球而成闭合曲面，称为水准面。它是由于受地球重力影响而形成的重力等势面，它的主要特点是面上任意一点的铅垂线都垂直于该点上曲面的切面。与水准面相切的平面称之为水平面。重力的方向线称为铅垂线，它可作为测量工作的基准线。

由于水面高低不一，因此水准面有无数多个，其中与平均海水面相吻合并向大陆、岛屿内延伸而形成的闭合曲面，称为大地水准面，如图1-1所示。大地水准面是测量工作的基准面。由大地水准面所包围的地球形体，称之为大地体。

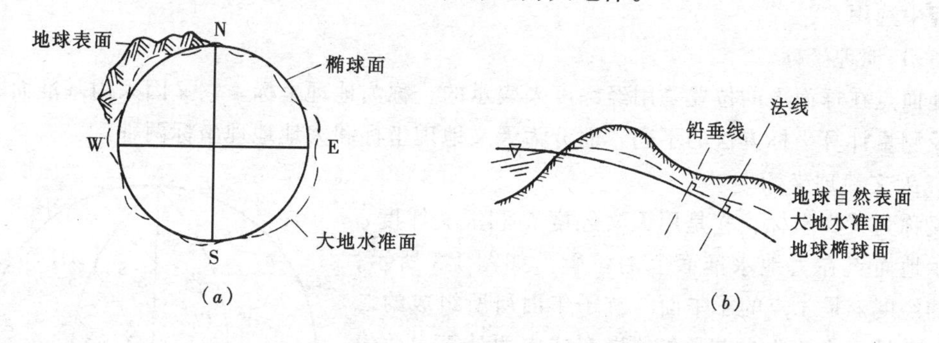

图1-1　地球表面、大地水准面与地球椭球面

由于海水面受风浪、潮汐的影响，是个动态的曲面，为此我国在青岛设立验潮站，长期观察和记录黄海海水面的高低变化，取其平均值作为大地水准面的位置，其高程为零，并在青岛观象山设立水准原点。目前，我国采用“1985年国家高程基准”，青岛水准原点的高程为72.260m，全国各地的高程都以它为基准进行测算。但在1987年以前使用的是“1956年高程系”，其青岛原水准原点高程为72.289m，已由国测发［1987］198号文件通告废止。利用旧的高程测量成果时，一定要注意高程基准的统一和换算。

二、参考椭圆体

用大地体表示地球形体是恰当的，但由于地球内部质量分布不均匀，引起铅垂线的方向处处发生变化，致使大地水准面成为一个复杂曲面。因此，无法在这个复杂的曲面上进行测量数据的处理。为了使用方便，通常用一个非常接近于大地水准面，并可用数学式表达的几何形体来代表地球的形状，其表面作为测量计算工作的基准面，这一几何形体就称

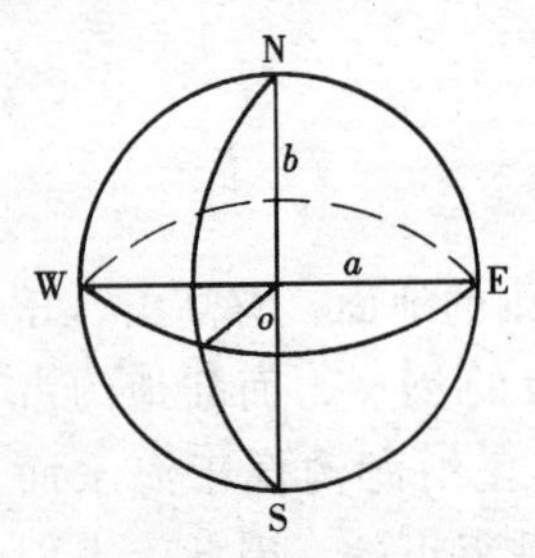

图 1-2　地球椭球体

为参考椭圆体，如图 1-2 所示。它是由一个椭圆绕其短轴旋转而成，故又称旋转椭球面。而旋转椭球面就作为测量计算工作的基准面。而法线就作为测量计算工作的基准线。旋转椭球体由长半径 a（或短半径 b）和扁率 α 所决定。我国目前采用的地球椭球参数为：

$$a = 6378140\text{m}$$

$$d = \frac{a-b}{a} = \frac{1}{298.257}$$

由于地球椭球的扁率很小，因此当测区范围不大时，可近似地把地球椭球当做圆球来看待，其半径：$R = \frac{1}{3}(a + a + b) = 6371\text{km}$

第三节　地面点位的确定

测量工作的基本任务就是确定地面点的空间位置。地面点的空间位置的确定需要三个量：通常由该点的二维球面坐标或二维平面坐标（x，y）及该点到大地水准面的铅垂距离（高程），也就是由地面点的坐标和高程来确定。

一、地面点的坐标

地面点坐标，可根据不同用途和实际情况，在地理坐标、高斯平面直角坐标、平面直角坐标中选用。

（一）地理坐标

地面点在球面上的位置是用经纬度来表示的，称为地理坐标。它又因采用基准面、基准线及测量计算坐标方法的不同，而分为天文地理坐标和大地地理坐标两种。

1. 天文地理坐标

又称为天文坐标，它是用天文经度 λ 和天文纬度 φ 来表示地面点在大地水准面上的位置。如图 1-3 所示，A 点的经度 λ 是 A 点的子午面与首子午面所所组成的二面角，其计算方法为自首子午线向东或向西计算，数值在 0°～180°之间，向东为东经，向西为西经。A 点的纬度 φ 是过 A 点的铅垂线与赤道面的夹角，其计算方法为自赤道起向北或向南计算，数值在 0°～90°之间，在赤道以北为北纬，在赤道以南为南纬。天文地理坐标可以在地面点上用天文测量的方法测定。天文坐标系常用于导弹的发射、天文大地网或独立工程控制网起始点的定向。显然，天文地理坐标依据的基准面是大地水准面，基准线是铅垂线。

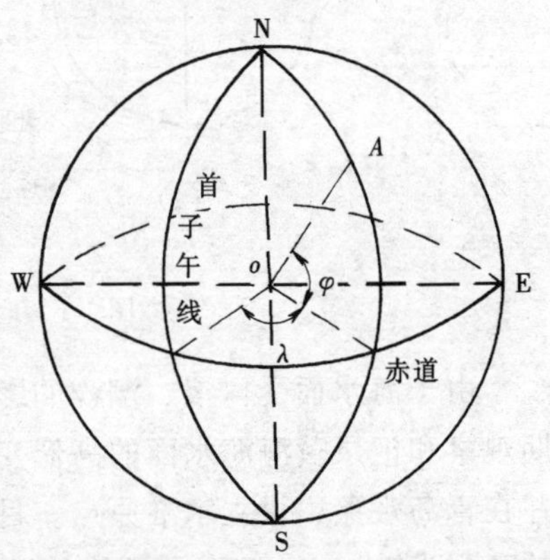

图 1-3　地理坐标

2. 大地地理坐标

又称大地坐标，系用大地经度 L 和大地纬度 B 表示地面点投影在地球椭球面上的位置。A 点的大地经度 L 是 A 点的大地子午面与首子午面所夹的二面角；A 点的大地纬度 B 是通过 A 点的椭球面法线与赤道面的夹角。大地经、纬度是根据大地原点（该点的大地经、纬度与天文经、纬度相一致）的起算数据，再按大地测量的数据推算而得。我国现采用陕西省泾阳县永乐镇某点为大地原点，由此建立全国统一坐标系，称为“1980年国家大地坐标系”。过去我国曾采用“1954年北京坐标系”。显然大地坐标是依据旋转椭球面和法线作为基准面和基准线的。大地坐标系是大地测量的基本坐标系，它对于大地问题的解算、研究地球形状和大小。编制地图都有十分重要的作用。

（二）高斯平面直角坐标

地理坐标是球面坐标，不能直接用在测图和工程建设中，测量上的计算和绘图最好在平面上进行。如将旋转椭球面的图形展绘到平面图纸上，必将产生变形。如何采用较好的方法使变形减小，我国通常采用高斯投影的方法。它是将地球划分成60个或120个带，分别采用每6°或3°一个带投影到平面上。在高斯平面直角坐标系中，以每一带的中央子午线的投影作为直角坐标的纵轴 x，向北为正，向南为负；以赤道投影为直角坐标的横轴，向东为正，向西为负，两轴交点 O 为坐标原点。

（三）独立平面直角坐标

当测区范围较小时，一般半径不大于10km的范围内，可以用测区中心点的切平面来代替曲面作为基准面，即将测区的球面视为水平面，直接将地面点沿铅垂线方向投影到水平面上。用独立平面直角坐标来确定地面点在投影面上的位置。适用于附近没有国家控制点的地区，如图1-4所示：

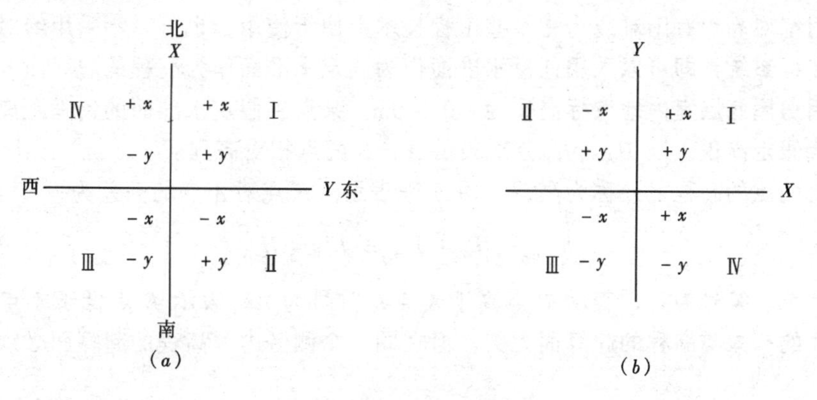

图1-4 测量与数学坐标

（a）测量坐标；（b）数学坐标

以 X 轴为坐标的纵轴，向北为正，向南为负；Y 轴为坐标的横轴，向东为正，向西为负。为使测区内各点的坐标均为正值，原点一般选在测区西南角，其值可以假设。测量上采用的平面直角坐标与数学上采用平面直角坐标的不同点在于坐标轴互换，象限顺序是相反的。测量上取南北线为标准方向，顺时针方向量度，这样便于将三角学的公式直接应用于测量计算上。

二、地面点的高程

为了确定地面点的空间位置，除了确定其平面坐标外，还需确定其高程。地面点高程通常用绝对高程（或称海拔）和相对高程（或称假定高程）来表示。如图1-5所示，地面上任何一点到大地水准面的铅垂距离，称为该点绝对高程或海拔，以 H_A、H_B 分别为 A、B 两点绝对高程。

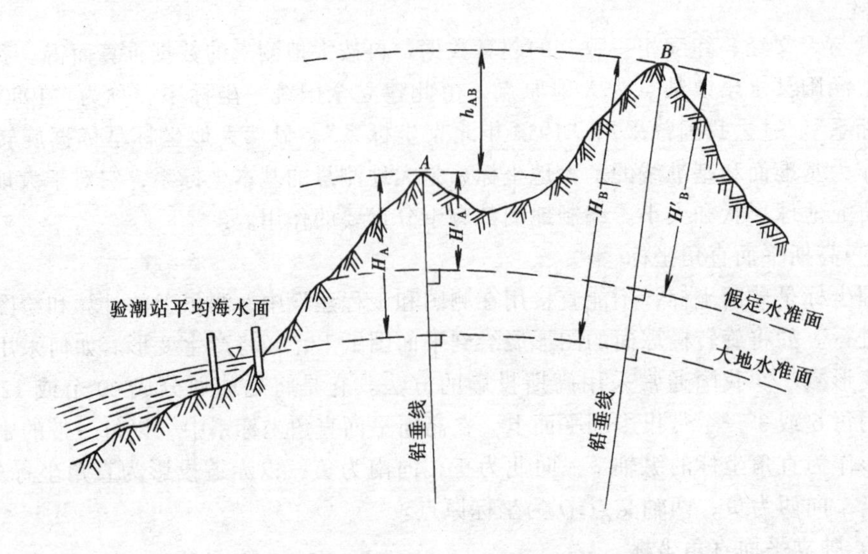

图 1-5 绝对高程、相对高程与高差

我国世界上最高峰珠穆朗玛峰高度为 8848.13m，就是指它的绝对高程，表明它高出大地水准面 8848.13m；我国新疆地区吐鲁番盆地中部艾丁湖的水面比大地水准面低 154m，就是说它的绝对高程是 -154m。

如引用绝对高程有困难或为在某些工程技术上便于使用，也可以不采用绝对高程，可采用假定高程系统，即可以采用任意水准面作为假定水准面作为高程的起算面。例如房屋工程中常用房屋底层室内地坪标高作为 ±0.000m。某点到假定水准面的铅垂距离称为该点相对高程或假定高程。以 H'_A、H'_B 分别表示 A、B 两点相对高程。

地面上两点的高程之差称为高差，用 h 来表示。B 点对 A 点的高差为：

$$h_{AB} = H_B - H_A = H'_B - H'_A$$

高差有正有负，符号为正，表示 B 点高于 A 点；符号为负，表示 B 点低于 A 点。由此可见，两点间的高差与高程的起算面无关。但在同一个测区内，高程的起算面必须统一。

第四节 测量工作的基本概念

一、测量的三项基本工作

地面点间的相互位置关系，是由水平角（方向）、距离和高程（或高差）来确定的，因此，一般称水平角、水平距离和高程是确定地面点位置的三个基本要素，又称为基本观测量。

测量的实质就是确立地面点的空间位置。要测量地面上各点的空间位置，经常需要进行反复的、大量的水平角测量、距离测量和高程测量工作，这三项测量工作，称为测量的三项基本工作，也是测量学最基本的内容。测量中的观测、计算和绘图是测量工作的基本技能，作为市政工程技术人员、必须掌握好测量学最基本的三项工作和熟练地运用三项基本技能。

二、测量工作的基本原则

测量学的主要任务是测绘地形图和施工放样，不论采用什么方法，使用什么仪器，进行测量地面点的平面位置和高程，都会给测量成果带来误差。将测量观测值与理论值之差称为测量误差。引起测量误差的因素很多，概括起来有：测量仪器的因素、观测者的因素和外界条件的因素，人们又将这三方面的因素综合起来称为测量观测条件。又将观测条件相同的各次观测称为等精度观测，将观测条件不相同的各次观测称为非等精度观测。根据测量误差对观测成果的影响性质的不同，测量误差可分为系统误差和偶然误差两大类。如果出现误差在符号和数值上都相同，或按一定规律变化，这种误差称为“系统误差”。它具有积累性和规律性，可以用通过计算改正数加以改正或采用正确测量方法加以抵消或削弱。如果误差出现的符号和数值上大小都不相同，从表面上看没有任何规律，但从整体上看具有统计规律的误差，称为“偶然误差”。在测量工作中，除了上述两种误差以外，还可能发生错误。错误是一种特别大的误差，是由于观测者的粗心大意所造成的，又称为“粗差”，必须加以杜绝。

为了防止错误的发生和提高观测成果的精度，一般需要进行多余必要的观测，称为“多余观测”。例如，某一段距离用往返丈量，如将往测作为必要观测，则返测就是多余的观测。有了多余观测，就可以发现观测值中的错误，以便将其剔除和重测。由于观测值中的偶然误差是不可避免的，有了多余观测，就可发现观测值之间的差异，如往返差、闭合差等。根据差值的大小，就可判定是否超限，如误差超限就应当返工重测；如不超限，将其闭合差进行调整，以求得最可靠的数据。

为了减少测量误差的积累和保证测量精度及提高测量速度，在测量工作中，不论是测图，还是施工放样，都应当遵循正确地工作原则：在测量布局上要遵循“整体到局部”的原则；在精度上要遵循“由高级到低级”的原则；在程序上要遵循“先控制后碎部（细部)”的原则；在具体观测和计算工作上，还要遵循“步步检核”的原则。这就是测量工作应遵循的基本原则。

测量工作的程序，第一步应是控制测量，第二步应是碎部测量或是细部测量。

三、控制测量

将施测区内起骨干、控制作用的点称为控制点。精确地确定控制点位置的测量工作称为控制测量。不论测绘地形图还是施工放样，都必须先进行控制测量。控制测量又分为平面控制测量和高程控制测量。精确地确立控制点平面位置的测量工作称为平面控制测量：精确地确定控制点高程位置的测量工作称为高程控制测量。在施测区内由控制点所组成的几何图形，称为控制网。控制网又分为平面控制网和高程控制网。平面控制网有导线网和三角网或三边网。以连续的折线构成多边形格网，称为导线网，如图 1-6 所示，其转折点 A、B、C、D、E、F 称为导线点，两点间连线称为导线边，相邻两边的夹角称为导线转折角，导线测量先测定转折角和边长，再计算导线点平面直角坐标。以连续的三角形构成的网，称为三角网或三边网，前者测量三角形的角度，后者是测量三角形边长，再以计算三角形顶点——三角点的平面直角坐标。高程控制网是由一系列水准点构成的水准网，利用水准测量或三角高程测量测定水准点间的高差，再计算各水准点的高程。

利用人造地球卫星的全球定位系统（GPS)，可以同时测定控制点的坐标和高程。它能独立、快速和精确地确定地球表面任意点位置，它具有布网灵活、定位精度高，观测不受天气条件限制，可以全天候进行，观测时间短，可节省人力，观测、记录、计算等具有高度自动化，可以较快获得测量成果等优点。它是控制测量的发展方向。

四、碎细部的测量

在控制测量基础上，再进行碎部测量或细部测量，如图 1-6 所示。在测绘地形图中，首先将控制点的坐标值，用一定比例缩小在图纸上绘出各控制点的位置，然后测绘各控制点周围的地物与地貌的特征点，如在图 1-6 中，以控制点 A 为基点，测绘房屋或场地 P、Q 等位置，按一定比例缩小，连接有关线条、勾绘等高线而绘制成地形图。在施工放样中，首先根据施工控制网，如建筑方格网、建筑基线、建筑红线或与原有建（构）筑物关系尺寸等，计算出测设数据，再按测设方法，将设计图纸上设计好的建（构）筑物的位置在实地标定出来，作为施工的依据。

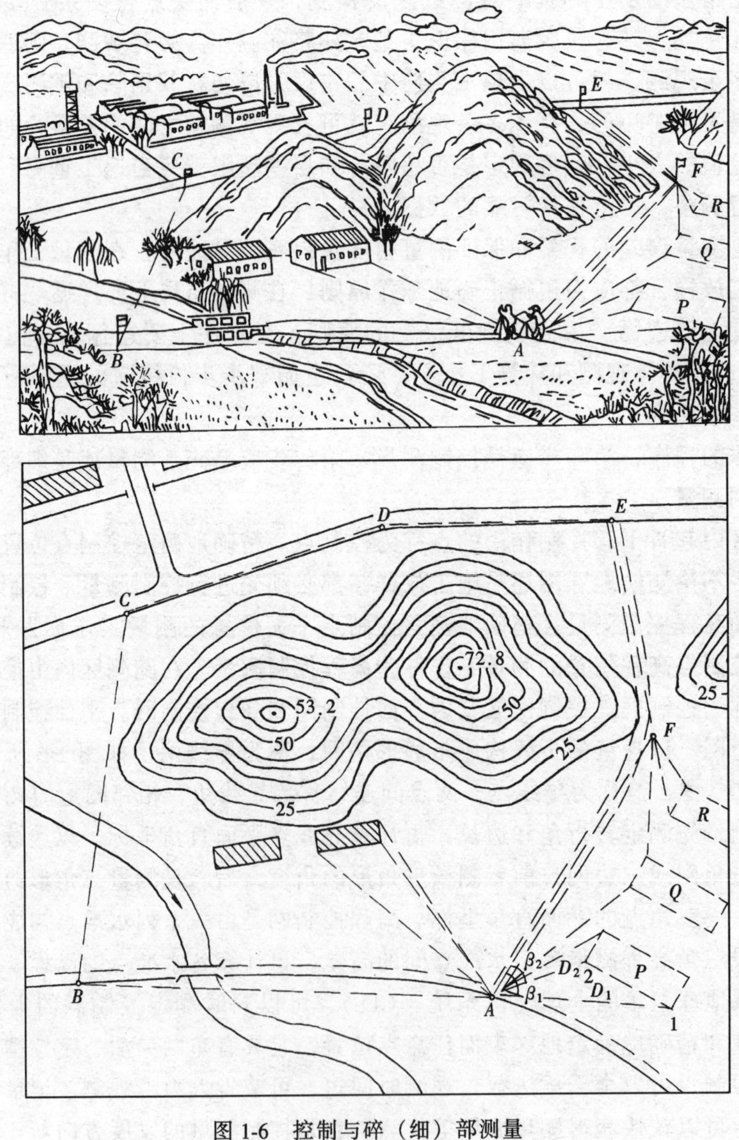

图 1-6　控制与碎（细）部测量

第五节　测量的度量单位

测量上采用的长度、面积、体积和角度的度量单位介绍如下。

一、长度单位

我国测量工作中法定的长度计量单位为米制单位：

1m（米）= 10dm（分米）= 100cm（厘米）= 1000mm（毫米）

1km（千米或公里）= 1000m（米）

英、美制长度单位与我国米制换算关系为：

1in（英寸）= 2.54cm

1ft（英尺）= 12in = 0.3048m

1yd（码）= 3ft = 0.9144m

1mi（英里）= 1760yd = 1.6093km

二、面积单位

我国测量工作中法定的面积计量单位为平方米（m^2），大面积则用公顷（hm^2）或平方千米（km^2）。我国农业上常用市亩（mu）为面积计量单位。其换算关系为：

$1m^2$（平方米）= $100dm^2 = 10000cm^2 = 1000000mm^2$

1mu（市亩）= $666.6667m^2$

1a（公亩）= $100m^2$ = 0.15mu

$1hm^2$（公顷）= $10000m^2$ = 15mu

$1km^2$（平方千米）= $100hm^2$ = 1500mu

英、美制与米制面积计量单位的换算为：

$1in^2$（平方英寸）= $6.4516cm^2$

$1ft^2$（平方英尺）= $144in^2 = 0.0929m^2$

$1yd^2$（平方码）= $9ft^2 = 0.8361m^2$

1acre（英亩）= $4840yd^2$ = 40.4686are = $4046.86m^2$ = 6.07mu

$1mi^2$（平方英里）= 640acre = $2.59km^2$

三、体积单位

我国测量工作中法定的体积计量单位为立方米（m^3），在工程上简称为“立方”或“方”。

四、角度单位

测量工作中常用的角度单位有度分秒（DMS）制和弧度制。

（一）度分秒制

1 圆周 = 360°（度）　　$1° = 60'$（分）　　$1' = 60''$（秒）

此外，还有 100 等分的新度制为：

1 圆周 = 400^g（新度）　　$1^g = 100^c$（新分）　　$1^c = 100^{cc}$（新秒）

两者换算关系为：

1 圆周 = 360° = 400^g，故

$1^g = 0.9°$　　$1^c = 0.54'$　　$1^{cc} = 0.324''$

$1° = 1.111^{g}$　　　　$1' = 1.852^{c}$　　　　$1'' = 3.086^{cc}$

（二）弧度制

圆心角的弧度为该角所对弧长与半径之比。将弧长等于半径的圆弧所对圆心角称为一个弧度，以 ρ 来表示。整个圆周为 2π 弧度。弧度与角度的关系为：

$$2 \cdot \pi \cdot \rho = 360°$$

$$\therefore \rho° = \frac{180°}{\pi} = 57.2957795° \approx 57.3°$$

$$\rho' = \frac{180°}{\pi} \times 60' = 3437.74677' \approx 3438'$$

$$\rho'' = \frac{180°}{\pi} \times 3600'' = 206264.806'' \approx 206265''$$

在测量工作中，有时需要按圆心角 α 及半径 R 计算该角的所对弧长；有时在直角三角形中小角度对边要按弧长计算或有时要计算小角度值。

【例题 1】　已知 $\alpha = 13°31'18''$，$R = 100\text{m}$，试计算所对弧长 l 为多少？

解： $l = R \cdot \alpha = 100\text{m} \times \dfrac{13.52167°}{57.29578°} = 23.5998\text{m}$

【例题 2】　已知 $\alpha = 1'15''$，$D = 150\text{m}$，试求 l 为多少？

解： $l = 150\text{m} \times \dfrac{75''}{206265''} = 0.054\text{m}$

【例题 3】　已知 $R = 10.125\text{m}$，$l = 8.5\text{mm}$，试求 α 为多少？

解： $\alpha = \dfrac{8.5\text{mm}}{10125\text{mm}} \times 206265'' = 173.161''$

思考题与习题

1. 测量学任务、内容各是什么？

2. 何谓地物和地貌？

3. 测量工作的实质是什么？

4. 确定地面点位置的三个要素是什么？测量有哪三项基本工作？

5. 何谓大地水准面、1985 年国家高程基准、绝对高程、相对高程？

6. 测量工作的原则和程序是什么？

7. 已知地面某点相对高程为 21.584m，又知假定水准面的绝对高程 10.000m，试求某点绝对高程为多少？

8. 测量上的平面直角坐标系与数学上的平面直角坐标系有什么区别？

9. 测量工作和测量计算工作各依据什么作为基准面和基准线的？

10. 设有 800m 长，550m 宽的矩形场地，其面积多少平方米？含多少公顷？含多少市亩？含多少平方千米？

11. 在半径 $R = 60\text{m}$ 的圆周上有一段 140m 长的圆弧，其所对圆心角为多少弧度？用 360°的度分秒制表示时，应为多少？

12. 有一小角度 $\alpha = 54''$，设半径 $R = 100\text{m}$，其所对圆弧的弧长应为多少（算至毫米）？

13. 何谓测量误差？产生测量误差因素有哪些？

14. 测量误差按对观测成果影响性质可分为哪几种？有何特征？

15. 测量中为什么要进行“多余观测”？

第二章 高 程 测 量

高程是确定地面点位的三要素之一，高程测量又是测量最基本的三项工作之一。根据使用仪器和施测方法的不同，高程测量可分为水准测量、三角高程测量和气压高程测量。用水准仪测量高程，称为水准测量，它是高程测量中最常用、最精密的方法；用经纬仪测出竖直角和距离，利用三角学原理测算出高程，称为三角高程测量，适用于地面高低起伏较大而高程精度要求不高的地区；用气压计来测定高程，称为气压高程测量，适用于勘测和低精度的高程测量。

第一节 水准测量的原理

水准测量的原理是利用水准仪提供的一条水平视线，直接测定地面上两点间的高差，根据已知高程点推算出待测点的高程。

如图 2-1 所示，地面上 A、B 两点，已知 A 点的高程为 H_A，欲要测定 B 点高程 H_B。可在 A、B 两点间安置水准仪，在 A、B 两点上分别竖直立水准尺，利用水准仪提供的水平视线，读得 A 点尺上读数为 a，称为后视读数，再在 B 点尺上读数为 b，称为前视读数。显然从图中的几何关系可得：

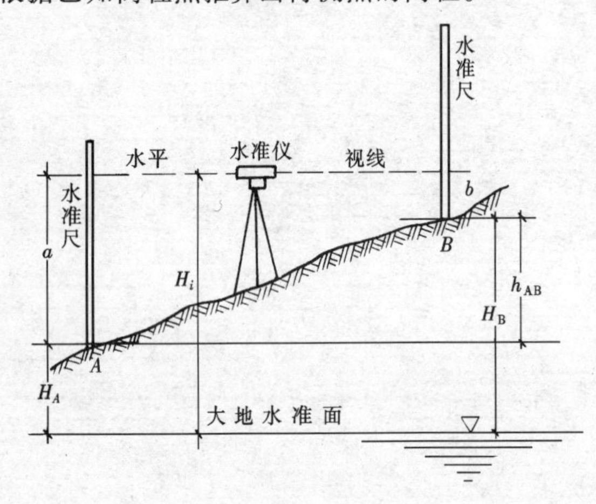

图 2-1 水准测量原理

A、B 两点高差 $h_{AB} = a - b$

B 点高程 $H_B = H_A + h_{AB}$

或水平视线高程 $H_i = H_A + a$

B 点高程 $H_B = H_i - b$

高差 h 有正负之分，如尺读数 $a > b$，则高差的符号为正，表示 B 点高于 A 点，即 $H_B > H_A$；如读数 $a < b$，则高差为负，表示 B 点低于 A 点，即 $H_B < H_A$。直接利用高差计算待测点高程，称为高差法，适用于安置一次仪器仅测出一个点的高程。

水平视线高程是指水平视线到大地水准面的铅垂距离，以 H_i 表示，简称为视线高或仪高。利用水平视线高程来计算待测点高程，称为视线高法，适用于安置一次仪器需要测出几个点的高程。

可见，水平视线必须水平，是水准测量中关键的一环，务必引起注意。

【例 2-1】 如图 2-1 所示，已知 $H_A = 12.345$m，$a = 2.964$m，$b = 0.567$m，试按高差法或视线高法求出 B 点的高程。

解：高差法：$h = a - b = 2.964 - 0.567 = 2.397\text{m}$

$$H_B = H_A + h = 12.345 + 2.397 = 14.742\text{m}$$

视线高法：$H_i = H_A + a = 12.345 + 2.964 = 15.309\text{m}$

$$H_B = H_i - b = 15.309 - 0.567 = 14.742\text{m}$$

第二节　水准仪和水准尺

水准测量所使用的主要仪器和工具为水准仪和水准尺。

一、水准仪

水准仪是为水准测量提供水平视线，进行地面点高程测量的主要仪器。它的主要作用是测量地面上各点间的高差。

（一）水准仪构造

水准仪的类型很多，其精度不一，但其在构造上都由望远镜、水准器和基座三个主要部分组成。市政工程常用 S_3 型微倾式水准仪，如图 2-2 所示。

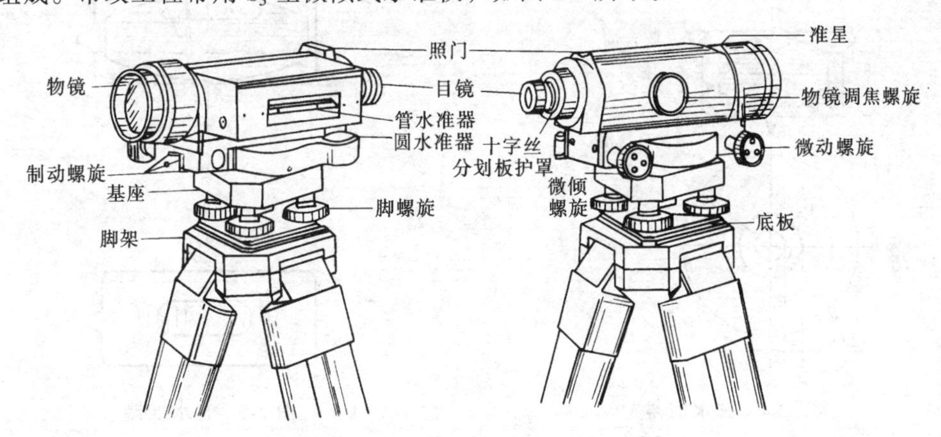

图 2-2　微倾式水准仪

1. 望远镜

它是一个圆筒形的镜管，由物镜、目镜、十字丝分划板等构成，如图 2-3 所示。其作用是应用物理光学的原理，利用透镜将远处目标放大，并通过对光螺旋调焦，使观察者通过目镜能清晰地看到目标在十字丝分划板上的成像。十字丝的交点与物镜光心的连线称为视准轴 $C—C$，望远镜是通过视准轴来获得水平视线的，用十字丝的横丝来截取水准尺读数。在横丝的上下还有对称的两根短丝，用来测定距离，称为视距丝。

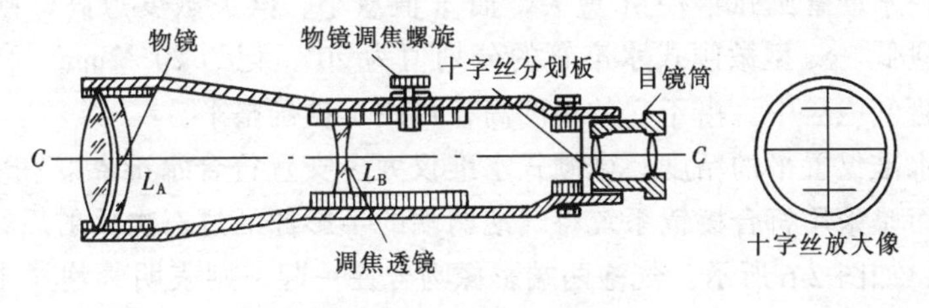

图 2-3　望远镜的组成

在望远镜管下面还有制动螺旋和微动螺旋，是用来控制望远镜在水平方向的转动。只有当制动螺旋将望远镜固定后，微动螺旋才能将望远镜作缓慢的转动，以便精确瞄准目标。

2. 水准器

它是用来表示视准轴处于水平状态或仪器的竖轴（仪器的旋转轴）处于竖直状态的装置。有管水准器（符合水准器）和圆水准器两种。

圆水准器又称水准盒，它是将酒精和乙醚加热熔封在一个内表面磨光的球面玻璃圆盒内构成的，如图 2-4 所示。球面圆圈的中点称为水准器的零点。通过零点的球面法线方向称为圆水准器轴 $L'—L'$。利用液体受重力作用后气泡居最高处的特性，当气泡进入中心圆圈时，气泡居中，水准器轴线处于铅垂位置，表明仪器基本水平。它是利用转动脚螺旋（又称定平螺旋）来调节水准盒气泡居中的。它的灵敏度比水准管低，一般水准盒分划值为 $8' \sim 10'$，只能用于略粗整平。

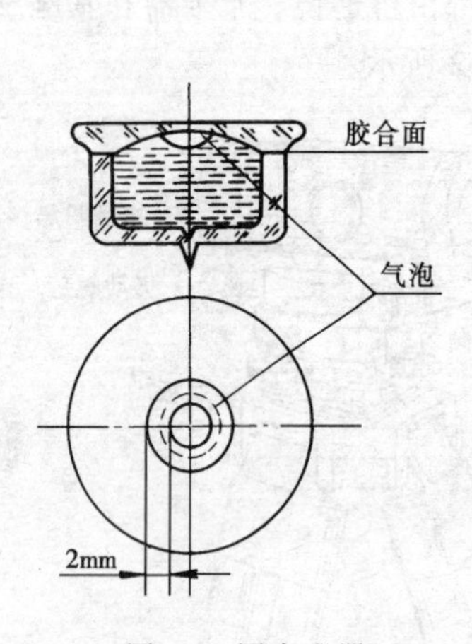

图 2-4　圆水准器

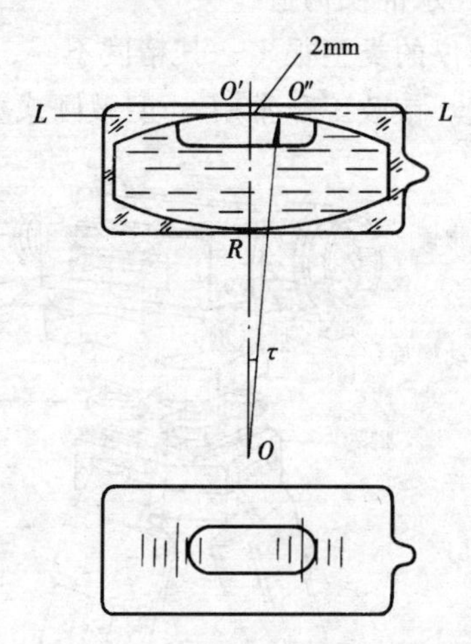

图 2-5　管水准器

管水准器又称水准管，它是一个内壁呈圆弧状的玻璃管，管内装酒精和乙醚的混合液加热熔封而成，冷却后便形成一个气泡，即为水准气泡，如图 2-5 所示。在水准管上一般刻有间隔为 2mm 的分划线，分划的中点称为水准管零点，通过零点作水准管圆弧的纵切线，称为水准管轴 $L—L$。当水准管气泡两端与零点对称时，称为气泡居中，此时水准管轴处于水平位置，则表示视准轴视线水平。水准管轴不水平时，气泡势必向高处的一端移动，气泡每移动 2mm 水准管轴所倾斜的角值，称为水准管分划值 τ，即 $\tau = \frac{2}{R}\rho''$（$\rho'' = 206265''$），每 2mm 弧长所对的圆心角的值就是 τ 值。

由此可见，水准管圆弧半径 R 愈大，而 τ 值愈小，其灵敏度愈高，则置平仪器精度也愈高，反之愈低。S_3 型微倾式水准管的分划值为 20″，记为 20″/2mm。利用转动微倾螺旋来调节水准管气泡居中。由于它的精度高，可用于精确整平。

为了提高水准仪置平的精度，微倾式水准仪大多安置符合水准器。在水准管上没有 2 毫米的刻划，而是采用符合棱镜系统将气泡两端的半影像经过三次反射后，投射在符合水准器观测镜内，如图 2-6 所示。气泡两端影像吻合在一起，则表明气泡居中，水准管轴水平；气泡两端影像错开，则表明气泡不居中，可沿图示方向调节微倾螺旋使气泡居中。

3. 基座

它是由轴座、脚螺旋和连接板组成。其作用是支承仪器并与三脚架连接。

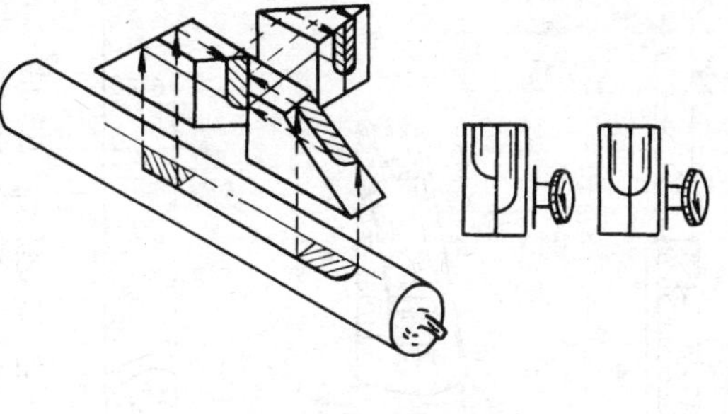

图 2-6　符合水准器

(二) 水准仪的使用

水准仪的基本操作程序可分安置仪器（简称安置）、粗略整平（简称粗平）、瞄准水准尺（简称瞄准）、精确整平（简称精平）、尺上读数（简称读数）、记录和计算。

(1) 安置水准仪　在测站上稳固地张开三脚架，使其架头大致水平，高度也适中，然后用连接螺旋牢固装上水准仪。

(2) 粗略整平　粗平是调节脚螺旋使圆水准器气泡居中，致使望远镜视准轴大致水平。其方法如图 2-7 所示。如气泡不居中而位于 a 处，先按图（a）箭头所指方向相对转动脚螺旋①、②，使气泡从 a 移至 b 的位置；再按图（b）箭头所指的方向转动脚螺旋③，使气泡从 b 移至 c 的位置居中，至此，仪器即粗略整平了。

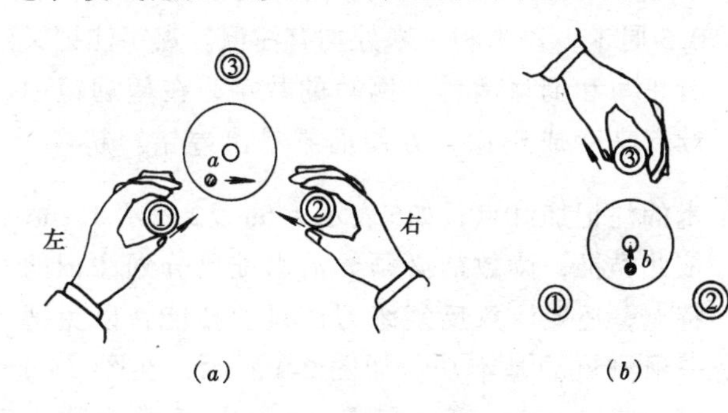

图 2-7　粗平时的操作

(3) 瞄准水准尺　瞄准前先进行目镜对光，调节目镜对光螺旋，使十字丝清晰；再用望远镜的准星瞄准水准尺，并进行物镜对光，即调节物镜对光螺旋，使水准尺成像清楚。同时要检查有无视差现象。视差现象是指当眼镜在目镜处上下微微移动时，将会发现到目标与十字丝交点有相对晃动现象。产生的原因是目标成像面与十字丝分划板面不重合，如不消除，将产生读尺误差。消除方法是继续用对光螺旋调焦，使物镜将目标的像，投射到十字丝分划板平面上，且十字丝和目标的像都很清晰为止，即仔细进行对光就可消除视差现象。

(4) 精确整平　精平是通过转动微倾螺旋使水准管的气泡居中，影像吻合，达到视准轴精确水平。

(5) 水准尺上读数　精平后应及时用十字丝横丝，截读水准尺上的读数。读数时应自小到大、由上而下地进行，要读出米、分米、厘米，并估读到毫米。读数后要检查水准管气泡是否符合，否则，应用微倾螺旋再度调整后，重读尺上读数。并报读数给记录员记录。

(6) 记录和计算　当记录员听到观测员的报数，应复述一遍读数，待观测员认可后，将读数记入水准测量手簿中，并及时地进行计算。

二、水准尺

水准尺和尺垫是水准测量常用的工具。

1. 水准尺

水准尺又称水准标尺。它是用优质的木料、玻璃钢或金属等材料制成的。水准尺式样很多，常用的有直尺、折尺和搭尺，如图 2-8 所示。

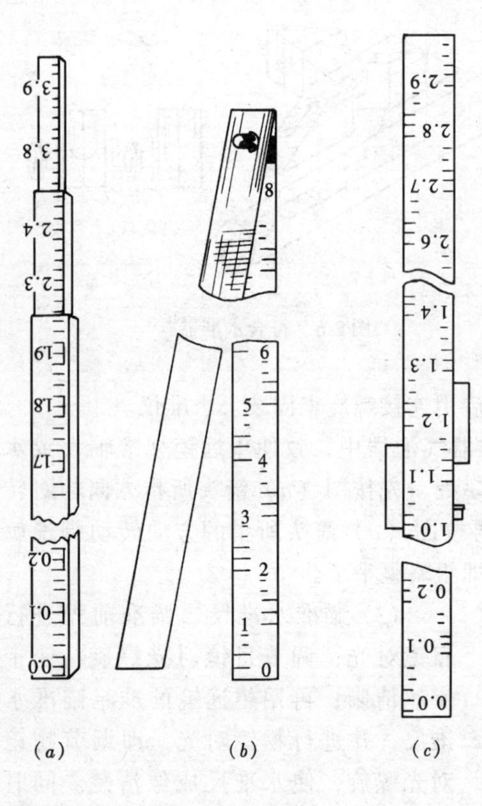

图 2-8　水准尺

（1）直尺　一般长为 3m。多为两面刻划，也称双面水准尺。一面为黑色，称为主尺，黑白相间，由零点开始刻划；另一面为红色，称为副尺，红白相间，由 4.687m 或 4.787m 开始刻划。由两只红尺面不同的尺配成一对，供检核读数有无差错用。双面水准尺用在比较精密的水准测量中。

（2）折尺　它由两节标尺组成，使用时可展开，不用时就折叠起来，携带也比较方便，但折合处易损坏，总长一般为 4m。

（3）塔尺　它由三节组合套接而成，可以伸缩，总长达 5m，携带方便，但接头处易磨损。市政工程测量经常使用塔尺。尺的底部为零点，尺上黑白格相间，每格宽度为 1 厘米或 0.5 厘米，每米和分米处均有注记。数字注记又有正写和倒写两种。倒写的数字，在望远镜中读起来变成正像，方便而不易出差错。超过 1 米的注记加红点，如5表示 1.5m，2表示 1.2m，依此类推，读数前必须弄清水准尺分划注记的特点，还要注意反复练习读尺的技能，以免把数读错。能迅速准确地读出尺的读数，是一项测量的基本功。如图 2-9 所示，在图（*a*）中正确读数应为 0.825m，易错读为 0.852m 或 0.975m 等；在图（*b*）中正确读数为 1.325m，易错读为 1.315m 或 1.475m 等。

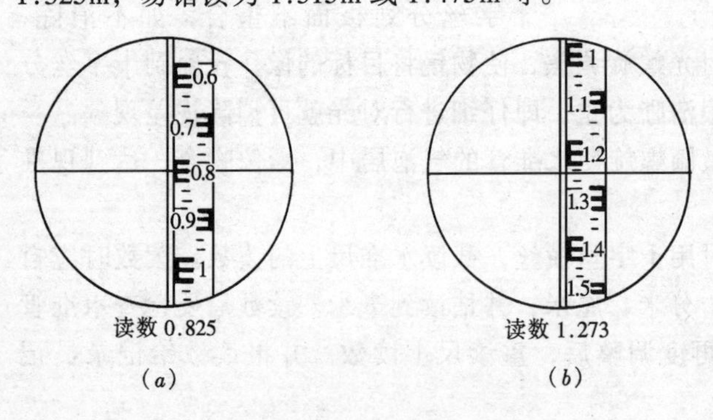

图 2-9　水准尺的读数方法

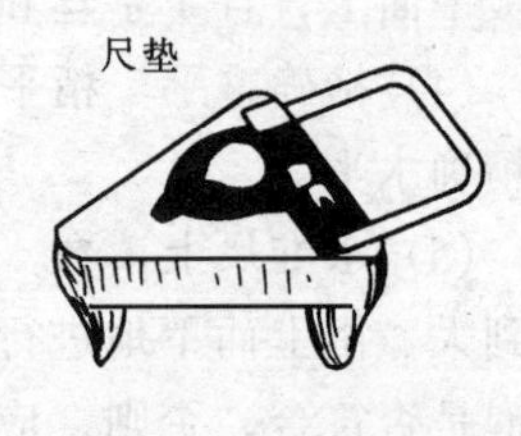

图 2-10　尺垫

2. 尺垫

尺垫用生铁制成，如图 2-10 所示。在水准测量时，在转点放置尺垫，用脚踩使三个尖脚进入土中，以稳定尺垫。水准尺竖直立于尺垫中心的半圆球顶部，以防施测过程中尺底下沉而产生误差。

三、其他类型水准仪简介

1. 自动安平水准仪

利用 DS_3 型水准仪进行水准测量时，要根据水准管气泡的居中获取水平视线。在水准尺上每次读数均要用微倾螺旋调节水准管气泡处于居中的位置，势必影响了水准测量的效率和精度，而且动安平水准仪不用水准管和微倾螺旋，只用圆水准器进行粗略整平，然后借助于安平补偿器会自动将视准轴置平，读出视线水平时的读数。即使地面有微小的振动或脚架的不规则下沉等原因所造成的视线不水平，也可由“补偿器”快速调整而得到正确读数。因此，自动安平水准仪是一种操作比较方便、有利于提高观测速度的新型仪器，据统计该仪器与普通水准仪比较能提高观测速度约 40%。

2. 精密水准仪

DS_{05}和 DS_1 型精密水准仪主要用于国家一、二等水准测量和高精度的工程测量中，例如高速公路、大型桥梁和水工建筑物的施工放样和设备安装测量，以及建筑物沉降观测等。

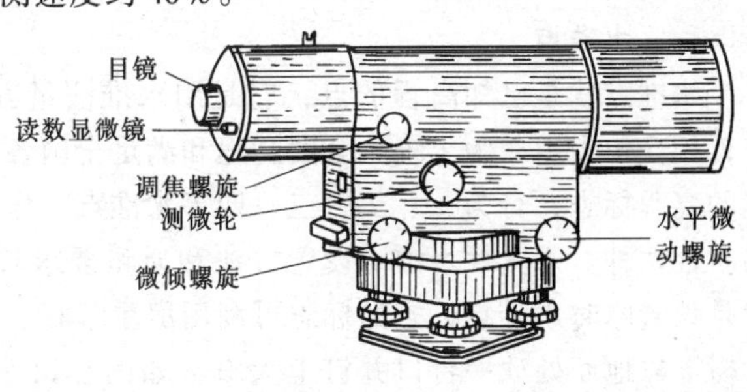

图 2-11　DS_1 水准仪

精密水准仪的构造与 DS_3 水准仪基本相同，也是由望远镜、水准器和基座三部分构成。如图 2-11 是国产 DS_1 型精密水准仪（北京测绘仪器厂产品），其主要特征是水准管分划值较小，一般为 10″/2mm；望远镜放大率较大，一般不小于 40 倍，望远镜的亮度好，成像清晰，仪器结构稳定并设有光学测微器，可提高读数精度。

精密水准仪必须配有精密水准尺。这种水准尺一般都是在木质尺身槽内，引张一根因瓦合金带。在带上有刻划，数字注在木尺上。因瓦合金带上有两排分划，每排的最小分划值均为 10mm，彼此错开 5mm，如将两排的分划合并在一起便成为左、右交替形式的分划，其分划值为 5mm。长三角形表示分米的起始线，小三角形表示半分米处。尺面值为实际长度的两倍，所以，用此水准尺观测高差时，须将高差除以 2 才得到实际高差。

精密水准仪的操作方法与一般水准仪基本相同。包括安置、粗平、对光瞄准、精平和读数等步骤。只是读数方法不同。读数前，应边转动微倾螺旋边从目镜观察，使符合水准管气泡两端的像精确吻合，如图 2-12 所示，这时视线水平；再转动测微轮，使十字丝楔形丝精确地夹住整分划，读取该分划读数为 1.97m，再从目镜右下方的测微尺读数窗内读取测微尺读数为 1.50mm，则在水准尺全读数为 $1.97 \pm 0.0015 = 1.97150$m，但实际读数为该读数的一半，即为 0.98575m。

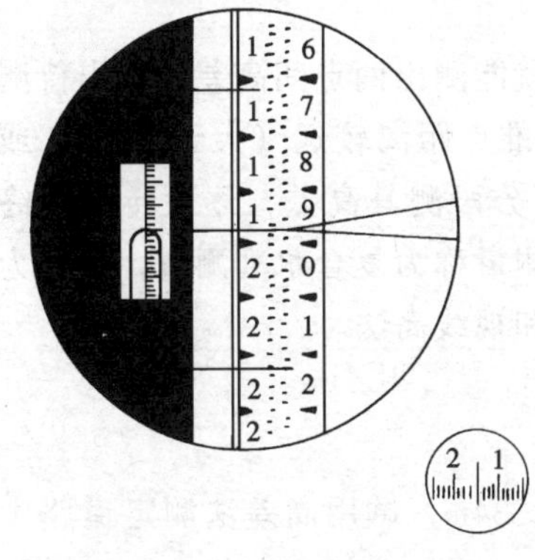

图 2-12　测微器的读数方法

3. 电子水准仪

电子水准仪是近来发展起来的新型仪器，它采用电子光学系统自动记录数据，代替了以往的人工读数，从而使水准测量实现了自动化，大大提高测量工作的效率和测量精度。

电子水准仪在自动量测高程的同时，还可自动进行视距测量。所以，它可用于水准网测量、地形测量及建筑和市政施工测量等。与电子水准仪配套使用的水准尺为条纹编码尺。通常由玻璃纤维或铟钢制成。在仪器中装置有行阵传感器，它可识别水准尺上的条码分划，经过处理器转变为相应的数字，再通过信号译释和数据化，在显示屏上显示出高程和视距。

电子水准仪具有观测精度高，能够电子读数，可进行自动连续测量，自动记录的数据可直接输入计算机进行处理等优点。一般用于一等和二等水准测量中。

第三节　水准测量的方法

一、水准点

水准点就是已知高程的点，它是用水准测量方法测定的高程控制点，并有固定标志点，用 *BM* 表示。为了统一全国高程和满足全国各种测量需要，国家在各地埋设了许多固定的高程标志，分为一、二、三、四等水准点，作为高程测量的依据。水准点有永久性和临时性两种。永久性水准点设置方法和质量要求较高，如图 2-13 所示。市政工程测量一般是设置临时水准点，它的标志可利用房屋基石、桥台、在坚硬的岩石钻凿凸出部分或在大树干靠地面处砍一台口并钉上大钉，如图 2-14 所示。水准点埋设在土质坚硬、使用方便并能长期保存的地方。埋设地点应绘制平面草图，称为水准点的点之记，以便日后使用时查考。

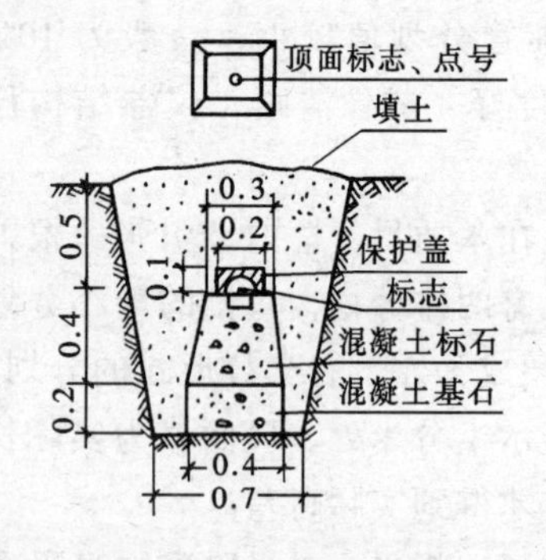

图 2-13　永久性水准点

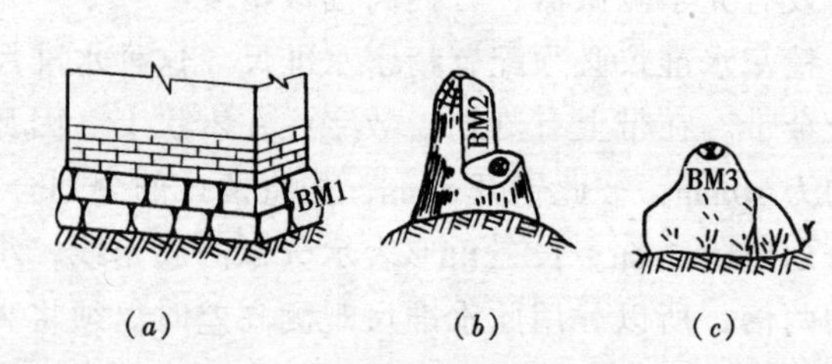

图 2-14　临时水准点

市政工程一般每 1 ~ 2km 设置一个水准点，大桥应在两岸桥位附近各设置一个水准点。

二、水准测量的方法

水准测量通常是从水准点开始，测出待测点的高程。

据水准测量的原理可知，在两点间安置一次水准仪，就能测出两点间高差，得出待测点的高程，可称为简单的水准测量。当待测的高程点离水准点距离较远（大于 200m）或高差较大时，采用简单的水准测量难以测出其高差，必须分段测其高差，逐段转测到终点，连续安置水准仪重复应用简单水准测量法，这种水准测量称为复合水准测量，又称为连续水准测量。根据记录和计算方法不同，又分为高差法和视线高法。

（一）高差法

现以例 2-2 说明高差法的施测程序。

【例 2-2】　如图 2-15 所示，水准点 *BMA* 的高程为 22.334m，试用高差法测定道路中桩 *B*、*C* 的地面高程。

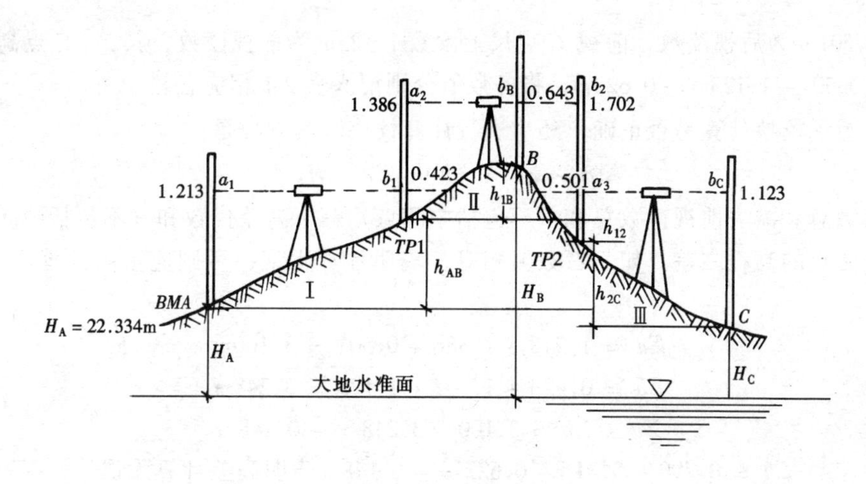

图 2-15　水准测量方法

施测程序和记录格式如下：

(1) 在距 *BMA* 点约 100～200m 处选定 1 点，该点不一定是要测的高程点，它只起转移仪器时传递高程的作用，故名转点，用符号 *TP* 表示。在 *A*、1 点各竖立水准尺，安置水准仪于 *A*、1 点间Ⅰ处，并使前后视距离大致相等。粗平后，后视 *A* 点尺，精平读数为 1.213m，记入水准测量手簿（表 2-1）后视读数栏；再前视 1 点尺，精平读数为 0.423m，记入手簿 *TP*1 点的前视读数栏；计算 *A*、1 点的高差 $h_1 = a_1 - b_1 = 1.213 - 0.423 = 0.790$m，记入 *TP*1 的“＋高差”栏。

水准测量手簿（高差法）　　**表 2-1**

工程名称　教工路　　天　气　晴　　观测者　张　力

日　期　2003 年 4 月 4 日　　仪　器　S_3—02　　记录者　李　强

测　点	后视读数 *a* (m)	前视读数 *b* (m)	高差（m）		高程（m）	备　注
			+	−		
BMA	1.213				22.334	已知高程点
*TP*1	1.386	0.423	0.790		23.124	
B		0.643	0.743		23.867	中间点
*TP*2	0.501	1.702		0.316	22.808	
C		1.123		0.622	22.186	待测点
校　核	3.100	3.248	0.790	0.938	22.186 − 22.334 = −0.148	计算无误
	−0.148		−0.148			

(2) 转点 1 上的尺不动，*A* 点上的尺转移到转点 2 上，置水准仪于 1、2 点间Ⅱ处，因此时 *TP*1 点的高程已知，故后视 1 点尺上读数为 1.386m，应为后视读数，2 点尺上读数为 1.702m，应为前视读数，在待测点 *B* 立尺，*B* 点又称中间点，其读数为 0.643m，应为前视读数；1、*B* 点高差 $h_2 = a_2 - b_B = 1.386 - 0.643 = 0.743$m；1、2 点高差 $h_3 = a_2 - b_2 = 1.386 - 1.702 = -0.316$m；将各数值分别记入表 2-1 相应各栏。

(3) 转点 2 上尺子不动，在待测点 *C* 立尺，置水准仪于 2、*C* 点间Ⅲ处，后视 2 点尺上读数 0.501m 为后视读数，前视 C 点尺上读数 1.123m 为前视读数；其 2、C 点高差 $h_4 = a_3 - b_c = 0.501 - 1.123 = -0.622$m，将各数值分别记入表 2-1 相应各栏。

（4）为了校核计算是否正确，还应进行计算校核。其方法是：

$$\Sigma a - \Sigma b = \Sigma h = H_C - H_A$$

即后视读数总和减去前视读数总和（不包括中间点）等于高差代数和（不包括中间点）等于终点与始点的高程之差。如三者数值相等，表明计算无误，否则应重新计算。在表 2-1 中：

$$\Sigma a = 1.213 + 1.386 + 0.501 = 3.100\text{m}$$

$$\Sigma b = 0.423 + 1.702 + 1.123 = 3.248\text{m}$$

$$\Sigma a - \Sigma b = 3.100 - 3.248 = -0.148\text{m}$$

$\Sigma h = 0.790 - 0.316 - 0.622 = -0.148$m 表明高差计算无误。

（5）根据 A 点高程和各点间高差，计算各点的高程。

$$H_1 = H_A + h_1 = 22.334 + 0.790 = 23.124\text{m}$$

$$H_B = H_1 + h_2 = 23.124 + 0.743 = 23.867\text{m}$$

$$H_2 = H_1 - h_3 = 23.124 - 0.316 = 22.808\text{m}$$

$$H_C = H_2 + h_4 = 22.808 - 0.622 = 22.186\text{m}$$

$$H_C - H_A = 22.186 - 22.334 = -0.148\text{m}$$

表明各点高程计算无误。

（二）视线高法

市政工程测量中最常用的是视线高法，其记录格式如表 2-2 所示。

水准测量手簿（视线高法）　　　　**表 2-2**

工程名称 教工路　　天　气 晴　　观测者 张　力

日　期 2003 年 4 月 4 日　　仪　器 S_3—02　　记录者 梁　强

测　点	后视读数 a (m)	视线高 H_i (m)	前视读数 b (m)		高　程 (m)	备　注
			转　点	中　间　点		
BMA	1.213	23.547			22.334	已知高程点
*TP*1	1.386	24.510	0.423		23.124	
B				0.643	23.867	
*TP*2	0.501	23.309	1.702		22.808	
C			1.123		22.186	待测点
校　核	3.100		3.248		22.186 − 22.334 = −0.148	计算无误
	−0.148					

仍以例 2-2 为实例，视线高法测定高程的程序和方法，均与高差相同，但记录和计算则相异，现将计算整理方法说明如下：

（1）计算Ⅰ测站的仪器的视线高程为

$$H_{i1} = H_A + a_A = 22.334 + 1.213 = 23.547\text{m}$$

记入手簿 *BMA* 的视线高栏；再计算转点 1 的高程为：

$H_1 = H_{i\text{I}} - b_1 = 23.547 - 0.423 = 23.124\text{m}$ 记入手簿 $TP1$ 的高程栏。

(2) 计算Ⅱ测站的视线高为

$H_{i\text{II}} = H_1 + a_1 = 23.124 + 1.386 = 24.510\text{m}$ 记入手簿 $TP1$ 的视线高栏；再计算 B 点与转点2的高程分别为：

$$H_B = H_{i\text{II}} - b_B = 24.510 - 0.643 = 23.867\text{m}$$

$$H_2 = H_{i\text{II}} - b_2 = 24.510 - 1.702 = 22.808\text{m}$$

分别记入手簿 B 点与 $TP2$ 的高程栏。

(3) 计算Ⅲ测站的视线高为

$H_{i\text{III}} = H_2 + a_2 = 22.808 + 0.501 = 23.309\text{m}$ 记入手簿 $TP2$ 的视线高栏；再计算 C 点的高程为 $H_C = H_{i\text{III}} - b_C = 23.309 - 1.123 = 22.186\text{m}$

(4) 计算校核

$$\Sigma a = 1.213 + 1.386 + 0.501 = 3.100\text{m}$$

$$\Sigma b = 0.423 + 1.702 + 1.123 = 3.248\text{m}$$

$$\Sigma a - \Sigma b = 3.100 - 3.248 = -0.148\text{m}$$

$$H_C - H_A = 22.186 - 22.334 = -0.148\text{m}$$

表明计算无误。

三、值得注意的事项

(1) 转点处应安置尺垫，搬站时，尺垫不得移动。转点兼有前视读数和后视读数。在市政工程测量中，一般都是利用欲测高程的点作为转点，根据需要在同一测站上测定若干个中间点高程。

(2) 中间点仅是待测的高程点，不起传递高程的作用，故中间点只有前视读数而无后视读数。

(3) 计算校核中，求 Σa 或 Σh 时，切勿忘记将中间点前视读数或高差剔除，不能加在一起。计算校核只能检验测量手簿的计算整理是否正确，而不能检核观测和记录是否有错，也不能检查测量成果是否精确。

第四节　水准测量成果的校核

在水准测量过程中，为了保证测量成果的精度，及时地发现并消除错误或减少误差，应对水准测量成果进行实测校核。其实测校核可分为测站校核和路线校核。

一、测站校核

安置水准仪的位置称为测站。每一站测得高差的精度是整个水准测量精度的基础，因此，必须检核每一测站测得高差是否正确，即为测站校核。其校核方法有双仪高法、双面尺法和双仪器观测法。

(1) 双仪高法　在一个测站上测出两点高差后，变动仪器高，再测一次高差，如两次测得高差之差不超过5mm，则表明观测值符合要求，取其平均值作为最后成果；否则应重测。

(2) 双面尺法　每一测站均用双面尺测量。先用黑尺面读数，再反转尺面用红尺面读数，用两次测得的高差进行检核，两次高差之差不超过5mm，否则应重测。

（3）双仪器观测法　在同一个测站上，同时用两台水准仪测其高差，两台仪器测出的高差之差不超过5mm，否则应重测。

二、路线校核

水准测量进行的路线，称为水准路线。测站校核只能校核一个测站上所测的高差是否正确，而对于一条水准路线来说，还不足以证明它的精度能符合要求，还必须进行水准路线校核。

（一）水准路线布设形式

根据测区具体情况，可选用不同形式的水准路线，其布设形式有闭含水准路线、附合水准路线和支水准路线。

（1）闭含水准路线　如2-16（*a*）所示，从一个高级水准点 *A* 开始，沿待测水准点1、2、3进行水准测量，最后仍闭合到 *BMA*，形成一个闭合水准路线。

（2）附合水准路线　如图2-16（*b*）所示，从一个高级水准 *A* 开始，沿待测各高程水准点1、2、3作水准测量，最后附合到另一高级水准点 *BMB*，形成一个附合水准路线。

（3）支水准路线　如图2-16（*c*）所示，从水准点 *BMA* 开始，进行水准测量到点1、2，既不自行闭合，又不符合到另一水准点。支水准路线一般采用往返观测，又称为往返水准路线。

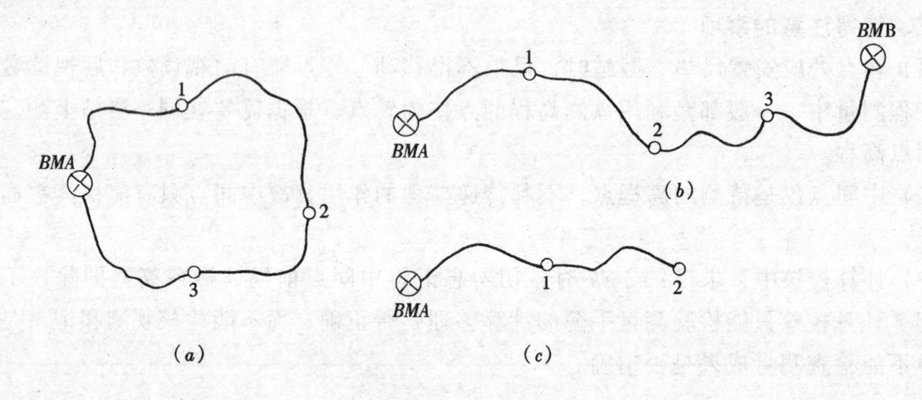

图2-16　水准路线

（二）水准测量精度要求

在水准测量中误差是难以避免的，有必要根据工程要求的精度，规定误差容许范围，即容许误差，又称为精度要求。容许闭合差用 $f_{h容}$ 来表示。闭合差是指实测的高差与理论的高差的差值，用 $f_{h测}$ 来表示。如果实测闭合差不超过容许闭合差，即 $f_{h测} < f_{h容}$，则认为实测成果满足精度要求，即合格；否则应重测。

市政工程水准测量的容许闭合差 $f_{h容}$，规定如下

$$f_{h容} = \pm 40\sqrt{L}\,\text{mm}$$

$$\text{或 } f_{h容} = \pm 12\sqrt{n}\,\text{mm}$$

式中　L——水准路线的总长，km；

　　　n——测站总数。

对于上述计算容许闭合差的两个公式的适用情况，通常是在平地用前面公式，在山地

用后面公式；严格地讲应根据每千米测站数来决定，当每千米测站数少于或等于 15 站时，应用前面公式，当每千米测站数多于 15 站时，应用后面公式计算。

（三）实测闭合差 $f_{h测}$ 的计算

根据水准路线布设形式的不同，其实测闭合差 $f_{h测}$ 的计算也不同。

（1）闭合水准路线：从闭合水准路线形式的本身可看出，理论上其高差的代数和应等于零，即 $\Sigma h_{理}=0$，测回到原水准点的高程与原已知高程相符；但实际施测中其高差代数和不等于零，即 $\Sigma h_{测}\neq 0$，测回到原水准点的高程与原已知高程不符。故闭合水准路线实测闭合差为

$$f_{h测} = \Sigma h_{测}$$

（2）附合水准路线：从附合水准路线形式的本身不难看出，理论上其高差的代数和应等于终点与始点水准点的高程之差，即 $\Sigma h_{理} = H_{终} - H_{始}$，从始水准点推算到终水准点之高程应与终水准点已知高程相符，但实际施测中其高差的代数和不等于终、始水准点高程之差，从始水准点推算到终水准点之高程与终水准点原已知高程不符。故附合水准路线实测闭合差为

$$f_{h测} = \Sigma h_{测} - (H_{终} - H_{始})$$

（3）支水准路线：就其形式本身没有校核的条件，必须采用往返测量法。在理论上，往返两次测得高差，其数值应相等，符号应相反，即往返高差代数和应等于零。但实际施测中往返测得高差的数值不相等，其差值为闭合差，即 $f_{h测} = h_{往} + h_{返}$

（四）平差的计算

沿水准路线施测后，直接计算出高差的实测闭合差 $f_{h测}$；再按公式计算出容许闭合差 $f_{h容}$，并对 $f_{h测}$ 与 $f_{h容}$ 进行比较，如 $f_{h测} < f_{h容}$ 时，精度合格，否则应重测。

当判定该水准路线的实测成果满足精度要求，就可以进行闭合差的调整，即平差的计算。也就是将出现在容许误差范围内的闭合差，如何合理分配到各个高差，加以消除，最后计算出各测点的高程。

1. 闭合差调整的原则

（1）调整数值的大小是按测站数或各段的长度成正比例的分配；

（2）调整数的符号与实测闭合差符号相反；

（3）调整数最小单位为 0.001m。

2. 调整数（高差改正数）C_i 的计算：

$$C_i = -\frac{L_i}{\Sigma L} \times f_{h测}$$

或

$$C_i = -\frac{n_i}{\Sigma n} \times f_{h测}$$

式中 L_i——某段水准路线的长度，m；

ΣL——水准路线总长度，m；

$f_{h测}$——实测的闭合差，m；

n_i——某段测站数；

Σn——水准路线总测站数。

3. 实例

【例 2-3】 试校核图 2-17 所示的闭合水准路线观测成果，各点间实测高差及各

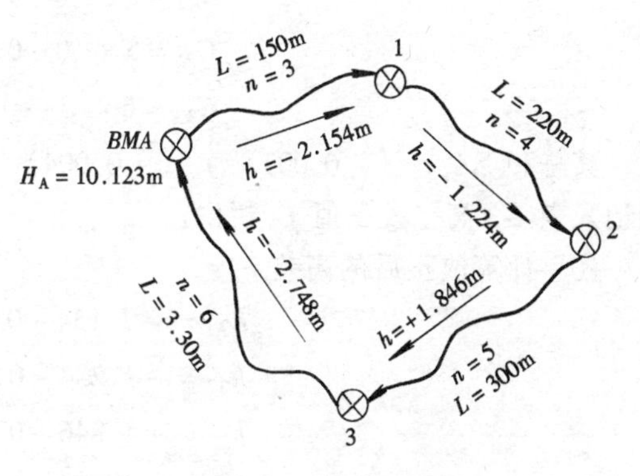

图 2-17 闭合水准路线

段路线长度，测站数均已在图中注明，如符合要求，并进行平差计算。

解： 按表 2-3 进行计算

闭合水准路线闭合差调整计算表 **表 2-3**

测　站	水准路线长 L_λ（m）	测站数 n_i（站）	实测高差 $h_{测}$（m）	高差改正值 C_i（m）	改正后高差 h_i（m）	高程 H（m）	备　注
BMA						10.123	已知高程点
	150	3	+2.154	−0.003	+2.151		
1						12.274	
	220	4	−1.234	−0.004	−1.238		
2						11.036	
	300	5	+1.864	−0.005	+1.841		
3						12.877	
	330	6	−2.748	−0.006	−2.754		
BMA						10.123	与原已知高程相符
Σ	1000	18	+0.018	−0.018	0		

$f_{h测} = \Sigma h_{测} = +0.018\text{m} = +18\text{mm}$　∵　$n = \frac{18}{1.0} = 18$ 站 > 15 站

∴　$f_{h容} = \pm 12\sqrt{n} = \pm 12\sqrt{18} = \pm 51\text{mm}$　又∵ $f_{h测} < f_{h容}$

∴　精度合格，每测站改正数 $= -\frac{0.018}{18} = -0.001\text{m/站}$

（1）将已知的数据分别记入相应的栏内；

（2）计算实测闭合差 $f_{h测}$，水准路线总长度 ΣL 及总测站数 Σn：

$$f_{h测} = \Sigma h_{测} = 2.154 - 1.234 + 1.846 - 2.748 = +0.018\text{m} = +18\text{mm}$$

$$\Sigma L = 150 + 220 + 300 + 330 = 1000\text{m}$$

$$\Sigma n = 3 + 4 + 5 + 6 = 18 \text{ 站}$$

（3）计算容许闭合差 $f_{h容}$，因每千米测站数 $= \frac{18}{1.0} = 18$（站）> 15（站），所以采用计算公式为 $f_{h容}\ \pm 12 \times \sqrt{n} = \pm 12\sqrt{18} = \pm 51\text{mm}$

（4）校核观测成果精度　因 $f_{h测} < f_{h容}$，故该水准路线观测成果精度合格。

（5）平差的计算　将实测闭合差 +0.018m 按测站数成正比例反号进行分配。首先计算出每测站改正数 $= -\frac{f_{h测}}{\Sigma n} = -\frac{0.018}{18} = -0.001\text{m/站}$，其各段高差改正值为

$$C_{A1} = 3 \times (-0.001) = -0.003\text{m}$$

$$C_{12} = 4 \times (-0.001) = -0.004\text{m}$$

$$C_{23} = 5 \times (-0.001) = -0.005\text{m}$$

$$C_{3A} = 6 \times (-0.001) = -0.006\text{m}$$

其总和 $\Sigma C_i = (-0.003) + (-0.004) + (-0.005) + (-0.006) = -0.018\text{m}$ 分别记入表 2-3 高差改正值 C_i 栏内。

（6）计算改正后的高差 h_i

$$h_{A1} = +2.154 - 0.003 = +2.151\text{m}$$

$$h_{12} = -1.234 - 0.004 = -1.238\text{m}$$

$$h_{23} = +1.846 - 0.005 = +1.841\text{m}$$

$$h_{3A} = -2.748 - 0.006 = -2.754\text{m}$$

其总和 $\Sigma h_{改正后} = +2.151-1.238+1.841-2.754=0.000$
分别记入表 2-3 高差改正值 h_i 栏内。

(7) 高程的计算

$$H_1 = 10.123+2.151 = 12.274\text{m}$$
$$H_2 = 12.274-1.238 = 11.036\text{m}$$
$$H_3 = 11.036+1.841 = 12.877\text{m}$$
$$H_A = 12.877-2.754 = 10.123\text{m}$$

分别记入表 2-3 中高程栏内。

附合水准路线闭合差调整计算表 **表 2-4**

测 站	水准路线长 L_i (m)	测站数 n_i (站)	实测高差 $h_{测}$ (m)	高差改正值 C_i (m)	改正后高差 h_i (m)	高程 H (m)	备 注
BMA						8.642	已知高程点
	312	4	+1.851	+0.007	+1.858		
1						10.500	
	288	4	−0.645	+0.006	−0.639		
2						9.861	
	306	4	+3.179	+0.007	+3.186		
3						13.047	
	257	4	−0.410	+0.005	−0.405		
BMB						12.642	已知高程点
Σ	1163	16	3.975	+0.025	+4.000		

$f_{h测} = \Sigma h_{测} - (H_B - H_A) = 3.975-(12.645-8.642) = 3.975-4.000 = -0.025\text{m} = -25\text{mm}$

$\because n = \frac{16}{1.163} = 14$ 站 < 15 站 $\quad \therefore f_{h容} = \pm 40\sqrt{L} = \pm 40\sqrt{1.163} = \pm 43\text{mm}$

又 $\because f_{h测} < f_{h容}$ $\quad \therefore$ 精度合格 每千米改正值 $= -\frac{-0.025}{1.163} = +0.0215\text{m/km}$

【例 2-4】 试校核图 2-18 附合水准路线观测成果，各点间实测高差及各段路线长度、测站数均已注明在图上。如符合精度要求并作平差计算。

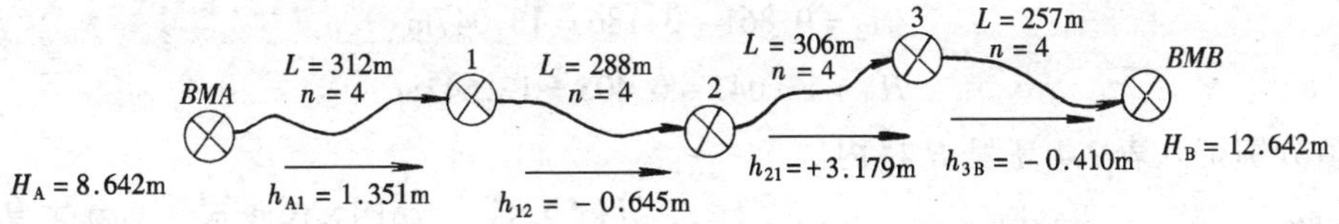

图 2-18 附合水准路线

解： 按表 2-4 进行计算

(1) 将已知的数据分别记入相应的栏内；

(2) 计算实测闭合差 $f_{h测}$、路线总长度 ΣL 及总测站数 Σn

$$\begin{aligned} f_{h测} &= \Sigma f_{h测} - (H_B - H_A) \\ &= (1.851-0.645+3.179-0.410) - (12.642-8.642) \\ &= 3.975-4.000 = -0.025\text{m} = -25\text{mm} \end{aligned}$$

$$\Sigma L = 312+288+306+257 = 1163\text{m} = 1.163\text{km}$$

$$\Sigma n = 4+4+4+4 = 16 \text{ 站}$$

（3）计算容许闭合差 $f_{h容}$因每千米测站数 $=\frac{16}{1.163}=14$（站）<15（站），故容许闭合差为

$$f_{h容}=\pm 40\sqrt{L}=\pm 40\sqrt{1.163}=\pm 43\text{mm}$$

（4）校核观测成果精度：因 $f_{h测}<f_{h容}$，故观测成果精度合格。

（5）平差计算　每千米改正值 $=-\frac{f_{h测}}{\Sigma L}=-\frac{-0.025}{1.163}=+0.0215\text{m/km}$，各段高差改正值 C_i 为

$$C_{A1}=0.312\times 0.0215=0.007\text{m}$$
$$C_{12}=0.288\times 0.0215=0.006\text{m}$$
$$C_{23}=0.306\times 0.0215=0.007\text{m}$$
$$C_{3B}=0.257\times 0.0215=0.005\text{m}$$

其总和为　$\Sigma C_i=0.007+0.006+0.007+0.005=0.025\text{m}$

将其值分别记入表 2-4 的高差改正值 C_i 栏内。

（6）计算改正后高差 h_i

$$h_{A1}=1.851+0.007=+1.858\text{m}$$
$$h_{12}=-0.645+0.006=-0.639\text{m}$$
$$h_{23}=+3.179+0.007=+3.186\text{m}$$
$$h_{3B}=-0.410+0.005=-0.405\text{m}$$

其总和为　$\Sigma h_{改正后}=1.858-0.639+3.186-0.405=+4.000\text{m}$

将其值分别记入表 2-4 改正后高差 h_i 栏内。

（7）计算各点之高程

$$H_1=8.642+1.858=10.500\text{m}$$
$$H_2=10.500\text{m}-0.639=9.861\text{m}$$
$$H_3=9.861+3.186=13.047\text{m}$$
$$H_B=13.047-0.405=12.642\text{m}$$

将其值分别记入表 2-4 高程 H 栏内。

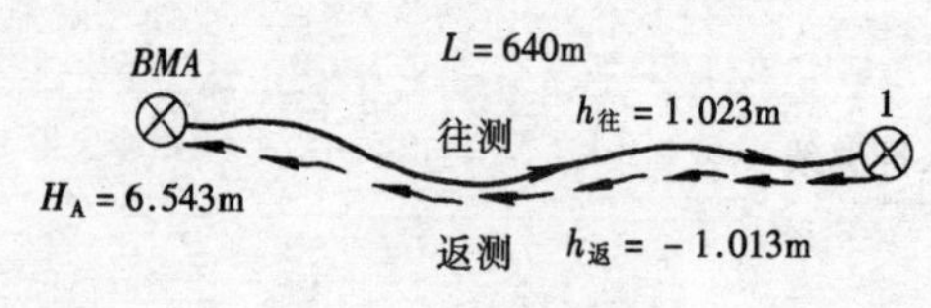

图 2-19　支水准路线

【例 2-5】　如图2-19所示，为施工某道路引测水准点 $BM1$，已知水准点 BMA 高程为 6.543m，由 BMA 至 $BM1$ 水准路线长约 640m 的支水准路线，往测高差 $h_往=+1.023\text{m}$，返测高差 $h_返=-1.013\text{m}$，检核该段水准测量是否合格，如合格试求出 $BM1$ 点高程。

解：（1）计算实测闭合差 $h_{h测}$

$$h_{h测}=h_往+h_返=1.023+(-1.013)=+0.010\text{m}=+10\text{mm}$$

（2）计算容许闭合差 $f_{h容}=\pm 40\sqrt{L}=\pm 40\sqrt{0.64}=\pm 32\text{mm}$

（3）检核水准测量观测成果精度，因 $f_{h测}<f_{h容}$，故该段水准测量精度合格。

（4）计算高差平均值 $h_{平均}$

$$h_{平均}=\frac{1}{2}(h_{往}-h_{返})=\frac{1}{2}[1.023-(-1.013)]=+1.018\text{m}$$

(5) 计算 *BM*1 点的高程

$$H_i = H_A + h_{平均} = 6.543 + 1.018 = 7.561\text{m}$$

第五节　测设已知高程点

测设已知高程点是指在地面上根据已有的水准点高程，测设出给定的设计高程的标志，作为施工中掌握高程的依据，它和前述测定待测点高程的方法不同，不是测定两固定点间高差，而是根据两点的高差来确定已知高程点位置，俗称“抄平”。

测设已知高程的点在市政工程施工中应用极为广泛，例如道路工程中道路中线点设计高程的测设，管道工程中坡度钉测设，以及测设桥台、桥墩的设计高程等均属此项工作。

测设方法有直接用高差测设法、用视线高程测设法、用桩顶前视改正数测设法以及用木杆或竹杆画线测设法等。

一、直接用高差测设法

如 2-20 所示，*BMA* 为水准点，其高程为 16.586m，某道路中心桩 0+000 的设计高程为 17.286m，欲在桩上测设出高程位置线作为施工时的依据。其测设方法如下：

(1) 在 *BMA* 点与 0+000 桩间安置水准仪，粗平后，后视 *A* 点上的立尺，精平后读数为 $a=1.234$m，计算出在 0+000 桩处应读的前视读数

$$b = a - h = a - (H_{0+000} - H_A) = 1.234 - (17.286 - 16.586)$$
$$= 1.234 - 0.700 = 0.534\text{m}$$

(2) 在 0+000 桩侧面立尺，前视该立尺精平后，使尺缓缓上、下移动，当尺读数为 0.534m 时，沿尺底在桩上画线，该线即为 17.286m 高程位置。

(3) 施测时，若前视读数小于应读前视读数，表示尺底高于欲测设的设计高程点，可将尺缓慢降低至符合要求为止；反之应提升尺底。

二、用视线高程测设法

在市政工程施工中，经常根据一个水准点要测设许多设计高程点，用高差法测设显得费事，为了提高工作效率，采用视线高法较方便，仍以图 2-20 为例，其测设方法如下：

(1) 安置水准仪于 *BMA*、0+000 点之间，粗平后，后视 *A* 尺精平后的读数 $a=1.234$m，计算出视线高为 $H_i = H_A + a = 16.586 + 1.234 = 17.820$m，再计算出 0+000 桩处应读前视读数为 $b = H_i - H_B = 17.820 - 17.286 = 0.534$m。

(2) 立水准尺于 0+000 桩侧面，前视该立尺精平后，上、下移动立尺，当尺的读数为 $b=0.534$m 时，尺底画线就是要测设的高程位置。

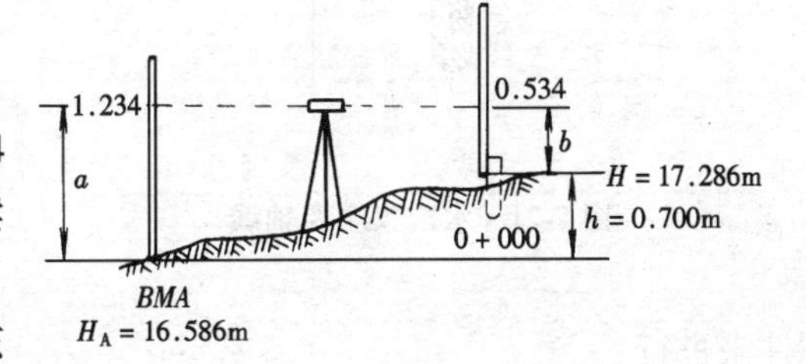

图 2-20　测设已知高程点

三、用桩顶前视改正数测设法

采用前述两种方法测设都要上、下移动水准尺，往往比较费事，可采用将尺立于桩顶

上，读出桩顶前视读数；再计算出桩顶改正数 = 桩顶前视读数 - 应读前视读数；然后根据桩顶改正数画出设计高程的位置。如改正数为正数，表明桩顶低于设计高程，应自桩顶向上量改正数即得设计高程；如改正数为负数，表明桩顶高于设计高程，应自桩顶向下量改正数即得设计高程。

仍以图 2-20 为例，水准尺立于 0 + 000 桩顶，读出前视读数为 $b' = 0.500$m，其改正数 $= 0.500 - 0.534 = -0.034$m，应自桩顶向下量 34mm 即为设计高程。

四、用木杆或竹杆画线测设法

在施工现场不用水准尺而用小木杆或小竹杆画线，其测设方法更为方便。

仍以图 2-20 为例，在 *BMA*、0 + 000 桩之间安置水准仪，先在 *A* 点立杆，当水准仪视线水平时在杆上画一条线；再根据两点间高差为 0.700m（0 + 000 点比 *A* 点高 0.700m），可在杆上原线下面 0.700m 处再画一条线；而后将杆立于 0 + 000 桩侧面，上、下移动小杆，当水平视线恰好对准小杆上新画的线时，沿小杆底画线即为设计高程。

第六节　水准仪检验和校正

水准仪出厂时是经过严格检验的，各轴线间具有正确关系，确保仪器能提供一条水平视线，即仪器处于正常状态；但仪器经过长期使用或长途运输受到振动，各轴线间几何关系逐渐会变化，即仪器处于非正常使用状态；为此，一定要定期对水准仪进行检验，发现问题，应及时校正。

一、水准仪的轴线

如图 2-21 所示，水准仪主要轴线有视准轴 *C—C*、水准管轴 *L—L*、圆水准器轴 *L′—L′* 和仪器竖轴 *V—V*。

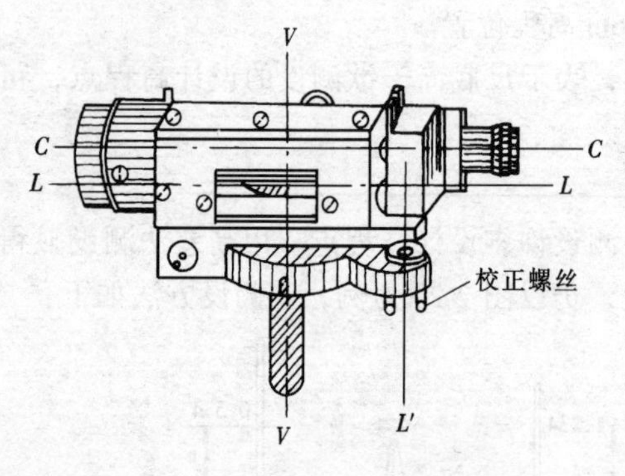

图 2-21　水准仪主要轴线

二、水准仪各轴线间应满足的条件

为了保证水准仪能提供一条水平视线，其各轴线间应处于正确的几何关系，必须满足如下三个基本条件；

（1）圆水准器轴 *L′L′* 应与竖轴 *VV* 平行；

（2）十字丝横丝应垂直于竖轴 *VV*；

（3）水准管轴 *LL* 应与视准轴 *CC* 平行。

在上述三个基本条件中，显然 *LL* // *CC* 是个主要条件。

三、水准仪的检验和校正

水准仪检验和校正的项目应按上述三个条件来进行。

（一）圆水准器轴必须平行于仪器竖轴

1. 检验方法

安置仪器于平地上，转动脚螺旋使用圆水准气泡居中，如图 2-22（*a*）所示，然后将仪器绕竖轴旋转 180°，如气泡仍居中，表示 *L′L′* // *VV*；如气泡不居中而偏离一边，如 2-22（*b*）所示，则表示 *L′L′* // *VV*，应予校正。

2. 校正方法

先转动脚螺旋使气泡退回偏离中心距离一半，如图 2-22（c）所示；再用校正针拨动圆水准器底下的三个校正螺丝，使气泡居中，如图 2-22（d）所示。圆水准器底下除了三个校正螺丝外，中间还有一个较大的松紧螺丝，如图 2-23 所示。在校正时，应先松开松紧螺丝，再拨动校正螺丝。校正完毕，切记旋紧松紧螺丝。

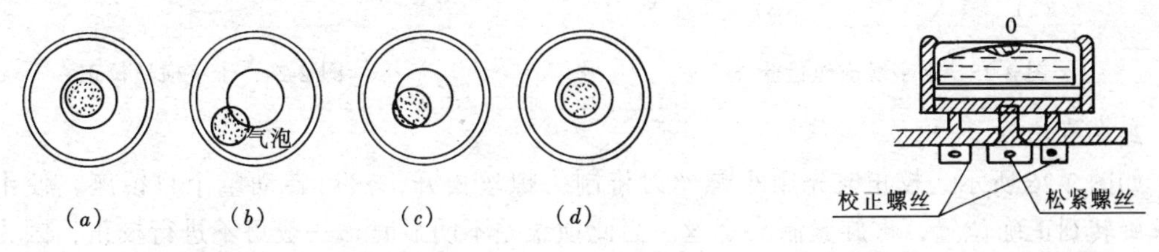

图 2-22　圆水准器的检校　　　　图 2-23　圆水准器校正

3. 校正原理

如图 2-24（a）所示，假设圆水准器轴 $L'—L'$ 不平行于竖轴 $V—V$，其交角为 α，粗平后圆水准气泡虽已居中，圆水准器轴 $L'—L'$ 处于铅垂位置，但竖轴仍处于倾斜位置。将仪器旋转 180°后，圆水准器轴 $L'—L'$ 从竖轴的右侧旋转到左侧，与铅垂线夹角为 2α，此时圆水准气泡中点偏离 O 点的弧长所对的圆心角为 2α，即为两轴不平行误差的两倍，如图 2-24（b）所示。因此，先转动脚螺旋，使气泡中点退回偏离 O 点弧长的一半，从而可消除竖轴所倾斜的 α 角，使其处于铅垂位置，如图 2-24（c）所示。然后再拨动圆水准器的校正螺丝，使气泡居中，即可消除圆水准器轴所倾斜的 α 角，使其处于铅垂位置，故与仪器的竖轴平行，如图 2-24（d）所示。

（二）十字丝横丝应垂直于仪器竖轴

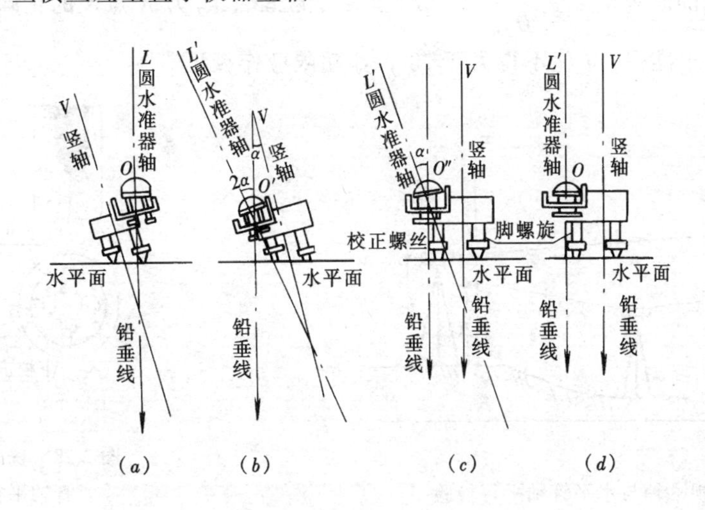

图 2-24　圆水准器校正原理

1. 检验方法

精确整平仪器，用十字线横丝的一端照准一个明显清晰的固定点，缓缓地转动微动螺旋，如该点不离开横丝，则条件满足，如图 2-25（a）所示。否则，该点将逐渐偏离横丝，如图 2-25（b）所示，表示横丝不水平，即横丝不垂直于竖轴，应加以校正。

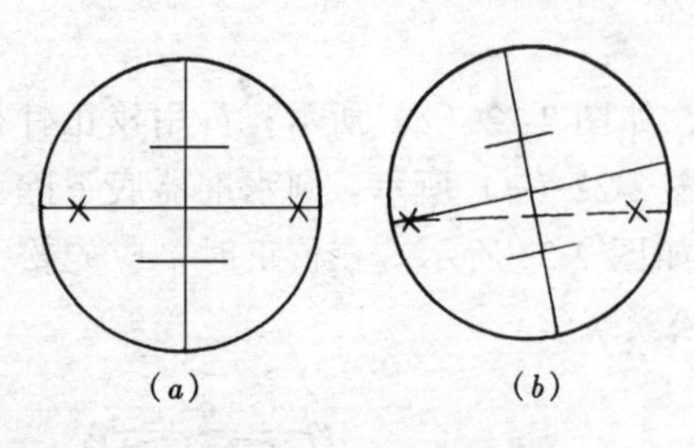

图 2-25　十字线横丝检验

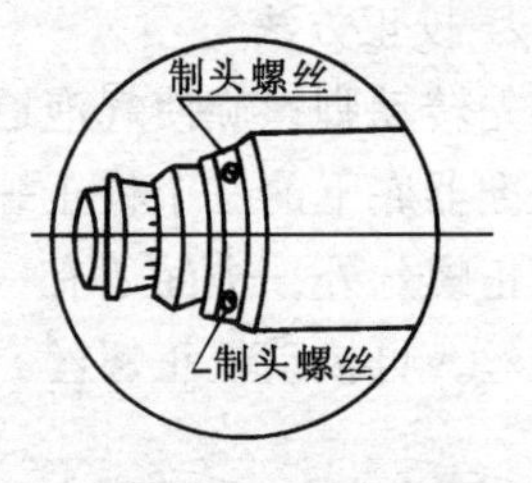

图 2-26　十字横丝校正

2. 校正方法

如图 2-26 所示，校正时先用小螺丝刀将制头螺丝松开，然后转动整个目镜座，使十字丝旋转到正确位置，再旋紧制头螺丝。当此项误差不明显时，一般可不进行校正，因为施测时总是利用横丝中央部分读数的。

（三）水准管轴应与视准轴平行

1. 检验方法

在有一定高差的场地上，选择 A、B、C 三点，使其大致成一直线，并使 $AC = BC$，AB 长约 60～80m。在 A、B 两点踏实尺垫或者打入木桩，并竖立水准尺，在 C 点安置水准仪，如图 2-27 所示。应用双面尺法或两次仪高法，连续两次测定 A、B 两点的高差，如两次高差之差不大于 3mm，则取平均值作正确高差 h_{AB}，如超过则应重测。

再将仪器搬至 B 点旁（或 A 点旁）约 2～3m 处，测得 A、B 两点的高差为 $h_{AB'} = a_2 - b_2$。如果 $h_{AB'} = h_{AB}$，则表明水准管轴与视准轴平行，即 $LL /\!/ CC$；如 $h_{AB'} \neq h_{AB}$，则表明水准管轴与视准轴不平行，应校正。

或计算视线的倾角 $i = \dfrac{a'_2 - a_2}{D_{AB}} \times \rho''$（$\rho'' = 206265''$，$a'_2$ 为 A 点尺的正确读数）

对于 DS_3 级水准仪，i 值不得大于 20″，如超限应作校正。

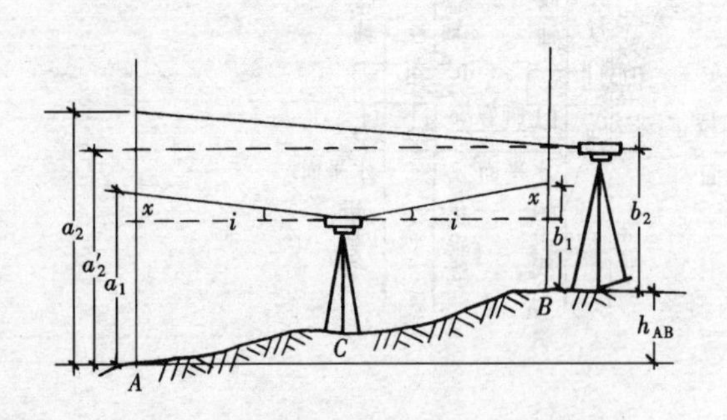

图 2-27　视准轴与水平管轴平行检验

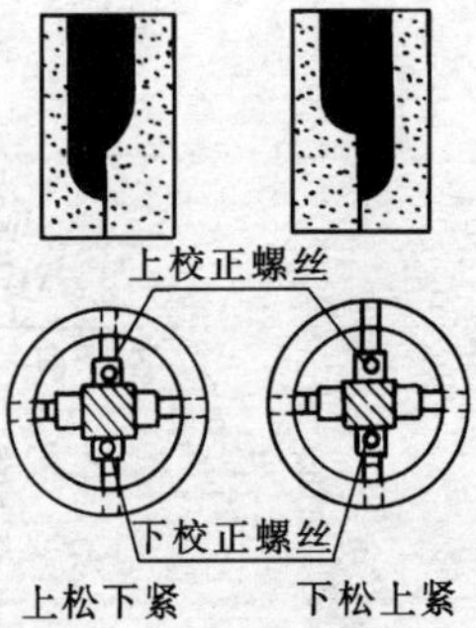

图 2-28　视准轴与水准管轴平行校正

2. 校正方法

仪器仍在 B 点旁，计算出 A 尺的正确读数 $a'_2 = h_{AB} + b_2$，转动微倾螺旋使十字丝横丝对准 a'_2 的数值，此时视准轴已呈水平，但水准管气泡不居中，用校正针拨动水准管上、下两校正螺丝，使气泡回复居中，符合水准器的气泡吻合，如图 2-28 所示。此项检验与校正往往重复进行多次，直至较差小于 2～3mm（或 $i \leqslant 20''$）为止。

3. 检验和校正的原理

如果 $LL /\!/ CC$，当水准管气泡居中时，水准管轴 L 和视准轴 C 均呈水平，则视线水平，不论仪器置于两点间何处，所测得两点间高差都是一致的，也是正确的。如果 $LL \not\parallel CC$ 而相交成一个 i 角，如图 2-27 所示，水准管气泡居中，水准管轴虽呈水平，但视准轴不水平而倾斜一个 i 角，并向上倾斜，显然在尺上读数就有误差。由于 i 角是固定的，误差大小与仪器到尺子距离成正比，即距离愈近其误差愈小，距离愈远误差愈大，距离相等误差也相等。当仪器置于 A、B 的中点 C 时，因视准轴不水平，引起 A、B 两点尺读数产生的误差 X 均相等，故求两点高差时得 $h_{AB}=(a_1-X)-(b_1-X)=a_1-X-b_1+X=a_1-b_1$，就是说误差 X 可以消除，求得 A、B 两点的高差是正确值。因此，在水准测量时要求前后视距离尽可能相等，可消除水准管轴与视准轴不平行而引起的误差。将仪器安置于 B 点旁，因距 B 点很近，由于视准轴不水平而引起 B 点尺读数的误差很小，可以忽略，视 b_2 读数为正确值；距 A 尺较远，故在 A 点尺读数误差较大，即 a_2 为不正确值。为此要计算出视线水平时 A 点尺的正确读数 a_2' 值，并使横丝对准 a_2' 值，再调节水准管的校正螺丝使气泡居中，致使水准管轴与视准轴平行。

4. 实例

【例 2-6】 如图 2-27 所示，仪器置于 A、B 两点等距离 C 处，$a_1'=1.256\text{m}$，$b_1'=1.039\text{m}$，变仪高又测得 $a_1''=1.297\text{m}$，$b_1''=1.078\text{m}$，然后搬仪器到 B 点旁，B 尺读数为 $b_2=1.000\text{m}$，A 尺读数为 $a_2=1.250\text{m}$，试问水准管轴是否平行于视准轴？如不平行，当水准管气泡居中时，视准轴是向上倾斜，还是向下倾斜？应如何校正？

解：$h'_{AB}=a'_1-b'_1=1.256-1.039=0.217\text{m}$

$h''_{AB}=a''_1-b''_1=1.297-1.078=0.219\text{m}$

$\therefore h_{AB}=\dfrac{0.217+0.219}{2}=0.218\text{m}$

又 $\because h'_{AB}=a_2-b_2=1.250-1.000=0.250\text{m}$

比较 h_{AB} 与 h'_{AB} 相差 0.032m，即 32mm；

$\therefore h'_{AB}\neq h_{AB}$ 　　$CC \not\parallel LL$

计算 A 尺正解读数 $a'_2=h_{AB}+b_2=0.218+1.000=1.218\text{m}$，并与 $a_2=1.250\text{m}$ 比较，亦相差为 0.032m，因 $a_2>a'_2$ 故视准轴向上倾斜。其校正方法为：转动微倾螺旋使横丝对准 A 尺上正确读数 $a_2'=1.218\text{m}$，用校正针拨动水准管的校正螺丝，使气泡居中反复进行直至 a_2 与 a_2' 之差小于 2～3mm 为止。

【例 2-7】 安置水准仪于 A、B 两点等距离处，测得 $a_1'=1.613\text{m}$，$b_1'=1.201\text{m}$，改变仪高又测得 $a_1''=1.720\text{m}$，$b_1''=1.310\text{m}$；当仪器搬至 A 点旁测得 $a_2=1.452\text{m}$，$b_2=1.051\text{m}$，试问该水准仪视准轴是否平行于水准管轴？如不平行，应当怎样校正？

解：$h'_{AB}=a_1'-b_1'=1.613-1.201=0.412\text{m}$

$h'_{AB}=a_1''-b_1''=1.720-1.310=0.410\text{m}$

$\therefore \quad h_{AB}=\dfrac{0.412+0.410}{2}=0.411\text{m}$

又 $\because h'_{AB}=a_2-b_2=1.452-1.051=0.401\text{m}$

比较 h_{AB} 与 h'_{AB} 相差为 0.010m，即 $h'_{AB}\neq h_{AB}$ 故 $CC \not\parallel LL$。

又计算 B 尺上的正确读数 $b_2'=a_2-h_{AB}=1.452-0.411=1.041\text{m}$，并与 $b_2=1.051\text{m}$ 比

较，亦相差 0.010m，表明视线向上倾斜。

校正时，转动微倾螺旋，使横丝对准 B 尺上的正确读数 $b_2' = 1.401\text{m}$，校正针拨动水准管的校正螺丝，使气泡居中，反复进行直至 b_2 与 b_2' 之差小于 2~3mm 为止。

第七节　水准测量应注意的事项

水准测量连续性较强，若稍有不慎就可能出现差错，从而引起局部或全部返工。因此，在水准测量中无论在观测、立尺、记录和计算各方面都要认真负责，绝不可草率行事。

一、观测时应注意的事项

(1) 仪器要安稳，应力求前后的视线等长。水准仪要安置在土质较坚实的地方，避免仪器下沉。除精密水准测量外，一般用步测或目估视线距离，尽量使水准仪处于中点位置，前、后视距离的差值约在 3~5m。视线长度一般应控制在 50~100m 之间。

(2) 气泡要居中　粗略整平时，圆水准气泡要居中；读数前水准管气泡一定要居中，读数后要检查气泡是否仍保持居中。还应注意打伞遮住强太阳光照射，避免气泡不稳定。

(3) 读数要准确　读数时要仔细对光以消除视差，避免视线晃动读不准数。读数一定要认清尺的刻划特点，精心读数，严防差错。

(4) 迁站要慎重　切记未读转点前视读数，仪器不能搬站，以防中间脱节造成返工。

二、竖立水准尺应注意的事项

(1) 水准尺要检查　水准尺的刻划不准确、尺长不准、尺身弯曲，都会影响读数精度。使用前要检查水准尺刻划是否准确，塔尺衔接是否严密，有无弯曲等，在使用时要注意检查和消除尺底泥土。

(2) 转点要可靠　转点要选在坚实的地方，应尽量放置尺垫，以防转点下沉。

(3) 立尺要竖直　扶尺必须认真，使尺既直又稳，不要倾斜，以防使读数增大。并应注意勿使手遮蔽尺面，以免妨碍工作。

(4) 始终点应尽量用同一根尺为了消除两尺的零点不一致对观测成果的影响，应尽量在始、终点上用同一根水准尺。

三、记录和计算应注意的事项

(1) 记录要原始　记录要当场用规定记录手簿及时填写清楚，不准用零星纸片记录后再誊清，以防转抄差错。记错的数字，不得擦去重写或者在错数上涂改描写，应在错字上划一斜线，将正确数字写在错数的上方。

(2) 记录要复述　记录员将观测员所报数据复述一遍，待观测员认可后，记入手簿中，以防听错或记错。

(3) 记录要清楚　应用硬铅笔，端正书写，字体清晰。点号要记清，前、后视读数不能遗漏，更不能颠倒。

(4) 计算要及时　记录过程中简单的计算，应在现场及时计算完毕，并作校核，无误后方可通知观测人员迁站。

四、水准仪检校应注意的事项

(1) 细致认真　仪器检校是一项细致的工作，往往要反复进行几次才能符合要求。

(2) 按顺序进行检校　检校仪器应稳固安置在坚实的地面上，并在光线充足的阴凉处进行，要按检校项目的顺序进行，不应颠倒。

(3) 校正动作要“轻、稳、慢”，仪器上的校正螺丝，一般都是上下、左右对称，拨动时应遵循将相对位置的螺丝先松一个、再紧一个、松紧程度一致的原则。不松只紧，会扭断螺丝，只松不紧或松紧不等量，会产生晃动。更不准用蛮力，严禁采用敲打的办法。

(4) 校正用工具要适宜，要合理地选择校正用的校正针、螺丝刀的大小，应尽量利用仪器原来的附件，以防损坏螺丝和校正部件。

五、水准测量最主要的要求

(1) 水准仪提供的视线必须水平；

(2) 水准尺必须竖直；

(3) 前、后视距离应尽量相等。

思考题与习题

1. 水准测量原理是什么？

2. 水准仪由哪三部分组成？望远镜由哪三部分构成？水准仪使用操作的程序是什么？

3. 怎样操作使十字丝清晰？目标影象清楚？视差现象消除？粗略整平？准确照准？精确整平？正确读数？

4. 何谓前视读数、后视读数？视线高程？水准点？视准轴？水准管轴？

5. 水准路线有哪三种形式？

6. 水准仪有几条主要轴线？其间应满足什么条件？

7. 已知 $H_A = 43.714$m，$a = 1.102$m，$b = 1.678$m，试用高差法和视线高程法求得 H_B 为多少？并确认哪点高？

8. 试计算下表水准测量记录（高差法）成果并检核

测点	后视读数 (m)	前视读数 (m)	高差 (m)		高程 (m)	备注
			+	−		
A	1.481				37.645	
转点 1	0.684	1.347				
转点 2	1.473	1.269				
转点 3	1.473	1.473				
转点 4	2.762	1.684				
B		1.606				
计算检核						

9. 试计算表中闭合水准路线施测成果

测　点	测站数	实测高差（m）	改正数（m）	改正后高差（m）	高程（m）	备　注
BMA					4.330	以知高程点
	10	+1.224				
*BM*1						
	8	−1.424				
*BM*2						
	8	+1.781				
*BM*3						
	11	−1.714				
*BM*4						
	12	+0.108				
BMA						已知高程点
Σ						

$f_h =$

$f_{h容} = \pm 12\sqrt{n}\,mm =$　　　　$\therefore f_h$ ______ $f_{h容}$

10. 试计算表中附合水准路线施测成果

测　点	测段长度（m）	实测高差（m）	改正数（m）	改正后高差（m）	高程（m）	备　注
BMA					36.444	已知高程点
	1800	+6.310				
*BM*1						
	2000	+3.133				
*BM*2						
	1400	+9.871				
*BM*3						
	2600	−3.112				
*BM*4						
	1200	+3.387				
BMB					55.977	已知高程点
Σ						

$H_B - H_A =$　　　　$\therefore f_h$ ______ $f_{h容}$

$f_h =$

$f_{h容} = \pm 40\sqrt{L}\,mm =$

11. 某道路工程施测支水准路线，采用往返测法，已知水准点高程为 4.035m，$h_{A1} = +1.374$m，$h_{1A} = -1.383$m，往返测各为 4 站，试分别计算 f_h、$f_{h容}$和 1 点高程？（$f_{h容} = \pm 12\sqrt{n}\,mm$）

12. 已知某道路中心桩设计为 44.800m，附近水准点 *BM* 12高程为 45.356m，欲测设设计高程标志线，又知在水准点立尺读数为 1.251m，试计算出在中心桩立尺应读的前视读数 *b* 为多少时，尺底的位置就是欲求高程位置线。

13. 水准测量时为什么要求前、后视距离相等？

14. 水准测量中有哪些检核内容？每项检核的目的和方法是什么？

15. 水准测量中最主要的要求是什么？

16. 水准测量中为提高测量精度，应注意哪些事项？

17. 自动安平水准仪与一般的水准仪最主要的区别是什么？

18. 什么是精密水准仪？它有哪些特点？

19. 水准仪上的圆水准器和管水准器作用有何不同？

20. 水准仪检校时，将水准仪安置于 A、B 两点的中点 C 处，测得 A 点尺上读数 $a_1 = 1.321\text{m}$，B 点尺上的读数 $b_1 = 1.117\text{m}$；再将仪器安置于 B 点附近，又测得 B 点尺上的读数 $b_2 = 1.466\text{m}$，A 点尺上读数 $a_2 = 1.695\text{m}$，A、B 两点相距为 80m，试问该仪器水准管轴是否平行于视准轴？如不平行，视准轴是向上倾斜还是向下倾斜？应如何校正？

第三章　角　度　测　量

第一节　角 度 测 量 原 理

角度测量是确定地面点位的三项基本测量工作之一，角度测量分为水平角测量和竖直角测量两种，水平角测量是为了确定地面点的平面位置，竖直角测量是为了确定地面的高程。常用的测角仪器是经纬仪，它既可测量水平角，又可测量竖直角。

一、水平角测量原理

水平角是指一点到两目标的方向线垂直投影在水平面上所夹的角。如图 3-1 所示，为了测出水平角，在 O 点的铅垂线上水平地放置一个带有刻度的圆盘，并使水平度盘中心在通过 B 点的铅垂线上。通过 OA 与 OB 各作一竖直面，在度盘上分别截得读数为 a_1 和 b_1，此两读数之差即为该水平角的角值：

$$\beta = 右目标读数\ b_1 - 左目标读数\ a_1 \tag{3-1}$$

由上述可见，测量水平角的经纬仪必须有一个水平度盘，其中心位于测站的铅垂线上，且能使度盘水平。为了瞄准目标，经纬仪的望远镜必须既能在水平方向转动，又能在竖直方向转动，其视准轴绕水平轴运动的轨迹为一竖直面。

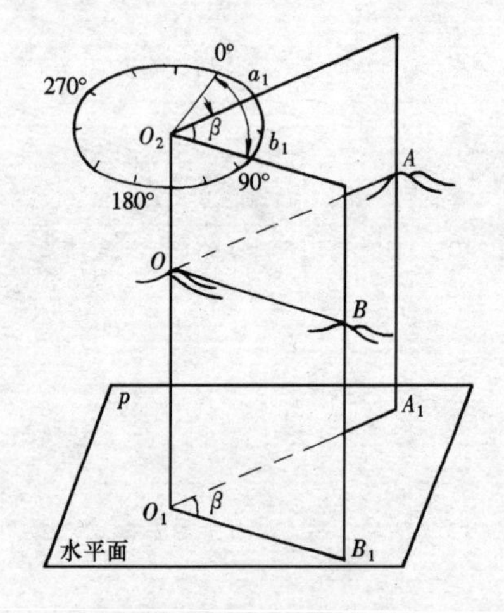

图 3-1　水平角测量原理

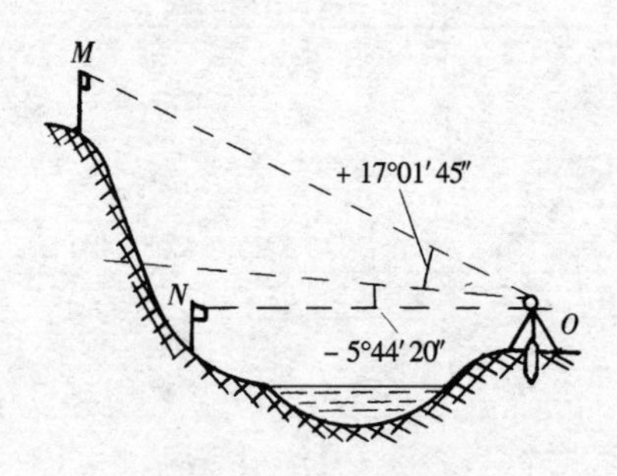

图 3-2　竖直角测量原理

二、竖直角测量原理

竖直角是同一竖面内倾斜视线与水平线间的夹角，其角值范围为 0°～90°，用 α 来表示。如图 3-2 所示，视线在水平线之上的竖直角为仰角，符号为正；视线在水平线之下的竖直角为俯角，符号为负。

为了测出竖直角的大小，在经纬仪横轴一端安置一竖直度盘，计算照准目标的方向线和水平方向线两读数之差即为竖直角。与水平角不同的是这两个方向中一个是水平方向，当望远镜视线水平时，其竖盘读数是一个固定值（90°或 270°）。所以在测量竖直角时，只要瞄准目标方向，读取竖盘读数，便可计算出竖直角。

第二节 经纬仪的构造

光学经纬仪具有体积小、重量轻、密封性好、读数方便等优点。光学经纬仪有 DJ_2，DJ_6 等类型。其中 D 和 J 分别表示“大地测量”和“经纬仪”的汉语拼音第一个字母，2 和 6 表示该仪器所能达到的精度指标。如 DJ_6 是表示水平方向测量一测回的方向中误差不超过 ± 6″的大地测量经纬仪。本章主要介绍 DJ_6 和 DJ_2 型光学经纬仪的构造和使用。

一、DJ_6 型光学经纬仪的构造

图 3-3 所示为南京光学仪器厂生产的 DJ_6 型光学经纬仪。它主要由照准部、水平度盘和基座三部分组成。

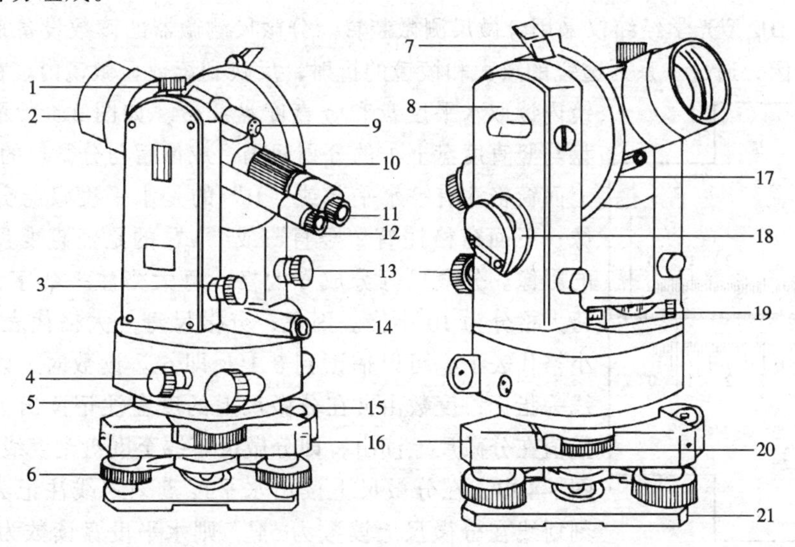

图 3-3 DJ_6 光学经纬仪

1—望远镜制动螺旋；2—望远镜物镜；3—望远镜微动螺旋；4—水平制动螺旋；
5—水平微动螺旋；6—脚螺旋；7—竖盘水准管观察镜；8—竖盘水准管；9—瞄准器；
10—物镜调焦环；11—望远镜目镜；12—度盘读数镜；13—竖盘水准管微动螺旋；
14—光学对中器；15—圆水准器；16—基座；17—垂直度盘；18—度盘照明镜；
19—平盘水准管；20—水平度盘位置变换轮；21—基座底板

（一）照准部

照准部是经纬仪水平度盘上部能绕仪器竖轴旋转的部分。主要部件有望远镜、支架、横轴、竖直度盘、光学读数显微镜及水准器等。

望远镜、竖盘和横轴固连在一起，组装于支架上。望远镜的构造与水准仪的望远镜相似，照准部在水平方向的转动由水平制动螺旋和水平微动螺旋控制；望远镜绕横轴在竖直方向转动由望远镜制动螺旋和微动螺旋控制。竖盘、竖盘指标水准管和竖盘指标管微动螺旋，是用来测量竖直角的。照准部的水准管和圆水准器的作用是整平仪器。

（二）水平度盘

水平度盘是由光学玻璃制成的圆盘，在其上刻有分划，从0°～360°按顺时针方向注记，用来测量水平角。

为了控制水平度盘和照准部之间的关系，经纬仪在水平度盘上装有转换手轮。当转动照准部时，水平度盘不随之转动，若要改变水平度盘读数，可以转动度盘转换手轮使水平度盘调至指定的读数位置。

（三）基座

基座是支承仪器的底座。它主要由轴座、三个脚螺旋和三角形底板组成。经纬仪与三脚架用连接螺旋连结。连接螺旋上悬挂的垂球表示了水平度盘的中心位置，借助垂球可将水平度盘中心安置在所测角顶点的铅垂线上。经纬仪上还装有光学对中器，以代替垂球对中。光学对中器与垂球相比，具有对点精度高和不受风吹摆动的优点。

二、DJ_6 型光学经纬仪的读数方法

大多数 DJ_6 型光学经纬仪采用分微尺测微装置。分微尺测微器的读数设备是将度盘和分微尺的影像，通过一系列透镜的放大和棱镜的折射，反映到读数显微镜内，在读数显微镜内读取水平度盘和竖直度盘读数。如图 3-4 所示，水平度盘与竖直度盘上 1°的分划间隔，成像后与分微尺的全长相等。上面窗格注有“水平”或“H”的是水平度盘与分微尺的影像；下面窗格注有“竖直”或“V”的是竖直度盘与分微尺的影像。分微尺等分成 6 大格，每大格注一数字，从 0～6，每大格分为 10 小格。因此，分微尺每一大格代表 10′，每一小格代表 1′，可以估读到 0.1′，即 6″。读数时，以分微尺零线为指标，度数由夹在分微尺上的度盘注记读出，小于 1°的数值在分微尺上读出，即分微尺零线至度盘刻度线间的角值。图 3-4 中，在分微尺上读出水平度盘刻划线注记为 214°，该刻划线在分微尺上读数为 54′，则水平度盘读数为 214° + 54′ = 214°54′；竖直度盘读数为 79°06′24″。

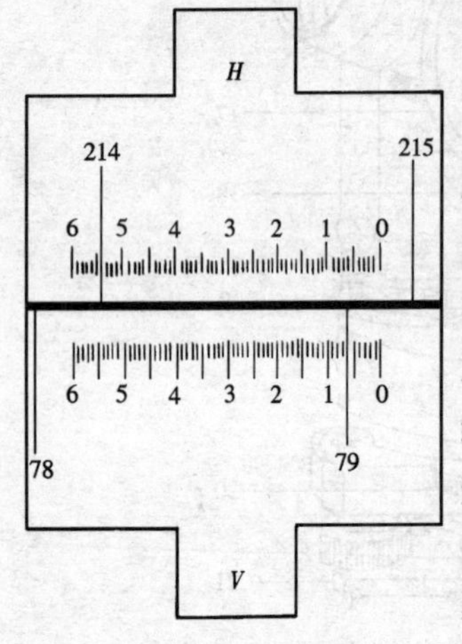

图 3-4 DJ_6 光学经纬仪读数方法

三、DJ_2 型光学经纬仪

如图 3-5 所示，DJ_2 型光学经纬仪是精密的测角仪器，其水平度盘一测回水平方向的中误差是 2 秒。其结构稳定性和精密程度比普通光学经纬仪高，它的读数设备有两个特点：

（1）采用对径重合读数法，相当于利用度盘上相差 180°的两个指标读数并取其平均值，以消除度盘偏心误差的影响，提高读数精度。

（2）在读数显微镜内一次只能看到水平度盘或竖直度盘的一种分划线影像，读数可通过转动换像手轮转换所需要的水平度盘或竖直度盘的影像。

DJ_2 型光学经纬仪的读数设备采用双光楔测微器。图 3-6 是读数显微镜的视场。大窗口是水平度盘对径刻划的影像，数字正置的为主像，数字倒置的为副象，该度盘分划值为 20′。小窗口为测微分划尺的影像，从 0′刻到 10′，最小分划值为 1″。当转动测微轮，使测

微尺由0′转到10′时，度盘正、倒像分划线向相反的方向每移动半格（相当于10′），上下影像相对移动量是一格，其读数方法如下：

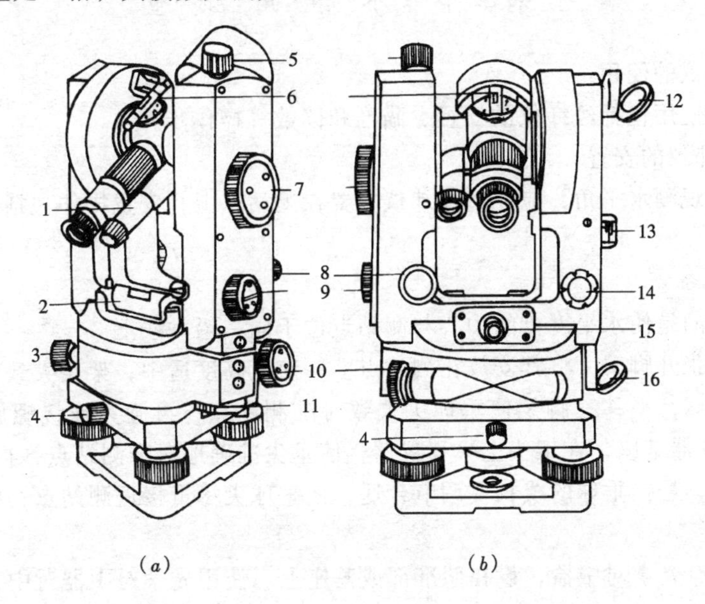

图 3-5 DJ_2 光学经纬仪

1—读数显微镜；2—水平度盘水准管；3—水平制动螺旋；4—轴座固定螺旋；5—永远镜制动螺旋；6—瞄准器；7—测微轮；8—望远镜微动螺旋；9—换像手轮；10—水平微动螺旋；11—水平度盘读数变换轮；12—竖盘照明反光镜；13—竖盘水准管；14—竖盘水准管微动螺旋；15—光学对中器；16—水平度盘照明反光镜

转动测微轮，使度盘对径影像相对移动，直至上下分划线精确重合。读数应按正像在左、倒像在右、相距最近的一对注有度数的对径分划线进行。正像分划线所注度数即为所要读出的度数；正像分划线和倒像分划线间的格数乘以度盘分划值的一半，即应读的10′数，不足10′的余数则在测微尺上读得。如图3-6所示，读数为62°27′51″。

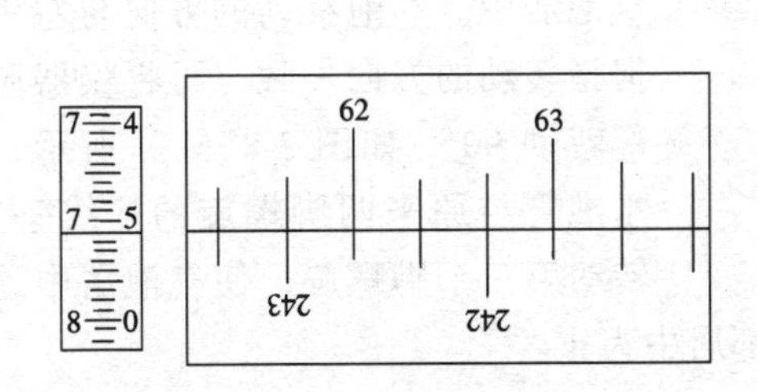

图 3-6 DJ_2 光学经纬仪读数视图

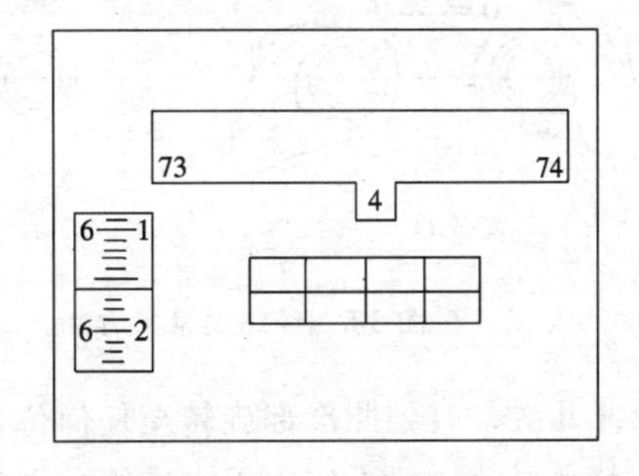

图 3-7 DJ_2 光学经纬仪读数方法

为了简化读数，新型的DJ_2型光学经纬仪采用了数字化读数。读数时转动测微轮，使度盘对径分划线重合，整度数由上窗左侧的数字读出，整10′数由中间小窗中的数字读出，分数和秒数由左侧小窗中读出。图3-7读数为37°46′16″。

第三节　水平角测量

一、经纬仪的使用

经纬仪的使用包括经纬仪的安置、瞄准和读数等操作步骤。

（一）经纬仪的安置

用经纬仪观测水平角，应先将经纬仪安置在测站点上，安置操作包括仪器的对中和整平两项内容。

1. 对中

对中的目的是使水平度盘的中心与测站点位于同一铅垂线上。

方法是先张开脚架，将其安放在测站点上，使其高度适中，架头大致水平。在连接螺旋下方挂上垂球，平移三脚架使垂球尖大致对准测站点，再旋紧连接螺旋（不必旋得过紧），双手扶仪器基座，在架头上平移仪器，使垂尖准确地对准测站点，再旋紧连接螺旋。用垂球对中时，悬挂垂球的线长要调节合适，使垂球尖尽量接近测站点，对中误差一般应小于3mm。

经纬仪备有光学对中器，设在照准部或基座上。使用光学对中器对中，只有当仪器的竖轴竖直时，才能用光学对中器对中。因此，应先目估或用垂球大致对中和整平仪器后，旋转光学对中器的目镜，使分划板清晰；再拉出或推进对中目镜管，使测站点的标志成像清楚；然后在架头上平移仪器，直至测站点与对中器的刻划圈中心重合，再旋紧连接螺旋。光学对中必须使对中、整平工作反复交替进行，直至对中与整平都满足要求为止。光学对中器对中误差一般应小于1mm。

2. 整平

整平的目的是使仪器的竖轴竖直，水平度盘处于水平位置。

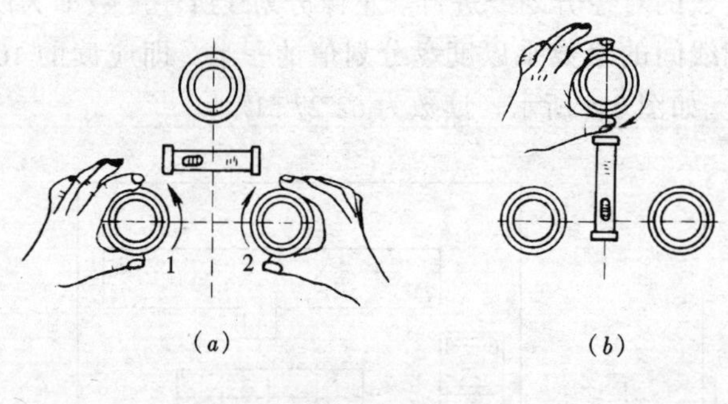

图3-8　经纬仪整平方法

方法是先转动照准部，使水平度盘的水准管平行于任意两个脚螺旋的连线，如图3-8（a）所示，两手相对转动这两个脚螺旋1和2，使水准管气泡居中。气泡移动的方向与左手大拇指转动的方向一致。再将仪器照准部转动90°，如图3-8（b）所示，使水准管与原来两脚螺旋的连线垂直，转动第三个脚螺旋，使气泡居中。如此反复几次，直到照准部旋转至任何位置气泡都居中为止。

整平误差一般不应大于水准管分划值一格。

（二）瞄准

调节目镜对光螺旋使十字丝清晰，然后用望远镜的照门和准星（或光学瞄准器），瞄准目标。从望远镜内观看，使目标成像在望远镜视场内，即旋紧望远镜制动螺旋和水平制动螺旋，转动物镜对光螺旋，使目标成像清晰并消除视差；再转动望远镜微动螺旋和水平微动螺旋，使十字丝竖丝准确瞄准目标底部。

（三）读数

读数前先将反光镜打开，调节镜面位置合适，使读数窗明亮。然后调节读数显微镜目镜，使度盘与测微尺的影像清晰，再读取度盘读数，记录并及时计算。

二、水平角测量方法

水平角的测量方法根据测量的精度要求、观测所用仪器和观测目标的多少而定。常用的测角方法是测回法。

测回法是测角的基本方法，适用于观测两个方向之间的单角。如图 3-1 所示，欲测水平角∠AOB，其观测步骤为：

(1) 在测站 O 点上安置经纬仪，对中、整平仪器。

(2) 用盘左位置（竖盘在望远镜的左面，亦称正镜），瞄准左目标 A，并置水平度盘读数为 0°00′00″（或略大于 0°），将该读数 a_1 = 0°00′00″记入表 3-1 中。

测回法观测手簿 **表 3-1**

测站	竖盘位置	目标	水平度盘读数	半测回角值	一测回角值	备注
O	左	A	0°00′00″	61°33′12″	61°33′03″	
		B	61°33′12″			
	右	A	180°00′36″	61°32′54″		
		B	241°33′30″			

(3) 顺时针方向转动照准部，瞄准右目标 B 点，读取水平度盘读数 b_1 = 61°33′12″记入表 3-1 中。则盘左所测得的上半测回角 $\beta_{左} = b_1 - a_1$ = 61°33′12″ − 0°00′00″，称上半测回。

(4) 为了检核观测成果并消除仪器误差对测角的影响，提高观测精度，还要用盘右位置（竖盘在望远镜的右面，亦称倒镜）再测下半测回。倒转望远镜成盘右位置，先瞄准右目标 b 点，读取读数 b_2 = 241°33′30″，逆时针转动照准部瞄准左目标 A 点，读取读数 a_2 = 180°00′36″，将测得的数据记入表 3-1 中，则盘右所测得的下半测回角值 $\beta_{右} = b_2 - a_2$ = 241°33′30″ − 180°00′36″ = 61°32′54″。

上、下两半测回合称一测回。一般规定，如果 DJ_6 型光学经纬仪两个半测回角值之差不超过 ±40″时，则取其平均值作为一测回的角值，如

$$\beta = \frac{1}{2}(\beta_{左} + \beta_{右}) = \frac{1}{2}(61°33'12'' + 61°32'54'') = 61°33'03''$$

若要提高观测精度，可采用多测回法进行观测。为减少度盘的刻划不均匀误差，每个测回之间将盘左起始方向变换$\frac{180°}{n}$（n 为测回数），如 $n = 3$，则每个测回的第一个起始目标读数应等于或略大于 0°、60°、120°。

第四节　竖直角测量

一、竖直度盘构造

DJ_6 光学经纬仪装置有竖直度盘、竖盘指标水准管和竖盘指标水准管微动螺旋。竖盘固定在望远镜横轴的一端，随着望远镜一起在竖直面内转动，而竖盘读数指标不动，因此

可读取望远镜不同位置的竖盘读数及算得竖直角。

竖盘的刻划按 0°～360°顺时针方向注记，如图 3-9 所示。

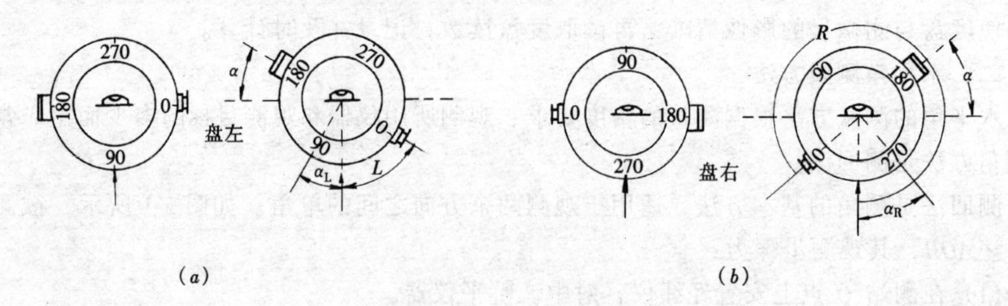

图 3-9　竖直度盘构造

竖盘指标水准管与竖盘读数指标连在一起，指标方向与指标水准管轴垂直，当转动指标水准管微动螺旋时，使指标水准管气泡居中，则指标处于正确位置；当望远镜视线水平时，竖盘读数应为 90°的整数倍。如图 3-9 所示，盘左读数为 90°，盘右读数为 270°。反之，当指标水准管气泡居中，竖盘读数为 90°的整倍数时，望远镜视准轴水平。

二、竖直角的观测和计算

测量竖直角时亦要用盘左盘右观测，计算竖直角根据竖盘注记的形式确定计算方法。DJ_6 级光学经纬仪竖直角观测步骤和计算方法如下：

(1) 如图 3-2 所示，仪器安置在测站点 *O* 上，用盘左位置瞄准目标 *M* 使十字丝中丝准确地切于目标顶端。转动竖盘指标水准管微动螺旋，使竖盘指标水准管气泡居中，读取竖盘读数 $L=76°45'12''$，记入表 3-2 中。

竖 直 角 观 测 手 簿　　　　**表 3-2**

测　站	目　标	竖盘位置	竖盘读数	半侧回竖直角值	指标差	一测回角值	备注
O	*M*	左	76°45′12″	+13°14′48″	−06″	13°14′42″	
		右	283°14′36″	+13°14′36″			
	N	左	122°03′36″	−32°03′36″	+12″	−32°03′24″	
		右	237°56′48″	−32°03′12″			

(2) 用盘右位置再瞄准目标 *M*，并使竖盘指标水准管气泡居中，读取竖盘读数 $R=283°14'36''$，记入表 3-2 中。

(3) 计算竖直角 α。竖直角 α 是视线倾斜时与视线水平时的读数之差。对于图 3-9，视线水平时，盘左位置竖盘读数为 90°，当望远镜仰起时，读数减小，则盘左时竖直角的计算公式为：

$$\alpha_L = 90° - L = 90° - 76°45'12'' = 13°14'48'' \quad (3\text{-}2)$$

视线水平时，盘右位置竖盘读数 270°，当望远镜仰起时，读数增加，则盘右时竖直角的计算公式为：

$$\alpha_R = R - 270° = 283°14'36'' - 270° = 13°14'36'' \quad (3\text{-}3)$$

一测回竖直角值（盘左、盘右竖直角值的平均值）为：

$$\alpha = \frac{1}{2}(\alpha_L + \alpha_R) = \frac{1}{2}[(R - L) - 180°] = \frac{1}{2}(13°14'18'' + 13°14'36'') = 13°14'42'' \quad (3\text{-}4)$$

在上述竖直角观测时，为使指标处于正确位置，每次读数前必须转动竖盘指标水准管微动螺旋，使竖盘指标水准管气泡居中。现代经纬仪采用了竖盘指标自动归零装置以取代竖盘指标水准管及其微动螺旋，当仪器整平后竖盘指标即自动居于正确位置，这样就简化了操作程序，可提高竖直角观测的速度和精度，在使用时，将自动归零锁紧手轮逆时针旋转，使手轮上的红点可对准照准部支架上的黑点。使用完毕，一定要顺时针旋转手轮，以锁紧补偿结构，防止吊丝振坏。

三、竖盘指标差

由上述可知，望远镜视线水平且竖盘水准管气泡居中时，竖盘指标的正确读数应是90°的整倍数。但是，由于竖盘水准管与竖盘读数指标的关系难以完全正确，当视线水平且竖盘水准管气泡居中时，竖盘读数与应有的竖盘指标正确读数（即90°的整倍数）有一个小的角度差 x，称为竖盘指标差，即竖盘指标偏离正确位置引起的差值。竖盘指标差 x 本身有正负号，一般规定当竖盘读数指标偏移方向与竖盘注记方向一致时，x 取正号，反之 x 取负号。如图 3-10 所示的竖盘注记与指标偏移方向一致，竖盘指标差 x 取正号。

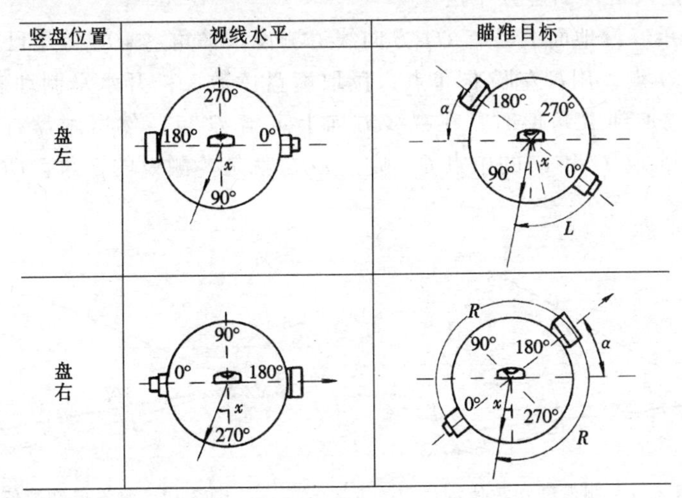

图 3-10　竖盘指标差

由于图 3-10 中，竖盘是顺时针方向注记，按照上述规则并顾及竖盘指标差 x，得到

$$\alpha_L = 90° - L + x = \alpha + x \quad (3\text{-}5)$$

$$\alpha_R = R - 270° - x = \alpha - x \quad (3\text{-}6)$$

两都取平均得竖直角 α 为

$$\alpha = \frac{1}{2}(\alpha_L + \alpha_R) = \frac{1}{2}[(R - L) - 180°] \quad (3\text{-}7)$$

可见，式（3-7）与式（3-4）计算竖直角 α 的公式相同。这说明，采用盘左、盘右位置观测取平均计算的竖直角，其角值不受竖盘指标差的影响。

若将（3-5）式减去（3-6）式，则得指标差为：

$$x = \frac{1}{2}[(L + R) - 360°] \tag{3-8}$$

$$x = \frac{1}{2}(L + R - 360°) = \frac{1}{2}(\alpha_R - \alpha_L)$$

$$= \frac{1}{2}(76°45'12'' + 283°14'36'' - 360°) = -6''$$

指标差 x 可用来检查观测质量，防止错误。在同一测站上观测不同目标时，指标差的变动范围，对 DJ_6 型光学经纬仪一般不应超过 25″，对 DJ_2 型光学经纬仪一般不应超过 15″。

由此可见，测量竖直角时，用测回法观测取其平均值不仅是为了检核测量成果的质量，防止错误，而且可以消除竖盘指标差对竖直角测量的影响。

第五节 测设已知数值的水平角

测设已知数值的水平角是根据给定的水平角值和一个已知方向，把该角的另一个方向测设在地面上。

一、一般方法（正、倒镜分中法）

如图 3-11 所示，设地面上已有 OA 方向线，测设水平角 $\angle AOC$ 等于已知值 β。测设时将经纬仪安置在 O 点，用盘左瞄准 A 点，读取度盘读数，松开水平制动螺旋，旋转照准部，当度盘读数增加到 β 角值时，在视线方向上定出 C' 点。然后用盘右重复上述步骤，测设得另一点 C''，取 C' 和 C'' 的中点 C，则 $\angle AOC$ 就是要测设的 β 角，OC 方向就是所要测设的方向。

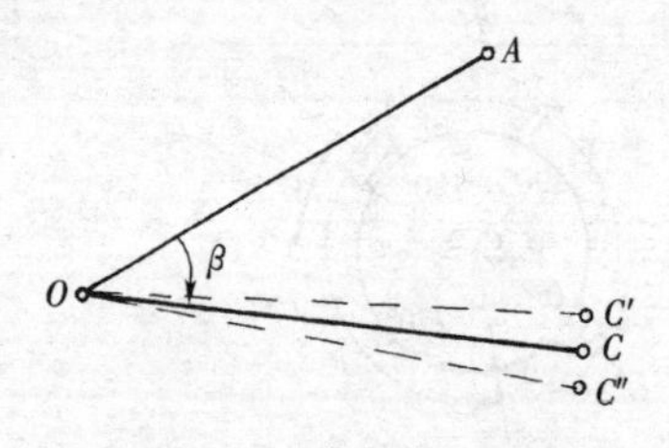

图 3-11 测设已知数值的一般方法

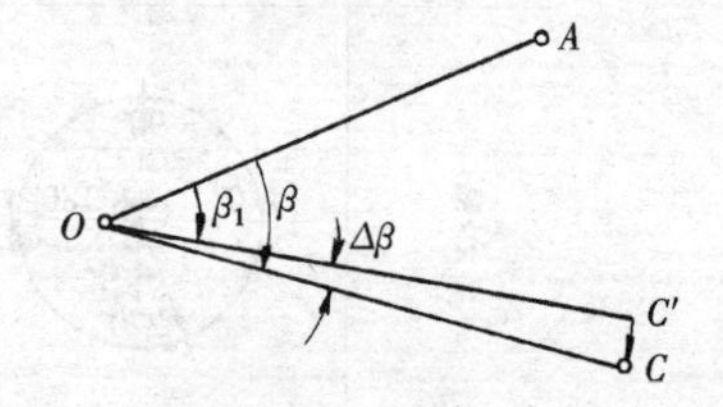

图 3-12 测设已知数值的精确方法

二、精确方法

当测设水平角的精度要求较高时，应采用作垂线改正的方法，如图 3-12 所示。在 O 点安置经纬仪，先用一般方法测设 β 角，在地面上定出 C' 点，再用测回法测 $\angle AOC'$ 多个测回，取其平均值为 β_1，即 $\angle AOC' = \beta_1$，设 β_1 比应测设的 β 角值小 $\Delta\beta$，即可根据 $\Delta\beta$ 和 OC' 的长度计算出改正值 $C'C$。

$$C'C = OC\tan\Delta\beta = OC' \times \frac{\Delta\beta''}{\rho''} \tag{3-9}$$

式中

$$\rho'' = 206265''$$

过 C' 点作 OC' 的垂线，再以 C' 点沿垂线方向向外量 $C'C$，定出 C 点。则 $\angle AOC$ 就是要测设的 β 角。

【例 3-1】 已知地面上 A、O 两点，要测设直角 AOC。

作法：在 O 点安置经纬仪，盘左盘右测设直角取中数得 C' 点，量得 $OC' = 50\text{m}$，用测回法测了三个测回，测得 $\angle AOC' = 89°59'30''$。

$$\Delta\beta = 90°00'00'' - 89°59'30'' = 30''$$

$$C'C = OC' \times \frac{\Delta\beta}{\rho''} = 50 \times \frac{30''}{206265''} = 0.007\text{m}$$

过 C' 点作 OC' 的垂线 $C'C$，向外量 $C'C = 0.007\text{m}$ 定得 C 点，则 $\angle AOC$ 即为直角。

第六节　经纬仪的检验与校正

在水平角测量中，要求仪器的水平度盘应处于水平位置，且水平度盘的中心位于测站的铅垂线上，同时要求望远镜上、下转动的视准轴应在一个竖直面内。要达到上述的要求，如图 3-13 所示，经纬仪各主要轴线间必须满足下列几何条件：

(1) 水准管轴垂直于竖轴（$LL \perp VV$）；

(2) 十字丝竖丝垂直于横轴；

(3) 视准轴垂直于横轴（$CC \perp HH$）；

(4) 横轴垂直于竖轴（$HH \perp VV$）；

(5) 当望远镜视准轴水平、竖盘指标水准管气泡居中时，指标读数为 90°的整倍数。

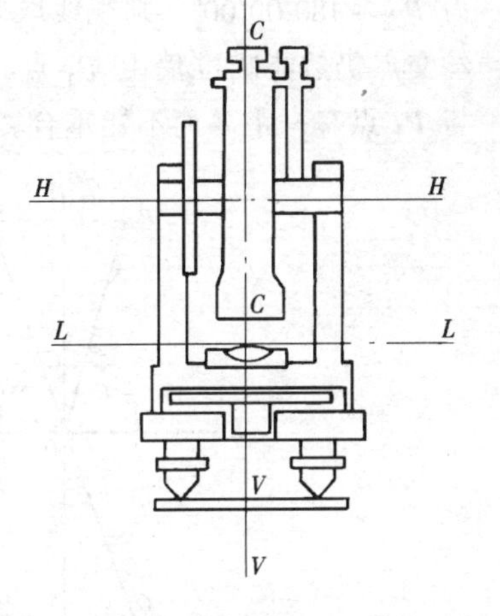

图 3-13　经纬仪主要轴线

一、照准部水准管轴应垂直于仪器竖轴的检验与校正

1. 检验目的

检验的目的是使照准部水准管轴垂直于竖轴。当满足此条件，照准部水准管气泡居中时，竖轴就处于竖直位置，水平度盘亦处于水平位置。

2. 检验方法

如图 3-14 所示，将仪器大致水平，转动照准部使水准管平行于任意两个脚螺旋的连线，调节这两个脚螺旋使水准管气泡居中。再将照准部旋转 180°，如气泡仍然居中，则水准管轴垂直于竖轴，如果偏离量超过一格应校正。

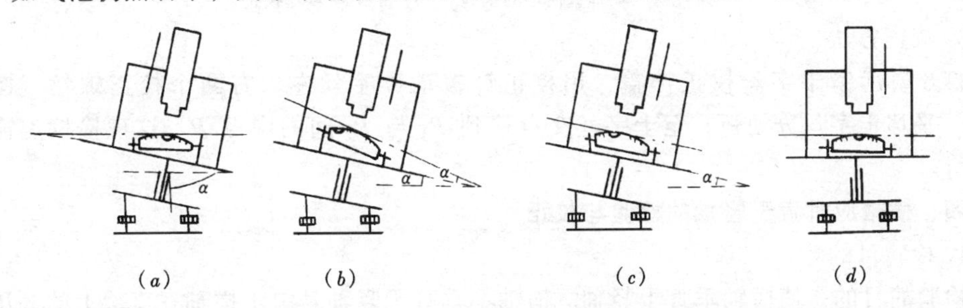

图 3-14　水准管轴校正原理

3. 校正方法

先用校正针拨动水准管校正螺丝，使水准管气泡退回偏离中心距离的一半，再转动脚螺旋使气泡居中。

此项检验校正需反复进行，直至照准部旋转到任何位置气泡偏离中点不超过一格为止。

二、十字线竖丝垂直于横轴的检验与校正

此项检验与校正方法与第二章图 2-25 中的十字丝横丝应垂直于竖轴相似，不再赘述。

三、视准轴应垂直于横轴的检验与校正

1. 检验目的

检验的目的是使视准轴垂直于横轴。不垂直时偏离垂直位置的角度 C 称为视准误差。视准误差 C 是由于十字丝交点位置不正确而产生的。仪器整平后，横轴为水平，望远镜绕横轴旋转时，正确的视准轴应扫出一竖直面，位置不正确的视准轴则扫出一圆锥面。若观测同一竖直面内不同高度的目标，则水平度盘的读数各不相同，从而产生测角误差。

2. 检验方法

如图 3-15（a）所示，安置经纬仪于 O 点，整平仪器。用盘左位置瞄准远处墙壁上与仪器同高的一点 P_1，读取水平度盘数 $P_{左}$。严格旋转照准部 180°00′00″，水平度盘读数应为 $P_{左}+180°00'00''$，则视线取 OQ 位置（视线 OP_1 与 OQ 成一直线）。倒镜后，如果十字丝交点仍然能瞄准墙上 P_1 点，表明视准轴与横轴垂直。否则，视线将移到墙上 P_2 点，与 P_1 点有一距离而不能重合，则需校正。

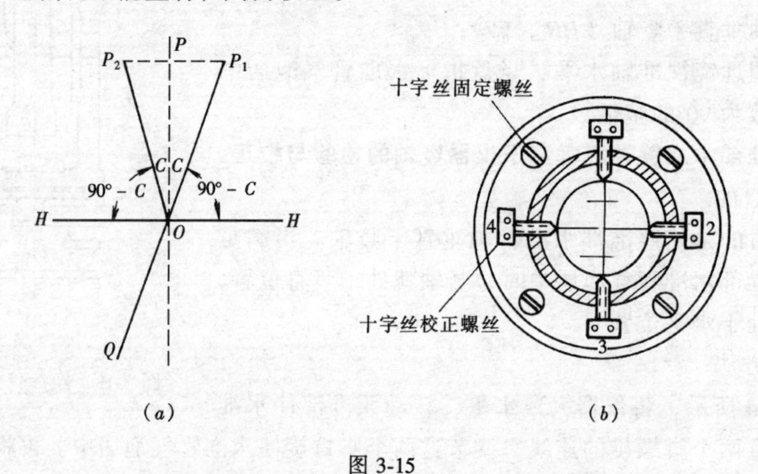

图 3-15

（a）视准轴垂直横轴的检验；（b）十字丝竖丝校正

3. 校正方法

打开望远镜十字丝校正护盖，用校正针拨动十字丝左、右两个校正螺丝（图 3-15（b）），平移十字丝分划板，至十字丝交点移到 P_1 与 P_2 间的中点 P。这项检校也需要反复进行。

四、横轴应垂直于竖轴的检验与校正

1. 检验目的

检验的目的是使横轴垂直于竖轴。横轴不垂直于竖轴是由于横轴在支架上的高度位置不相等而产生的。当仪器整平后，若竖轴竖直而横轴不水平，则有一个倾角 i。望远镜绕横轴旋转时，视准轴扫出的是一个斜面而不是竖直面。因此当瞄准同一竖直面内高度不同的目标时，将得到不同的水平度盘读数，影响测角精度，必须进行检校。

2. 检验方法

在距墙 20～30m 处安置经纬仪，仪器整平后，用盘左位置瞄准墙上高处（仰角应大于 30°）一目标 P 点，如图 3-16 所示。然后将望远镜大致水平，在墙上标出十字丝交点 P_1。倒转望远镜再用盘右位置仍然瞄准 P 点，然后将望远镜放平在墙上标出 P_2 点，如果 P_1 与 P_2 两点重合，则说明横轴垂直于竖轴，否则需要校正。

3. 校正方法

在墙上定出 P_1P_2 的中点 M，以盘右位置瞄准 M 点，固定照准部后抬高望远镜，此时十字丝交点偏离 P 点，瞄到 P 点旁的 P' 点。打开支架护盖，用校正针拨动支架校正螺丝，升高或降低横轴的一端，使十字丝交点由 P' 点逐步准确对准 P 点。

光学经纬仪密封性好，设计制造时保证了横轴垂直于竖轴，但测量前亦需检验。如果需要校正，必须由专门修理人员进行检修。

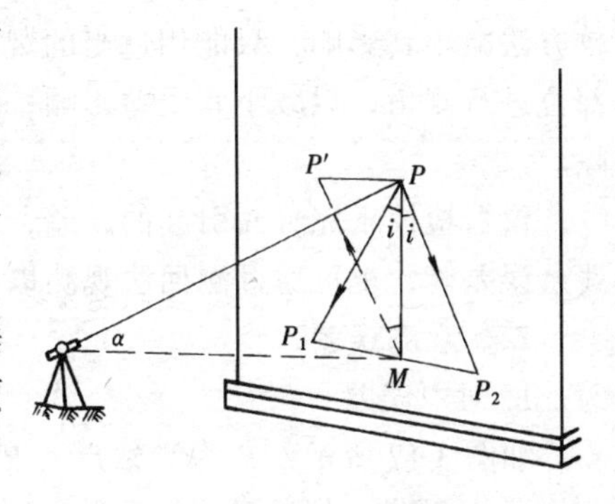

图 3-16　横轴垂直竖轴的检验

五、竖盘指标差的检验与校正

1. 检验目的

检验的目的是使竖盘指标差 x 等于零。

2. 检验方法

安置仪器整平后，用盘左、盘右两个位置瞄准高处同一目标，分别使竖盘指标水准管气泡居中，读取竖盘读数 L 和 R，计算出竖直角 α 和指标差 x。若 x 大于 1′则需校正。

3. 校正方法

用倒镜位置仍瞄准原来目标，转动竖盘指标水准管微动螺旋，使竖盘读数为 $R_{应} = R - x$，此时竖盘指标水准管气泡不再居中，用校正针拨动竖盘指标水准管的上、下校正螺丝（先松后紧），使气泡居中。此项检校亦应反复进行。

六、光学对点器的检验与校正

1. 检验目的

检验目的是使光学对点器的视准轴与竖轴共轴。

2. 检验方法

安置仪器整平后，在仪器脚架中心安放一个十字丝标志，移动标志使对点器分划板中心小圆圈与十字丝中心重合。转动照准部 180°，如小圆圈始终与十字丝中心重合，或偏离量小于 1mm，视准轴与竖轴共轴；如果大于 1mm，需校正。

3. 校正方法

打开对点器上方的小圆盖，校正三颗螺丝，使分划板小圆圈中心移动至偏离中心距离的一半。再转动照准部重复检校，直至照准部旋转到任何位置十字丝中心与小圆圈中心都重合。

第七节　角度测量误差及注意事项

水平角观测的误差主要来源于仪器本身的误差及测角时的误差。为了提高成果的精度，必须了解产生误差的原因和规律，采取相应措施，以消除或减少其误差对水平角测量的影响。

一、仪器误差

仪器误差主要包括两个方面，一是仪器制造、加工不完善所引起的误差，二是仪器检校不完善所引起的误差。

仪器制造、加工不完善所产生的误差（如度盘刻划误差、度盘偏心误差），不能用检校方法减小其影响，只能用适当的观测方法加以消除。如度盘刻划误差可采用度盘的不同部位进行测角，以减小其误差影响；度盘偏心误差可以采用盘左、盘右观测取平均值来消除。

仪器检校不完善而引起的误差，如视准轴不垂直于横轴的误差及横轴不垂直于竖轴的残余误差等，也可通过测回法观测以消除上述两项误差对测角的影响。

二、观测误差

1. 对中误差

如图 3-17 所示，B 为测站点，B' 为仪器中心，A 和 C 为目标，e 为偏心距。观测的角值 β' 与正确角值 β 间的关系为：

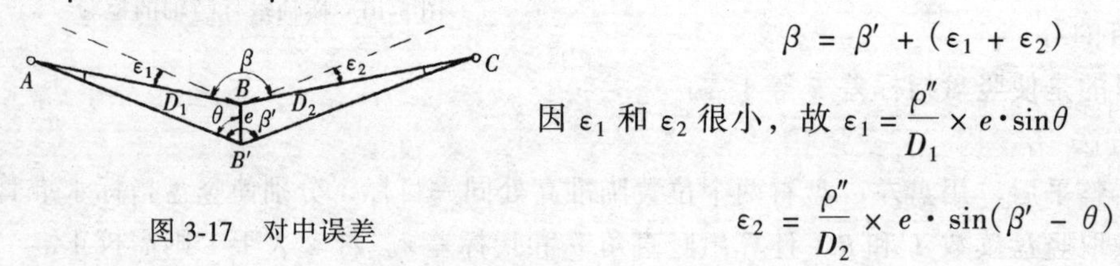

图 3-17　对中误差

$$\beta = \beta' + (\varepsilon_1 + \varepsilon_2)$$

因 ε_1 和 ε_2 很小，故 $\varepsilon_1 = \dfrac{\rho''}{D_1} \times e \cdot \sin\theta$

$$\varepsilon_2 = \frac{\rho''}{D_2} \times e \cdot \sin(\beta' - \theta)$$

因此，仪器对中误差对水平角的影响为：

$$\varepsilon'' = \varepsilon_1 + \varepsilon_2 = \rho'' \cdot e\left[\frac{\sin\theta}{D_1} + \frac{\sin(\beta' - \theta)}{D_2}\right]$$

当 $\beta' = 180°$、$\theta = 90°$时，ε 角值最大。设 $D_1 = D_2 = D = 30\text{m}$，$e = 3\text{mm}$，则

$$\varepsilon'' = \rho'' \frac{2e}{2D} = 206265'' \times \frac{2 \times 3}{30 \times 10^3} = 41.3''$$

由上可知，仪器对中误差对水平角的影响与偏心距成正比，与测站点到目标的距离成反比，e 越大，距离越短，误差 ε''越大。所以在测角时，对边长越短且转折角接近 180°的，应特别注意对中。

2. 整平误差

由于仪器没有整平将引起仪器竖轴和横轴的倾斜，望远镜绕横轴旋转时，视准轴扫出一倾斜面。用盘左、盘右观测时，该误差对水平角角值影响相同，无法用正倒镜的观测方法来消除，所以，观测时应认真地整平仪器。整平误差与竖直角大小有关，竖直角越大，则该误差对水平角的影响也越大。在山区作业时，尤其要注意整平。

3. 标杆倾斜误差

测角时，常用标杆立于目标点上作为照准标志，当标杆倾斜而又瞄准标杆上部时，则使瞄准点偏离测点产生目标偏心误差。

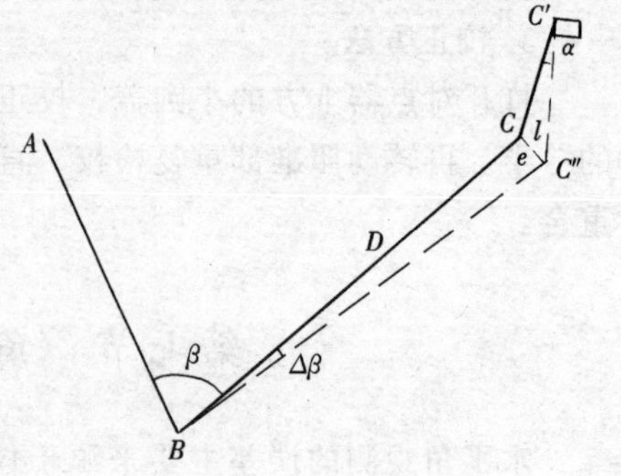

图 3-18　标杆倾斜误差

如图 3-18 所示，B 为测站点，A 和 C 为测点标志中心，C' 为照准目标点，$CC' = l$ 为标杆长，$CC'' = e$ 为偏心距，标杆倾斜与铅垂线的夹角为 α，则测角误差为 $\Delta\beta = \beta'' \frac{e}{D} = \rho'' \frac{l \cdot \sin\alpha}{D}$。例如标杆长 $l = 2\text{m}$，倾角 $\alpha = 1°$，边长 $D = 100\text{m}$，则

$$\Delta\beta = 206265'' \frac{2 \times \sin 1°}{100} = 1'12''$$

由此可见，边长越短，标杆越倾斜，瞄准点越高，引起的测角误差越大。所以在水平角观测时，标杆要竖直，并尽可能瞄准标杆的底部（边长越短，更应注意）。当目标较近，又不能瞄准其下部时，可采用悬吊垂球，瞄准垂球线。

4. 瞄准误差

瞄准误差与望远镜的放大倍数及人眼的鉴别能力有关。放大倍数大，则瞄准误差小，一般 DJ_6 型光学经纬仪的望远镜放大倍数 25 ~ 30 倍，则最大照准误差为 2″ ~ 4″。另外，瞄准误差与目标的形状、亮度及视差消除程度也有关。

5. 读数误差

读数误差与仪器的读数设备、亮度和判断的准确性有关。对于 DJ_6 型光学经纬仪，读数最大误差在 ±6″。

三、外界条件的影响

外界条件对角度观测成果有直接影响。如大气透明度差、目标阴暗与旁折光影响等会增大照准误差；土壤松软会使仪器沉陷、位移；日晒和温度变化会影响仪器的整平；大风影响仪器的稳定；受地面热辐射的影响会引起物像的跳动等。因此，要选择有利的观测时间和观测条件，使这些外界影响降低到最小的程度。

思考题与习题

1. 什么叫水平角？什么叫竖直角？测量水平角与测量竖直角有哪些相同点和不同点？

2. 观测水平角时，仪器对中和整平的目的是什么？其误差不应大于多少？

3. 观测水平角和竖直角时，为什么要采用盘左、盘右观测？能消除什么误差？能否消除仪器竖轴倾斜引起的测角误差？

4. 经纬仪上有哪些主要轴线？它们之间应满足什么条件？为什么必须满足这些条件？这些条件若不满足，如何进行检验与校正。

5. 整理下列用测回法观测水平角的记录。

测　站	竖盘位置	目　标	水平度盘读数 (°　′　″)	半测回角值 (°　′　″)	一测回角值 (°　′　″)	备　注
B	左	A	0　00　06			
		C	58　48　54			
	右	A	180 00 36			
		C	238 49 06			

6. 整理下列竖直角观测的记录，并分析有无竖盘指标差？其值是多少？

测　站	目　标	竖盘位置	水平度盘读数	半测回角值	一测回角值	备　注
			(° ′ ″)	(° ′ ″)	(° ′ ″)	
O	1	左	72　18　18			望远镜盘左，置于水平位置时竖盘指标为 90°。当望远镜往上观测时，竖盘读数减少
		右	287　42　00			
	2	左	96　32　48			
		右	263　27　30			

7. 角度测量中为提高测量精度，应注意哪些事项？

第四章　距离测量与直线定向

距离测量是测量的三项基本工作之一。所谓距离是指两点间的水平距离，其距离是确定地面点位置三要素之一。距离测量根据使用的工具和方法的不同，又可分为直接测量和间接测量两种。用尺子和光电测距仪测距称为直接测量，而视距测量称为间接测量。本章主要介绍用尺子量距，其他量距在本书有关章节中介绍。通常用尺子直接丈量出两点间的水平直线距离，又称直线丈量。

地面上两点的相对位置，除确定两点间的水平距离以外，尚需确定两点连线的方向。确定一条直线与标准方向之间的角度关系，称为直线定向。

第一节　丈量距离的工具

丈量距离时，常使用工具有钢尺、皮尺、绳尺、测杆、测钎和垂球等。

一、钢尺

又称钢卷尺，长有 20m、30m、50m 几种。最小刻划到毫米，有的尺只在 0～1dm 间刻划到毫米，其他部分刻划到厘米。在分米和米的分划处，注有数字。钢尺卷在铁架上或圆形金属盒内，便于携带使用，如图 4-1 所示。因钢尺抗拉强度高，使用时不易伸缩，故量距精度要求较高时，需用钢尺丈量。

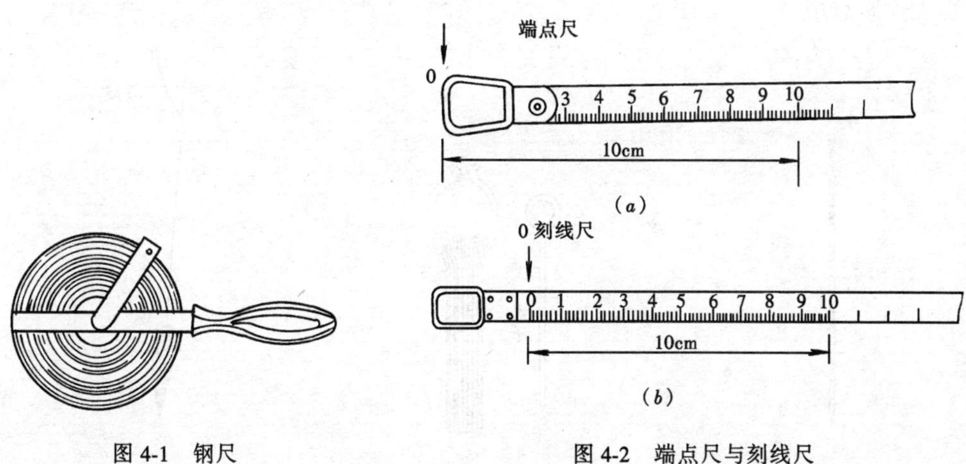

图 4-1　钢尺　　　　图 4-2　端点尺与刻线尺

钢尺由于尺的零点位置不同，有刻线尺和端点尺之分，如图 4-2 所示。刻线尺是在尺上刻着零点；端点尺是以尺的端部、金属环的最外端为零点，从建（构）筑物的边缘开始丈量时用端点尺很方便。

二、皮尺

又称布卷尺，长有 20m、30m、50m 及 100m 几种，如图 4-3 所示，尺上刻划到厘米，在分米和米的分划处都注有数字。因皮尺使用时尺长易伸缩,故只在量距精度要求较低时使用。

图 4-3　皮尺　　　　图 4-4　测绳

三、绳尺

又称测绳，长有 50m、100m 两种。尺上每一米处有个小铜片注明米数，如图 4-4 所示。因绳尺伸缩性大，精度低并可扭转、收尺方便，故常用于土地丈量、道路横断面或水文测量中。

四、测杆

又称标杆或花杆，长度有 2m、3m 两种，如图 4-5 所示。杆上表面用油漆划分为红白相间的分段，每段长为 20cm，故名花杆。主要用来标定直线或点位，以便观测照准，故又称标杆。有时也可用来粗略测量距离。

五、测钎

又称测针，长度为 30~40cm，每 6 或 11 根为一组，如图 4-6 所示。用来计算已丈量过的整尺段数或标志临时测点。

六、垂球

又称线铊，如图 4-7 所示。一端用耐磨的细线系住，以便悬吊。用于在倾斜地段量距时做垂直投影点用。

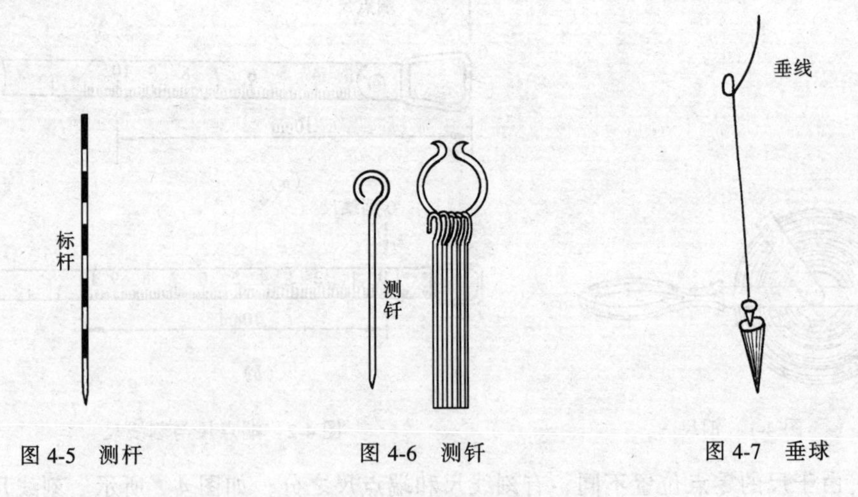

图 4-5　测杆　　　图 4-6　测钎　　　图 4-7　垂球

第二节　用钢尺量距的一般方法

一、直线定线

丈量直线的距离，首先得把直线的位置标定出来，即标定直线的两端点的位置。若两点相距较近，用一个尺段就能量得其距离；若两点相距较远，不能用一个尺段一次丈量完毕，可分成几段进行丈量。为此要求在两点的连线上设置若干个标志点，以便于沿直线分段丈量。这种把许多标志设置在已知直线上的工作，称为直线定线或称为标定直线。

精确地标定直线是用经纬仪，一般是用标杆目测，称为目估定线，又叫“串花杆”，也可用拉线法定线。

（一）在平坦地段定线

如图 4-8 所示，欲在 A、B 两点间标定直线。先在 A、B 两点插入标杆，甲站在 A 点测杆后面，两眼从标杆两侧瞄准 B 点测杆。乙持标杆试立在 1 点，根据甲的手势指挥，向左或向右慢慢移动，当甲观测到 A、1、B 三根标杆重合时，表明三点在同一直线上，就喊“好”，即定出 1 点。依此类推可定出 2 点。

（二）在丘陵地段定线

如图 4-9 所示，欲在 A、B 两点间标定直线，由于 A、B 两点在山丘的两侧，互不通视，需采用逐渐趋近的方法来定线。先在 A、B 两点竖立标杆，而后甲、乙两人持杆于山丘上，甲要看见 A 点；乙要看到 B 点。甲选择靠近 AB 方向的一点 C_1，竖立标杆，指挥乙将另一标杆竖立在 AC_1 线上的 D_1 点。再由乙指挥甲将标杆移到 BD_1 上的 C_2 点，这样交替指挥，相互移动，一直到 C、D 两点移到 AB 直线上为止。

图 4-8 目估定线

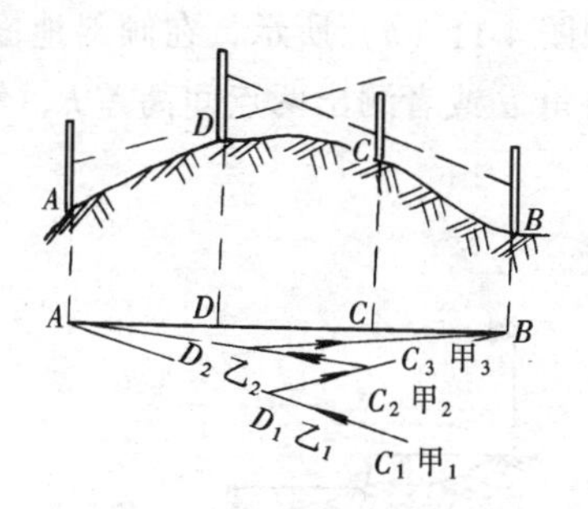

图 4-9 逐渐趋近定线

二、直线丈量的一般方法

（一）平坦地段的丈量

如图 4-10 所示，欲要丈量直线 AB 的距离，先在 A、B 两点竖立标杆，以便标定直线，而后进行丈量。丈量直线一般由两人合作，一人持尺的末端和测钎在前，称为前尺手，另一人持尺的零端在后，称为后尺手，当前尺手沿 AB 方向前进到一尺段时，应停止前进并立测钎，并听从后尺手的指挥，使测钎和尺均在 AB 直线上。两人同时将尺拉紧、拉平，当后尺手将尺的零点恰好对准 A 点时，喊“好”，这时前尺手在尺的末端准确插好测钎，以标定 1 点的位置，这样便完成了一个尺段的丈量。然后前、后尺手同时持尺前进，当后尺手走到 1 点处，重复直线定线和丈量方法，标定 2 点位置，后尺手将 1 点的测钎收起，再继续前进丈量标定 3 点。最后不足一整尺段，前尺手将尺上某整数分划对准 B 点，后尺手在 3

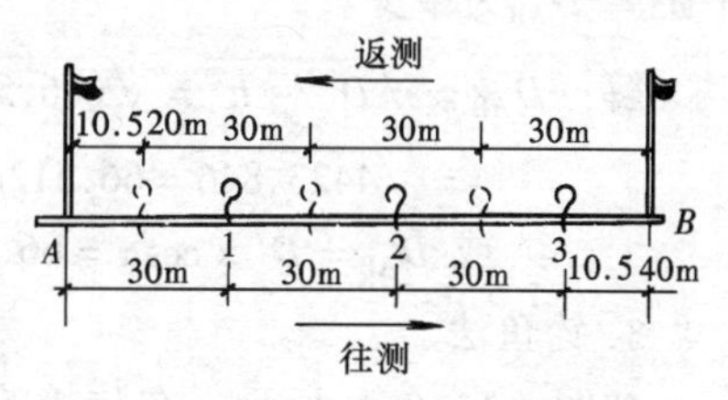

图 4-10 平坦地丈量

点用尺的零端读出毫米数，即为整尺段的余长。丈量完毕，后尺手收起的测钎数就是整尺段数。可见，AB 直线全长为

$$D = n \cdot l + g$$

式中 n——测钎数；

l——整尺段长；

g——整尺段的余长或终点零尺段长。

【例 4-1】 如图 4-10 所示，钢尺一整尺为 30m，后尺手收起 3 根测钎，零尺段为 10.540m，试计算 AB 的全长？

解： $D_{AB} = 3 \times 30 + 10.540 = 100.540\text{m}$

为了提高丈量精度，丈量时应往、返各测一次，即从 A 到 B 丈量一次称往测；再从 B 到 A 丈量一次称返测。直线丈量的方法，一般应边定线边丈量，往、返测量法。

（二）倾斜地段的丈量

在倾斜和高低起伏变化的地面丈量距离时，可用平量法、斜量法和钓鱼法。

1. 平量法

如图 4-11（a）所示，在倾斜稍有起伏变化的地面量 AB 的水平距离时，可将整尺抬平并用垂球投点方法进行丈量。如整尺抬平有困难，也可分段将尺抬平进行丈量。

2. 斜量法

如图 4-11（b）所示，在倾斜地面坡度比较均匀时，可丈量倾斜距离 D'，再测出地面的倾斜角 α 或者测出两点间高差 h，然后再换算成水平距离 D。其计算公式为

$$D = \sqrt{D'^2 - h^2}$$

或

$$D = D' \times \cos\alpha$$

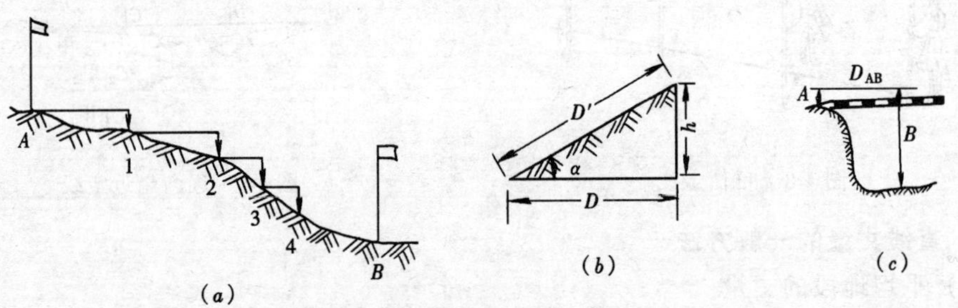

图 4-11 倾斜地段丈量

（a）平量法；（b）斜量法；（c）钓鱼法

【例 4-2】 在图 2-11（b）中，量得 $D' = 66.554\text{m}$，$h = 2.345\text{m}$，$\alpha = 2°00'$，试计算水平距离 D_{AB}为多少。

解： $D_{AB} = \sqrt{D'^2 - h^2} = \sqrt{(66.554)^2 - (2.345)^2} = \sqrt{4429.345 - 5.449}$

$= \sqrt{4423.846} = 66.512\text{m}$

或 $D_{AB} = D' \times \cos\alpha = 66.554 \times \cos 2°00'' = 66.554 \times 0.099391 = 66.513\text{m}$

3. 钓鱼法

如图 4-11（c）所示，在陡峻的山坡旁，可用垂球从测杆上将长度投影下来，如同钓鱼一样，由标杆或尺量取距离得 D_{AB}。

三、直线丈量的精度和记录

（一）丈量的精度

丈量的精度是通过往、返丈量求得相对误差来衡量的。取往、返测距离的差数，与往、返测距离的平均值之比，称为量距的相对误差，也称为量距的精度。通常是用分子为1的分数来表示。即

$$量距相对误差\ K=\frac{往返测距离之差}{往返测距离平均值}=\frac{\Delta D}{D平均}=\frac{1}{\frac{D平均}{\Delta D}}$$

式中

$$\Delta D=|D_{往}-D_{返}|$$

$$D_{平均}=\frac{D_{往}+D_{返}}{2}$$

如果相对误差 K 小于量距容许误差，则丈量直线的精度是合格的，可取往、返测距离平均值作为丈量的成果，否则必须重测。

一般量距允许误差是根据地形条件和施工要求不同而有所区别。量距方便地区不应大于$\frac{1}{3000}$；中等困难地区不应大于$\frac{1}{2000}$；困难地区不应大于$\frac{1}{1000}$。

【例4-3】 如图4-10所示，丈量 A、B 两点间距离，往测全长为 $D_{AB}=100.540m$，返测全长为 $D_{AB}=100.520m$，试求量距相对误差 K 为多少？

解：往返量距之差 $\Delta D=|100.540-100.520|=0.020m$

$$往返量距平均值\ D_{平均}=\frac{D_{AB}+D_{BA}}{2}=\frac{100.540+100.520}{2}=100.530m$$

$$量距相对误差\ K=\frac{1}{\frac{D平均}{\Delta D}}=\frac{1}{\frac{100.530}{0.020}}=\frac{1}{5026}$$

（二）丈量的记录

丈量距离常用记录手簿，如表4-1所示。直线丈量时，要随测随记随计算，查核其精度是否合格。

距离测量手簿 **表4-1**

工程名称 文二桥工地　　天　气 晴　　测　量 张　洁

日　　期 2003.4.1　　仪　器 钢尺002　　记　录 李　明

测线		分段丈量长度（m）		总长度（m）	平均长度（m）	精　度	备　注
		整尺段 nl	零尺段 g				
AB	往	3×30	10.540	100.540	100.530	$\frac{1}{5026}$	量距方便地区
	返	3×30	10.520	100.520			

第三节　精密丈量的方法

前述用钢尺量距的一般方法，其量距精度一般能达到$\frac{1}{1000}$～$\frac{1}{5000}$。市政工程中，有时需要更高的量距精度，如控制网边长的量距要求精度达到$\frac{1}{5000}$～$\frac{1}{10000}$，为了达到规定精

度的要求，必须用精密方法进行丈量。

一、精密丈量的方法

(1) 精密量距时，需用经纬仪定线。

(2) 将欲测直线分为若干段，每段长度略小于整尺段的长度，各分段点钉一小木桩，桩顶钉白铁皮，画十字细线作标志。

(3) 用水准测量方法，往返各观测一次，测出各桩顶之高程。

(4) 施测前应对使用钢尺进行检定，并计算出改正数值。

(5) 丈量时每组五人组成，两人拉尺，两人读数，一人记录。每尺段要移动钢尺位置丈量三次，每次较差不得超过 1～2mm，取三次成果平均值作为该尺段的距离。每尺段读记温度一次。往返各测量一次，称为“一个测回”，一般应至少测两个测回。

(6) 根据改正数计算出全长值。

二、钢尺的检定

钢尺因材料变形和制造误差的影响，出厂时其本身长度就含有误差，又经过使用，尺子长度也会有变化，致使钢尺实际长度不等于其名义长度。因此在精密丈量前应对钢尺进行检定，以求出钢尺的实际长度，以便丈量距离时进行尺长改正，求得正确的水平距离。

钢尺检定要在校尺场进行，其方法是将被检定钢尺与标准尺进行比较；或用被检定钢尺丈量标准长度，计算出尺长改正数。

钢尺经检定后，应给出尺长方程式 $l_t = l_0 + \Delta l + \alpha l_0\ (t - t_0)$

式中 l_t——钢尺在温度 t℃时的实际长度；

l_0——钢尺名义长度；

Δl——每尺段的尺长改正数；

α——钢尺的线膨胀系数，$\alpha =$ (1.15～1.25) $\times 10^{-5}$m/(m·℃)；

t——钢尺量距时的温度；

t_0——钢尺检定时的温度，$t_0 = 20$℃。

例如：某钢尺经检定后其尺卡方程式为：$l_t = 30\text{m} + 0.005\text{m} + 30 \times 1.2 \times 10^{-5}(t_0 - 20℃)\text{m}$。

三、改正数的计算

丈量距离时，因尺长误差、气温变化、地面倾斜及拉力不均等影响，会使量距成果产生误差，因此必须进行尺长改正、温度改正及倾斜改正等，计算出改正数的大小，以求得正确的水平距离。

(一) 尺长改正

钢尺经检定长为 l'，其名义长度为 l_0，差值 $\Delta l = l' - l_0$ 称为每尺段尺长改正数。

平均每丈量 1m 的尺长改正数为 $\Delta l_1 = \dfrac{\Delta l}{l_0} = \dfrac{l' - l_0}{l_0}$

显然，钢尺实长大于名义长度时尺长改正数为正，所量得数值比应有的值小，因此量得的数值需加上改正数才能得出正确的距离；反之，Δl_l 为负，钢尺的实际长度小于名义长度，所量得数值比应有值大，因此量得的数值需减去改正数才可得出正确的距离。

【例 4-4】 使用钢尺的名义长度为 30m，该钢尺经检定的实长为 30.003m，丈量直线距离为 100.530m，该求该直线距离的尺长改正值。

解：钢尺每丈量1m的尺长改正数为

$$\Delta l_1=\frac{30.003-30.000}{30.000}=+0.0001\text{m}$$

该直线距离的尺长改正值为

$$D'\times\Delta l_1=100.530\times(+0.0001)=+0.010\text{m}$$

（二）温度改正

钢尺的长度又随温度的升降而伸缩，当钢尺量距时的温度和检定钢尺时温度不一致时，就要考虑温度改正数。

钢尺检定时温度为 t_0，一般为 +20℃，量距时温度为 t，钢尺的线膨胀系数 α = 0.0000125m/（m·℃），量距的距离为 D'，则温度改正数为

$$\Delta l_t=\alpha(t-t_0)D'$$

显然，量距时温度 t 大于检定时 t_0，温度改正数为正，钢尺尺长伸长，应从量得的数值中加上改正数，才是正确的水平距离；反之，Δl_t 为负，尺长缩短，应从量得的数值中减去改正数，才是正确的距离。

【例 4-5】 用30m钢尺量得直线距离为100.530m，丈量时温度为+10℃，钢尺检定时温度为+20℃，试求温度改正数。

解：温度改正数为

$$\Delta l_t=0.0000125\,(10-20)\times100.530=-0.013\text{m}$$

（三）倾斜改正

倾斜距离 D' 与水平距离 D 之差，称为倾斜改正数。为了将倾斜距离 D' 改算为水平距离 D，需计算倾斜改正数。

$$\text{倾斜改正数 }\Delta l_h=-\frac{h^2}{2D'}$$

式中 h——两点间高差；

D'——两点间倾斜距离。

【例 4-6】 地面上两桩间的斜距为100.530m，两桩间高差为+0.814m，试求倾斜改正数。

解：倾斜改正数 $\Delta l_h=-\frac{(+0.814)^2}{2\times100.530}=-\frac{0.6626}{201.060}=-0.003\text{m}$

（四）全长计算

改正后的水平距离 $D=D'+\Delta l_l+\Delta l_t+\Delta l_h$

【例 4-7】 根据前例计算数据，试求改正后直线距离。

解：$D=D'+\Delta l_l+\Delta l_t+\Delta l_h$

$$=100.530+0.010-0.013-0.003=100.524\text{m}$$

【例 4-8】 欲丈量 AB 间距离，量得 AB 之距离为100.000m，使用钢尺的尺长方程式为：$l_t=30\text{m}+0.005\text{m}+30\times1.2\times10^{-5}\,(t-20℃)\,\text{m}$，丈量时温度为10℃，两点间高差为0.500m，试计算出该段实际的水平距离为多少？

解：(1) 计算尺长改正数 $\Delta l_l=100.000\times\frac{+0.005}{30.000}=+0.017\text{m}$

(2) 计算温度改正数即 $\Delta l_t=100.000\times1.2\times10^{-5}\,(10-20)=-0.012\text{m}$

（3）计算倾斜改正数 $\Delta l_t = -\frac{(0.500)^2}{2\times100.000} = -0.001\text{m}$

（4）计算实际水平距离 $D = 100.000 + 0.017 - 0.012 - 0.001 = 100.004\text{m}$

第四节 测设已知长度直线

在市政工程中，除了丈量地面上两点之间水平距离外，还有测设已知水平距离的任务。也就是根据给定的起点和直线方向在实地标定终点，使两点间的距离等于已知长度。这在恢复中线桩和圆曲线测设中经常要应用。其测设方法和丈量距离的方法基本相同，其过程是相反的。按其精度又可分为一般方法和精确方法。

一、一般方法

如图 4-12 所示，道路中线桩 0+000 已有标志，其中线方向已定，用钢尺丈量出 20m 便可定出 0+020、0+040、0+060、0+080 点桩。仍要往返丈量距离，如较差在容许范围内，则取平均值作为要测设的水平距离，可相应调整终点的位置。

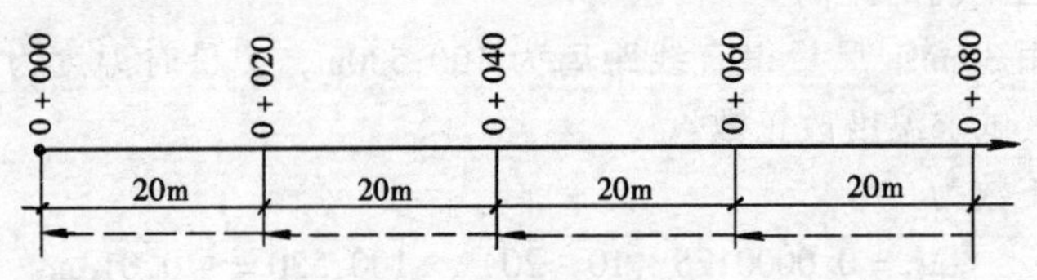

图 4-12　测设已知长度直线

二、精确方法

当测设长度精度要求较高时，就要考虑尺长、温度、倾斜等改正，应用精确方法进行测设。其测设方法与精密丈量方法基本相同，只要注意其过程是相反的，尺长、温度、倾斜等改正数的符号是相反的。即 $D' = D - \Delta l_l - \Delta l_t - \Delta l_h$ 式中 D' 应为在地面上的丈量长度；D 为要求放样的水平距离。

【例 4-9】　在地面上要设置长度为 76.190m 的直线，使用钢尺名义长度为 30m，经检定钢尺的实长为 29.995m，测设时温度为 +8℃，检定时温度为 +20℃，直线两端高差 $h = -0.664\text{m}$，施测的拉力与检定时相同，试求测设时应量长度为多少？

解：尺长改正值 $\Delta l_l = D\times\frac{l' - l_0}{l_0} = 76.190\times\frac{29.995 - 30.000}{30.000} = -0.013\text{m}$

温度改正值 $\Delta l_t = D\times\alpha\ (t - t_0) = 76.190\times0.0000125\ (8 - 20) = -0.011\text{m}$

倾斜改正值 $\Delta l_h = -\frac{h^2}{2D} = -\frac{(-0.664)^2}{2\times76.190} = -\frac{0.4409}{152.38} = -0.003\text{m}$

测设长度

$$\begin{aligned} D' &= D - \Delta l_l - \Delta l_t - \Delta l_h \\ &= 76.190 - (-0.013) - (-0.011) - (-0.003) \\ &= 76.190 + 0.013 + 0.011 + 0.003 = 76.217\text{m} \end{aligned}$$

第五节 直　线　定　向

直线定向就是确定直线的方向，通常是以该直线与标准方向（基本方向）的水平夹角来表示的。

一、标准方向

通常用真子午线、磁子午线和坐标纵轴（X 轴）作为标准方向。

（1）真子午线　地球表面任一点与地球旋转轴所构成的平面与地球表面的交线称为该点的真子午线。真子午线在该点的切线方向称为该点的真子午线方向，简称真北方向。

（2）磁子午线　地球表面任一点与地球磁场南北极连线所构成的平面与地球表面的交线称为该点的磁子午线。磁子午线在该点的切线方向称为该点的磁子午线方向，简称磁北方向。一般是以磁针在该点自由静止时所指的方向。市政工程中常以磁子午线确定直线方向。

（3）坐标纵轴线　由于地球上各点的子午线互相不平行，而是向两极收敛的。为测量、计算工作的方便，常以平面直角坐标系的纵坐标轴为标准方向，即是以指向南北的 X 轴线作为直线定向的标准方向线。

二、直线方向表示法

通常用方位角或象限角来表示直线的方向。

（一）方位角

是指由直线一端点的标准方向的北端开始顺时针方向量至某直线的水平角度，用 α 来表示，角值范围自 0°～360°。因标准方向的不同又可分为真方位角、磁方位角和坐标方位角。真方位角用天文测量方法测定，磁方位角用罗盘仪（指南针）测定。坐标方位角又称方向角。

如图 4-13 所示，直线 AB 坐标方位角为 α_{AB}，而直线 BA 的坐标方位角为 α_{BA}。称 α_{AB} 为直线 AB 的正坐标方位角，而称 α_{BA} 为直线 AB 的反坐标方位角。从图中几何关系不难看出，正、反坐标方位角的关系为

$$\alpha_{BA} = \alpha_{AB} + 180$$

即正、反方向角相差 180°。

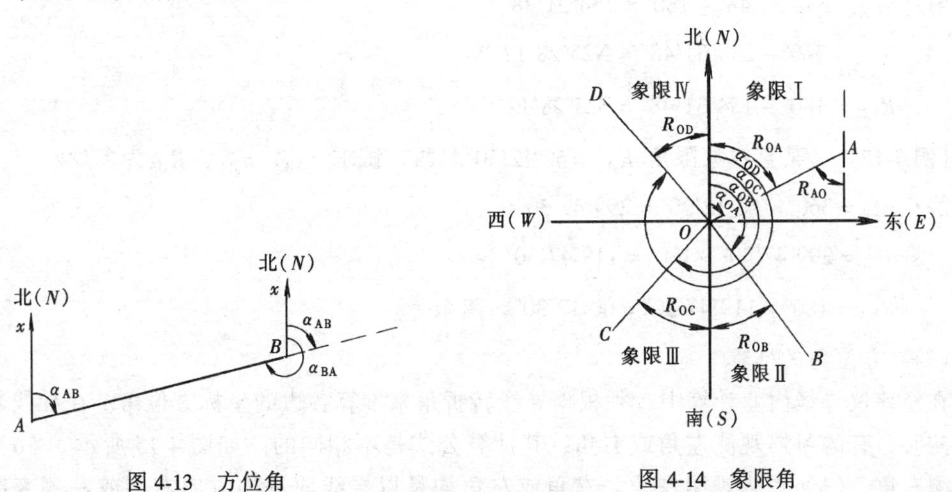

图 4-13　方位角　　　图 4-14　象限角

【例 4-10】　直线 AB 的 $\alpha_{AB} = 36°18'12''$，直线 CD 的 $\alpha_{CD} = 226°18'30''$，试求 α_{BA} 和 α_{DC} 为多少？

解： $\alpha_{BA} = \alpha_{AB} + 180° = 36°38'12'' + 180° = 216°38'12''$

$$\alpha_{DC} = \alpha_{CD} - 180° = 226°18'30'' - 180° = 46°18'30''$$

（二）象限角

是指以直线一端点的标准方向的北端或南端，顺时针或逆时针量到某直线的水平夹角，用 R 来表示。角值范围 0°～90°，并要注明所在象限名称，如图 4-14 所示。AO 在Ⅰ象限，记为北偏东 R_{OA}或 $NR_{OA}E$；OB 在Ⅱ象限，记为南偏东 R_{OB}或 $SR_{OB}E$；OC 在Ⅲ象限，记为南偏西 R_{OC}或 $SR_{OC}W$；OD 在Ⅳ象限，记为北偏西 R_{OD}或 $NR_{OD}W$。象限角一般只在坐标计算时用，所谓象限角主要是指坐标象限角。

同正、反方向角的意义相同，任一直线也有它的正、反象限角，其关系是角值相等，方向不同。如直线 OA 的正、反象限角为 R_{OA}、R_{AO}，其值 $R_{OA} = R_{AO}$，但 R_{OA}方向为北东，而 R_{AO}方向为南西。

（三）方位角与象限角的换算

坐标方位角与象限角均是表示直线方向的方法，它们之间既有区别又有联系。在实际测量中经常用到它们之间的互换，从图 4-14 中不难证明它们之间的互换关系，详见表 4-2 所示。

坐标方位角与坐标象限角的换算 **表 4-2**

直 线 方 向	由坐标方位角 α 求坐标象限角 R	由坐标象限角 R 求坐标方位角 α
第Ⅰ象限（北东）	$R = \alpha$	$\alpha = R$
第Ⅱ象限（南东）	$R = 180° - \alpha$	$\alpha = 180° - R$
第Ⅲ象限（南西）	$R = \alpha - 180°$	$\alpha = 180° + R$
第Ⅳ象限（北西）	$R = 360° - \alpha$	$\alpha = 360° - R$

【例 4-11】 某直线 MN，已知正坐标方位角 $\alpha_{MN} = 334°31'48''$，试求 α_{NM}、R_{MN}、R_{NM}为多少？

解： $\alpha_{NM} = 334°31'48'' - 180° = 154°31'48''$

$R_{MN} = 360° - 334°31'48'' = N25°28'12''W$

$R_{NM} = 180° - 154°31'48'' = S25°28'12''E$

【例 4-12】 某直线象限角 $R_{AB} = 60°12'30''$北西，试求 α_{AB}、α_{BA}、R_{BA}为多少？

解： $\alpha_{AB} = 360° - 60°12'30'' = 299°47'30''$

$\alpha_{BA} = 299°47'30'' - 180° = 119°47'30''$

$R_{BA} = 180° - 119°47'30'' = 60°12'30''$ 南东

（四）方位角的推算

在经纬仪导线内业计算中，须根据导线转折角来推算各边的坐标方位角。在导线转折角观测时，有的习惯观测左角或右角，其计算公式是不相同的。如图 4-15 所示，（a）图为观测右角，（b）图为观测左角。右角或左角均是以导线前进的方向右侧或左侧来区分的，如观测导线前进方向右侧的转折角，称为右角，如观测导线前进方向左侧的转折角，称为左角。

由图 4-15（a）可以看出，右角的方位角推算公式为：

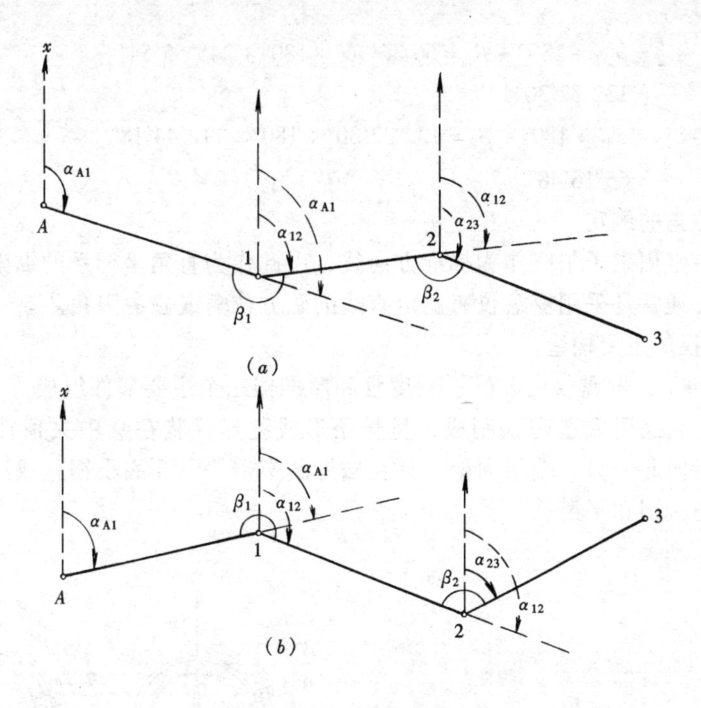

图 4-15　方位角推算

(a) 观测角为右角；(b) 观测角为左角

$$\alpha_{12} = \alpha_{A1} + 180° - \beta_{1右}$$

$$\alpha_{23} = \alpha_{12} + 180° - \beta_{2右}$$

其一般推算公式为：

$$\alpha_{前} = \alpha_{后} + 180° - \beta_{右}$$

由图 4-15（b）可以看出，左角的方位角推算公式为：

$$\alpha_{12} = \alpha_{A1} + 180° + \beta_{1左}$$

$$\alpha_{23} = \alpha_{12} + 180° + \beta_{2左}$$

其一般推算公式为：

$$\alpha_{前} = \alpha_{后} + 180° + \beta_{左}$$

在方位角推算过程中，如出现 $\alpha_{前} \geqslant 360°$时，则应减去 360°。

【例 4-13】　如图 4-15（a）所示，已知 $\alpha_{A1} = 101°38'24''$，$\beta_1 = 210°45'12''$，$\beta_2 = 153°24'06''$，试推算 α_{12}、α_{23}各为多少？

解：

$$\alpha_{12} = \alpha_{A1} + 180° - \beta_1 = 101°38'24'' + 180° - 210°45'12'' = 70°53'12''$$

$$\alpha_{23} = \alpha_{12} + 180° - \beta_2 = 70°53'12'' + 180° - 153°24'06'' = 97°29'06''$$

【例 4-14】　如图 4-15（b）所示，已知 $\alpha_{A1} = 66°36'36''$，$\beta_1 = 245°55'54''$，$\beta_2 = 112°44'18''$，试求 α_{12}、α_{23}各为多少？

解： $\alpha_{12}=\alpha_{A1}+180°+\beta_1=66°36'36''+180°+245°55'54''$

$=132°32'30''$

$\alpha_{23}=\alpha_{12}+180°+\beta_2=132°32'30''+180°+112°44'18''$

$=65°16'48''$

三、磁方位角的测定

市政工程中常用磁子午线作为标准方向线，以此作为直角坐标系的纵坐标轴，以便确定直线的方向。通常是采用罗盘仪来测定直线的磁方位角或磁象限角。

（一）罗盘仪的主要构造

如图 4-16 所示，罗盘仪由磁针、刻度盘和照准器三个主要部件组成。

（1）磁针　它是用人造磁铁制成，呈长条形或菱形，装在盒中央顶针上，可自由转动。磁针一端指向北，另一端指向南，常在磁针的南端绕上几圈小铜丝或涂上白色；北端涂成蓝色，以便区别和平衡。

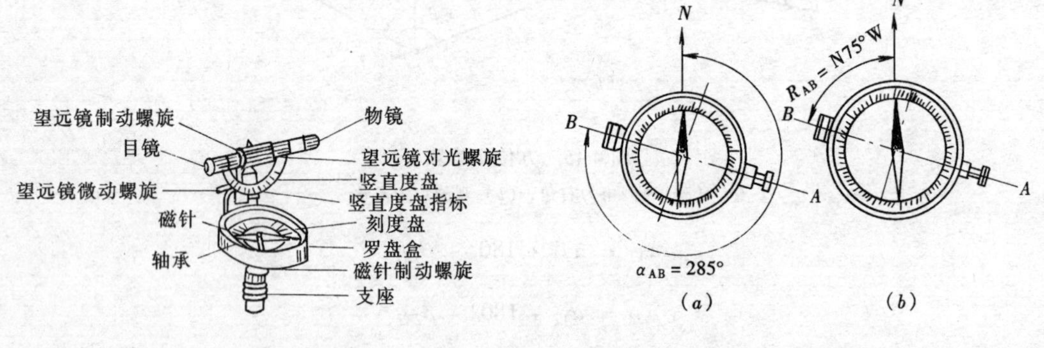

图 4-16　罗盘仪构造

图 4-17　刻度盘

（2）刻度盘　它为铜或铝制成的圆盘，最小刻度划为 1°或 30′。刻度注记有两种形式，一种按逆时针方向从 0°注记到 360°，如图 4-17（*a*）所示，可直接测出磁方位角，称为方位罗盘仪。*AB* 直线的磁方位角按磁针指北端的指示方向可从刻度盘上直接读出 $\alpha_{AB}=285°00'$。另一种是按象限划分，以南、北向为 0°，分别向东、西刻划到 90°。如图 4-17（*b*）所示，可直接测出磁象限角，称为象限罗盘仪。值得注意的是象限罗盘仪刻度盘上东西两个方向的注记，与实际东西方向相反。这是因为观测时刻度盘随着照准器转动，但磁针却不动；只有注记和实际相反，才能使从度盘直接读出来的方向与实际方向相符合。在图 4-17（*b*）中，*AB* 直线的磁象限角可根据磁针指北端的指示方向在刻度盘上直接读出 $R_{AB}=N75°00'W$（北偏西 75°00′）。

（3）照准器　它设有小望远镜和竖直度盘，用来瞄准目标和测定俯、仰角（竖直角）。罗盘盒内有小水准管，用来整平罗盘。罗盘盒下的圆柱状支座可装在三脚架的架头螺杆上。

（二）罗盘仪测定磁方位角的方法

（1）将罗盘仪安置于测定的直线始点上，悬挂垂球对中，整平罗盘盒，并放松磁针制动螺旋，使磁针自由灵活地转动。

（2）转动照准器望远镜，瞄准要测定直线的终点。待磁针静止后，按磁针北极端在刻度盘上的指示方向，直接读出磁方位角或磁象限角。

第六节　距离测量和直线定向应注意的事项

一、直线丈量时应注意的事项

(1) 丈量距离的基本要求是一直二平三准。直是指要量取两点间直线长度，不是量折线和曲线长度，为此定线要准直；平是指量取两点间水平距离，而不是量倾斜距离，为此尺身要水平；准就是指读数和投点要准确。

(2) 前、后尺手动作要协调，拉力要均匀，不得用猛力张拉，防止拉断尺端的铁环。

(3) 弄清尺的刻划注记及零点位置，读数要细心，不要读错。

(4) 精密丈量时应用检定过的钢尺。

(5) 钢尺性脆、易折断，勿使打结、扭折、车轮辗压、生锈等，以防损毁。

二、直线定向应注意的事项

(1) 使用罗盘仪时首先要弄清刻度盘上注记的形式及读数方法。

(2) 在使用罗盘仪测定磁方位角或象限角之前，应对罗盘仪进行检验和校正。检验仪器上除磁针和顶针外，不应有其他含铁质物体或导磁金属；磁针应平衡；磁针转动应灵敏；磁针不应有偏心等，否则应进行校正、维修。

(3) 为防止差错，在明确现场的南北方向的基础上，要目估概略角值，作为读数确定角值的参考。

(4) 罗盘仪在使用时，应避开铁质物体、磁质物体及高压电线，以免影响磁针位置的正确性。

(5) 观测结束后，必须将磁针顶起，以免磁针磨损，保护磁针的灵活性。

思考题与习题

1. 端点尺与刻线尺有何区别？

2. 何谓直线定线、直线定向、坐标方位角、象限角？

3. 丈量距离的基本要求是什么？

4. 罗盘仪由哪三个主要部件组成？它的用途是什么？

5. 欲丈量 A、B 两点距离，往测 $D_{AB}=188.257$m，返测 $D_{BA}=188.205$m，要求相对精度为 1/3000，试求该直线丈量相对精度 K 为多少？并判定是否合格且 AB 直线长度为多少？

6. 已知钢尺名长为 30m，其实长为 30.0032m，量得 AB 名义距离 $D'=148.9987$m，丈量时钢尺温度为 16℃，两点间高差 $h=-1.200$m，试求该段实际的水平距离为多少？

7. 在地面上欲测设出 48m 水平距离 AB，使用钢尺名长为 30m，其实长为 30.005m，测设时钢尺温度比检定时温度低 8℃，又测得 A、B 两点高差 $h=+0.400$m，试计算在地面上需要量出的长度为多少？

8. 已知 $\alpha_{AB}=60°30'12''$，试求 α_{BA}、R_{AB}、R_{BA}各为多少？

9. 已知 $R_{12}=30°30'30''$北西，试求 α_{12}、α_{21}、R_{21}各为多少？

10. 已知 AB 坐标方位角为 235°00′，已知 BC 象限角为 45°00′南东，试求小夹角$\angle ABC$的大小？

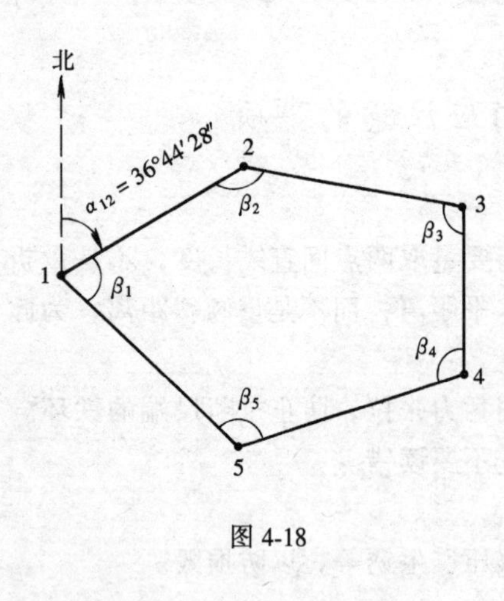

图 4-18

11. 怎样衡量距离丈量的精度？设丈量了 AB、CD 两段距离：AB 往测长度为 246.68m，返测长度为 246.61m；CD 的往测长度为 435.88m，返测的长度为 435.98m，试计算各段的量距精度？并判别哪一段的量距精度较高？

12. 如图 4-15（b）所示，已知 $\alpha_{A1}=65°00'$，$\beta_1=210°10'$，$\beta_2=165°20'$，试求 1—2 边的正坐标方位角及 2-3 边的正坐标方位角和反坐标方位角？

13. 在图 4-18 中，五边形的各内角为：$\beta_1=95°$，$\beta_2=130°$，$\beta_3=65°$，$\beta_4=128°$，$\beta_5=122°$，1—2 边的坐标方位角为 36°44′28″，试计算其他各边的坐标方位角并检核。

14. 某钢尺的尺长方程式为 $l_t=30\text{m}-0.002\text{m}+30\times1.25\times10^{-5}(t-20℃)\text{ m}$，现用它丈量两个尺段的距离：1—2 尺段，其尺段长度为 29.987m，丈量时温度为 16℃，其高差为 0.11m；2—3 尺段，其尺段度为 29.905m，丈量时温度为 25℃，其高差为 0.85m，试求出各尺段的实际长度为多少？

15. 在地面上要设置一段 28.000m 的水平距离 AB，已知钢尺的名长为 50m，其实长为 49.992m，测设时钢尺的温度为 12℃，所施于钢尺的拉力与检定时的拉力相同，A、B 间高差 $h=-0.400\text{m}$，试写出钢尺的尺长方程式并计算在地面上需要量出的长度？

第五章　地形图测绘与应用

第一节　小区域测绘地形图的控制测量

一、控制测量概述

在绪论中已讲述过，测量工作的原则是“从整体到局部、由高级到低级、先控制后碎部”。无论是测绘市政工程地形图还是施工放样，均需首先建立控制网，作为测区的平面和高程测量的依据。控制网有平面控制网和高程控制网两种。小区域一般是指测区面积在十平方千米以内的地区。在此地区测图或放样所建立的控制网，称为小区域控制网。市政工程测区均属小区域范围。

（一）平面控制网

它是用做控制测点平面位置的基准。根据不同情况，可用三角网（或三角锁）和导线网来建立，又分别称为三角测量和导线测量。

全国范围内三角网，分为一、二、三、四等四个等级。精密导线分为一、二级导线。

为了进行城镇的规划、建设、土地管理等，均需要测绘大比例尺地形图和地籍图，以及进行市政工程和房屋建筑等施工放样，都需要布设城市平面控制网，它分为二、三、四等（按城镇面积的大小从其中某一等级开始布设）、一、二级小三角网，一、二级小三边网，或一、二、三级导线网，最后再布设直接为测绘大比例尺地形图所用的图根小三角和图根导线。

直接作为地形图的控制网，称为图根控制网。供测图用的控制点称为图根控制点，简称图根点。将相邻两点连成一组折线，就称为图根导线；如图根点能两两相连，其连线能构成若干三角形，并组合成网状，则称为图根三角网。图根点的布设，应尽可能与国家控制点联系，如有困难，亦可建立独立的控制网。市政工程测图的图根控制网，通常采用图根导线，较为合适。在桥梁、隧道工程中一般采用小三角网作为控制网。

（二）高程控制网

它是用做控制测点高程的基准。高程控制网是用水准测量来建立的，又称为水准网。国家在全国布设的高程控制网，分为一、二、三、四等四个等级。一、二等水准测量称为精密水准测量。

城市高程控制分为二、三、四等，它是根据城市大小及所在地区国家水准点的密度，从某一个等级开始布设。

小区域图根点或水准点的高程是以国家三、四等水准点为基础测定的，供小区域测图时，作为高程控制。

高程控制点的测量方法，已在第二章高程测量中讲述过。

（三）经纬仪导线

用经纬仪测量导线的转折角，角钢尺丈量导线的边长，该导线称为经纬仪导线。它是小区域测图平面控制网常用的方法，特别是在城市或通视条件较差的情况下，采用经纬仪导线更为适宜。

经纬仪导线测量工作内容有外业观测和内业计算，以及导线点的展绘。也就是依次测定各导线边的长度和各转折角，根据起始数据，推算各边的坐标方位角，从而求出各导线点的坐标，再将导线点展绘在图上，作为测图的依据。

根据测区情况不同，经纬仪导线有三种不同形式：

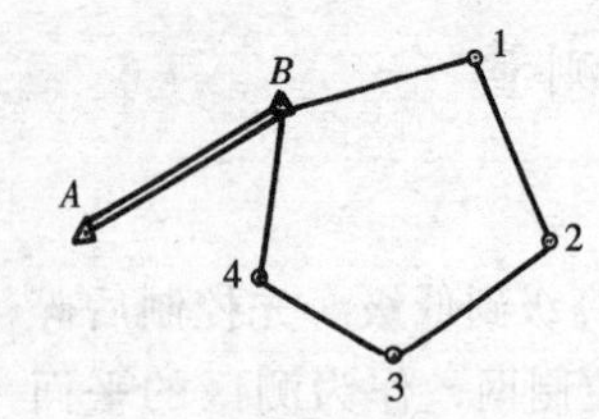

图 5-1　闭合导线

(1) 闭合导线　如图 5-1 所示，它是由已知点 B 出发，经若干导线点 1、2、3、4，最后仍回归到已知点 B，以构成一闭合多边形的导线，又称环形导线，是起讫于同一已知点的导线。通常用于测区的首级控制。

(2) 附合导线　如图 5-2 所示，它是由已知点 B 出发，经若干导线点 1、2，最后附合到另一个已知点 C，构成一条折线的导线。即敷设在两已知点间的导线称为附合导线。通常用于平面控制测量的加密。

(3) 支导线　如图 5-3 所示，它是由已知点 B 出发，经导线点 1、2，最后既不闭合，又不附合到另一已知点的导线。又称自由导线。由于支导线的检核条件差，故导线点一般规定不应超过 3 个。它仅适用于图根控制加密。

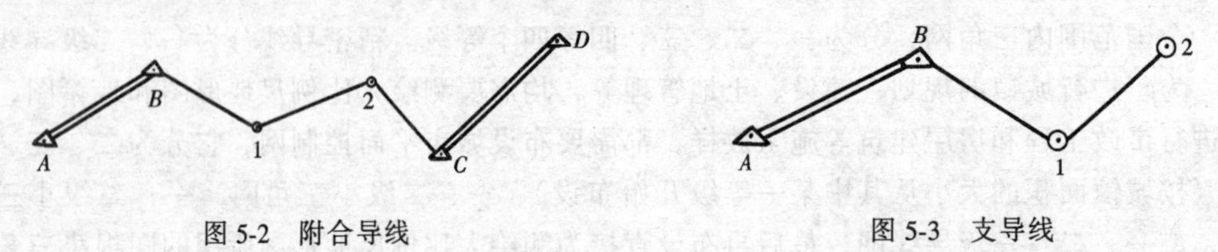

图 5-2　附合导线　　图 5-3　支导线

二、经纬仪导线测量的外业

导线测量的外业工作内容有踏勘选点、埋设标志、丈量边长、观测导线转折角、导线与国家控制点连接，以及测出各导线点的高程。

(一) 踏勘选点

踏勘的目的是选定控制网形式。通过踏勘，对测区的实际进行细致的调查研究，查看已有控制点的点位，审视是否有利用的价值，并决定连接的方法，同时选定一些能控制测区的导线点，构成导线控制网。

选定导线点位置应注意下列事项：

(1) 相邻导线点应相互通视，便于丈量距离和观测角度；

(2) 导线点要选在视野宽广、土质较坚实、便于安置仪器的地方，以便施测碎部；

(3) 导线各边的长度应大致相等，一般不超过 300m，最短不小于 50m；

(4) 导线点密度要足够，分布力求均匀，以便控制整个测区。

(二) 埋设标志

导线点选定后，要用标志将点位在地面上固定下来，即埋设标志。导线点的标志有两种，一种是临时性标志，通常用在一个大木桩打入中土后，在桩的周围浇上凝混土，桩顶钉一小钉，以标志导线点的正确位置；另一种是永久性标志，通常埋设混凝土或石桩。

埋设标志后，应按顺序统一编号。为了日后便于查找，应绘一导线点草图、标明导线点与附近固定、明显地物间的关系和距离，称为“点之记”，如图5-4所示。

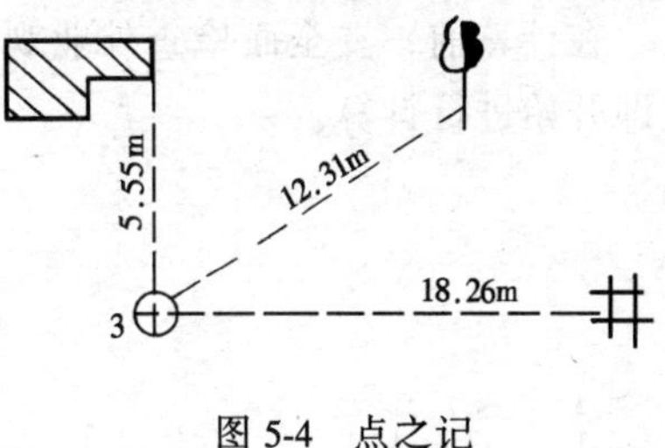

图5-4　点之记

（三）丈量导线边长

用检定过的钢尺，丈量两导线边长。应往、返丈量各一次，取其平均值，但相对误差不得超过容许误差范围，一般地区不得大于$\frac{1}{3000}$，特殊困难地区不得大于$\frac{1}{2000}$。

（四）观测导线转折角

用经纬仪按测回法测量导线的右角（或左角），即导线前进方向的右（或左）角；闭合导线均测内角。用DJ_6级光学经纬仪测量一测回，前、后两半测回之差不得超过±40″，并取平均值作为导线转折角的观测值。

（五）导线与高级控制点的连接

连接的目的是将高级控制点的已知方向和坐标传递到该导线上来，以便与国家的坐标系统一致。

如图5-5所示，*A*、*B*为高级控制点，其中*B*点又是导线起点，其连接测量只需要测量连接角β_B，就可推算出导线的方向和坐标。

如图5-6所示，*A*、*B*为高级控制点，其连接测量除了需要测定连接角β_B、β_C外，还要测定连接边*BC*的距离，以便推算导线的方向和坐标。

如图5-7所示，为独立闭合导线网，可用罗盘仪测出起始边的磁方位角α_{12}，确定测图的方向，并假定1点坐标，作为导线的起始坐标。

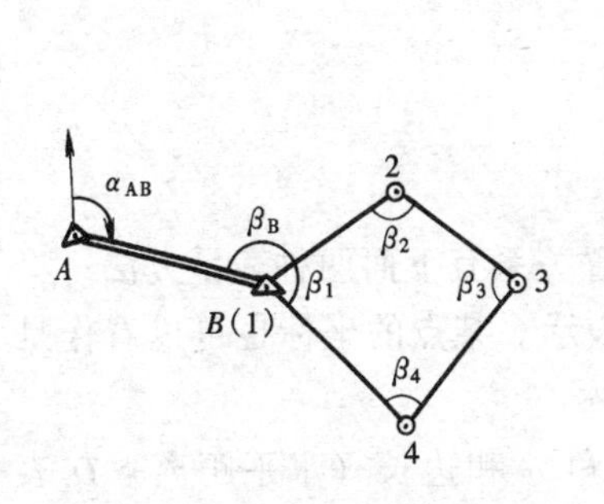

图5-5　连接角

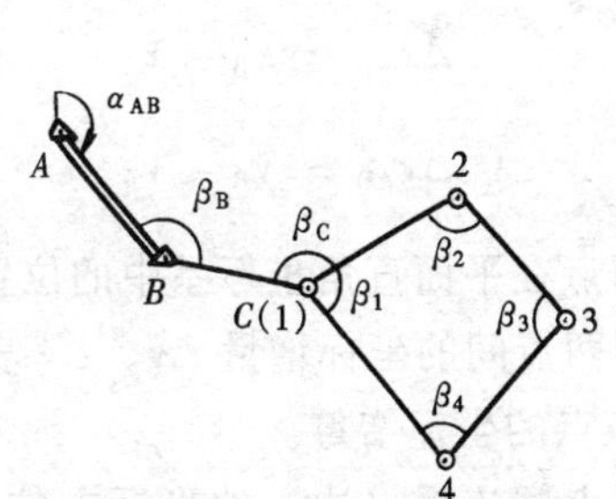

图5-6　连接角与连接边

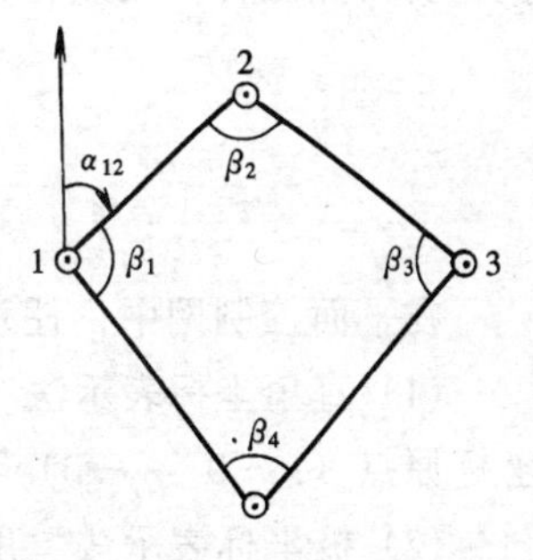

图5-7　独立闭合导线

（六）测各导线点的高程

用水准测量方法，根据已知水准点，测定各导线点的绝对高程作为测图的高程控制。

（七）导线测量的记录式

丈量导线边长记录格式同第四章距离丈量记录格式；导线测角记录格式同第三章水平角测量记录式；导线点高程测量记录式同第二章水准测量记录式。

三、经纬仪导线测量的内业计算

导线测量的内业计算就是根据起始边的坐标方位角和起始点的坐标以及测量的转折角和边长，计算各导线点的坐标。

在计算前，要全面检查外业观测成果，经整理、校核无差错，并符合精度要求后，应立即开始进行计算。

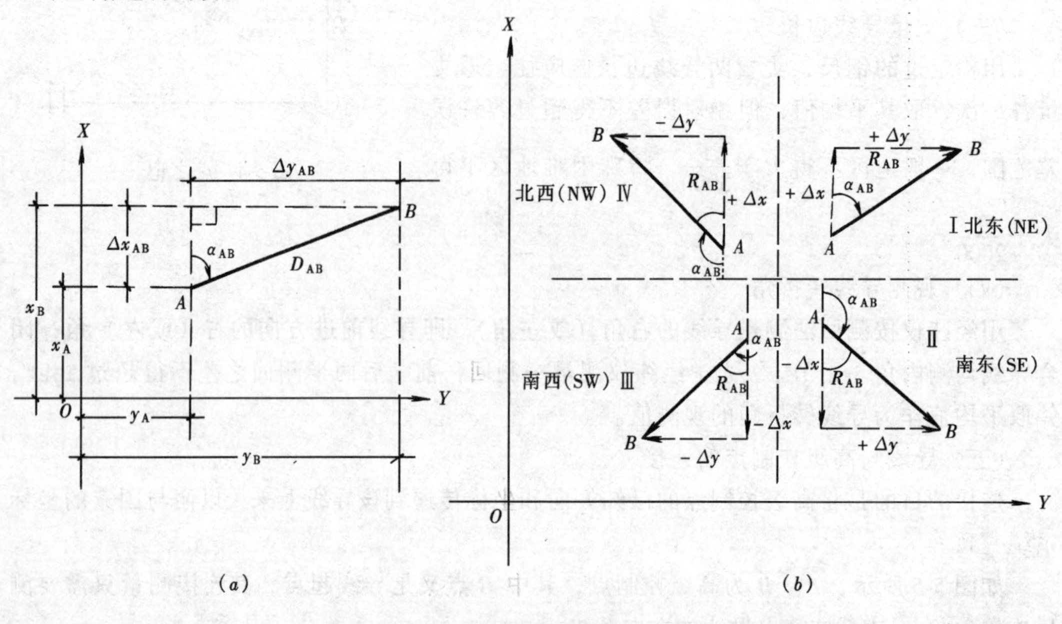

图 5-8　测量坐标正算与反算

(一) 导线坐标计算的概念

在市政工程测量中，为了确定地面点的平面位置，可用平面直角坐标系中一对纵、横坐标值 x、y 来表示。如图 5-8 所示，A、B 两点的平面直角坐标分别为 x_A、y_A 和 x_B、y_B。将两点坐标值之差称为坐标增量：

$$\Delta x_{AB} = x_B - x_A$$

$$\Delta y_{AB} = y_B - y_A$$

在平面控制网中，任意两点在平面直角坐标系中的位置关系有下面两种表示方法：

(1) 直角坐标表示法　用两点间的坐标增量 Δx、Δy 表示。某点的坐标也可以看作是坐标原点（$x=0$，$y=0$）至该点的坐标增量。

(2) 极坐标表示法　用两点间连线（边）的坐标方位角 α 和边长（水平距离）D 表示。

在平面控制网的内业计算和施工放样中，经常需要进行这两种坐标的换算：已知两点间的边长和坐标方位角，计算两点间坐标增量，根据已知点坐标计算另一点坐标，就是坐标的正算，也就是将极坐标化为直角坐标；或者是已知两点的坐标，即知道两点间坐标增量，计算两点间的边长和坐标方位角，就是坐标反算，也就是将直角坐标化为极坐标。

1. 坐标正算（极坐标化为直角坐标）

从图 5-8（a）中可知

$$\Delta x_{AB} = D_{AB} \times \cos\alpha_{AB}$$

$$\Delta y_{AB} = D_{AB} \times \sin\alpha_{AB}$$

根据上式计算坐标增量时，正弦和余弦函数值随着 α 角所在的象限而有正负之分，因此算得坐标增量同样具有正、负号。在Ⅰ象限，Δx 为正，Δy 为正；在Ⅱ象限，Δx 为负，Δy 为正；在Ⅲ象限，Δx 为负，Δy 为负；在Ⅳ象限，Δx 为正，Δy 为负，如图 5-8（b）所示。

【例 5-1】 已知 A 点坐标，$x_A = 500.00\text{m}$，$y_A = 500.00\text{m}$，$D_{AB} = 115.10\text{m}$，$\alpha_{AB} = 48°43'18''$，试求 B 点的坐标？

解：

$$\Delta x_{AB} = 115.10 \times \cos48°43'18'' = 75.93\text{m}$$

$$\Delta y_{AB} = 115.10 \times \sin48°43'18'' = 86.50\text{m}$$

$$x_B = 500.00 + 75.93\text{m} = 575.93\text{m}$$

$$y_B = 500.00 + 86.50 = 586.50\text{m}$$

2. 坐标反算（直角坐标化为极坐标）

从图 5-8 中可知：

$$D_{AB} = \sqrt{\Delta X_{AB}^2 + \Delta Y_{AB}^2} = \sqrt{(X_B - X_A)^2 + (Y_B - Y_A)^2}$$

$$\alpha_{AB} = \tan^{-1}\frac{\Delta y_{AB}}{\Delta x_{AB}} = \tan^{-1}\frac{y_B - y_A}{x_B - x_A}$$

用反三角函数计算坐标方位角时，不论用三角函数表或一般的计算器，只能得到象限角，此时，可根据坐标增量的正负，决定坐标方位角所在的象限，再将象限角换算为坐标方位角。

【例 5-2】 已知 M 点坐标为 $x_M = 14.22\text{m}$，$y_M = 86.71\text{m}$，A 点坐标为 $x_A = 42.34\text{m}$，$y_A = 85.00\text{m}$，试计算边长 D_{MA} 和坐标方位角 α_{MA} 的大小。

解：

$$D_{MA} = \sqrt{(x_A - x_M)^2 + (y_A - y_M)^2} = \sqrt{(42.34 - 14.22)^2 + (85.00 - 86.71)^2}$$

$$= \sqrt{(28.12)^2 + (-17.1)^2} = 28.17\text{m}$$

$$\alpha_{MA} = \tan^{-1}\frac{y_A - y_M}{x_A - x_M} = \tan^{-1}\frac{85.00 - 86.71}{42.34 - 14.22}$$

$$= \tan^{-1}\frac{-1.71}{28.12} = -3°28'48'' + 360°$$

$$= 356°31'12''$$

（二）闭合导线坐标计算

导线坐标计算在规定的表格中进行。其计算表格式如表 5-1 所示。

1. 整理外业成果填写计算数据

将转折角观测值、边长和起始边方位角，分别计入计算表 5-1 中相应的栏内。

2. 角度闭合差的计算及调整

根据几何原理得知，闭合导线内角之和理论值应为：

$$\Sigma\beta_{理} = (n - 2) \cdot 180°$$

因为测角有误差，所以实测的内角之和 $\Sigma\beta_{测}$ 不等于理论上的内角之和 $\Sigma\beta_{理}$，其差值称为角度闭合差，以 f_{β} 表示，即

$$f_{\beta} = \Sigma\beta_{测} - \Sigma\beta_{理} = \Sigma\beta_{测} - (n-2)\cdot 180°$$

闭合差 f_{β} 的大小，表明测角的精度高低，不同等级的导线，有不同的限差 $f_{\beta容}$。图根导线角度闭合差容许值 $f_{\beta容} = \pm 40\sqrt{n}$，式中 n 为转折角的个数。

如果 $f_{\beta} \leqslant f_{\beta容}$，表明测角精度符合要求，可将闭合差按"相反的符号，平均分配"的原则，对各个观测角度进行改正，改正值写在表格中角度观测值的上方。如有余数，则再分配给边长较短的邻角。如果 $f_{\beta} > f_{\beta容}$，表明测角误差超限，应停止计算，并重新检测角度。

以表 5-1 的闭合导线计算实例为例，$f_{\beta} = 360°00'48'' - 360°00'00'' = +48''$，$f_{\beta容} = \pm 40\sqrt{4}$ $\pm 80''$，$f_{\beta} < f_{\beta容}$，则每角分配 $-12''$，计算改正后角值，如 $\alpha_{B} = 75°56'30'' - 12'' = 75°56'18''$。再计算改正后角度总和，其值应等于 360°00′00″，记入计算表 5-1 中改正后角值栏内。

3. 各边坐标方位角的推算

根据起始边 AB 坐标方位角 $\alpha_{12} = 44°32'00''$ 及改正后角值，依次推算各边坐标方位角，并记入表 5-1 中方位角栏内。例如 BC 边的坐标方位角 $\alpha_{BC} = \alpha_{AB} + 180° - \beta_{B} = 44°32'00'' - 75°56'18'' = 148°35'42''$ 因为观测角为右角。为了检核，最后应重新推算起始边 AB 坐标方位角，它应与已知数值相等，否则应重新计算，若计算出角值超过 360°或为负值时，则应减去或加上 360°，例如，$\alpha_{AB} = \alpha_{DA} + 180° - \beta_{A} = 313°46'48'' + 180° - 89°14'48'' - 360° = 44°32'00''$。

若利用三角函数表计算坐标增量时，还需将方位角换算成象限角，如 $R_{BC} = 180° - \alpha_{BC} = 180° - 148°35'42'' = 31°24'18''$ 南东（SE），记入表 5-1 中象限角栏内。

4. 坐标增量的计算及闭合差调整

根据坐标方位角和各边长来计算各边坐标增量。例如

$\Delta x_{AB} = D_{AB}\cdot\cos\alpha_{AB} = 299.33 \times \cos 44°32'00'' = 299.33 \times 0.712843 = +213.38\text{m}$

$\Delta y_{AB} = D_{AB}\cdot\sin\alpha_{AB} = 299.33 \times \sin 44°32'00'' = 299.33 \times 0.701324 = +209.93\text{m}$

Δx 和 Δy 的正负号决定于方位角的正弦及余弦的正负号。当使用计算器计算坐标增量时，亦可不必将方位角换算成象限角，而是直接输入方位角进行运算，增量 Δx、Δy 的符号，计算器本身作出判断并显示，而不需计算者另行考虑。按键的顺序为：

D	INV	P－R	α	=	显示 ΔX
		X←→Y			显示ΔY
如前例， 299.33	INV	P－R	44°.53333	=	213.38
		X←→Y			209.93

Δx、Δy 分别记入表 5-1 中增量计算值栏内，函数值 $\cos\alpha$、$\sin\alpha$ 均不必填写。

闭合导线坐标增量的代数和理论值应为零，即 $\Sigma\Delta x_{理} = 0$，$\Sigma\Delta y_{理} = 0$。然而，由于量边不可避免会有误差，另外角度虽经调整，还会有微小误差，所以上述条件不能满足，其增量的代数和不等于零，其差值称为坐标增量闭合差，分别用 f_{x} 及 f_{y} 表示，即

$$f_{x} = \Sigma\Delta x_{测}$$

$$f_{y} = \Sigma\Delta y_{测}$$

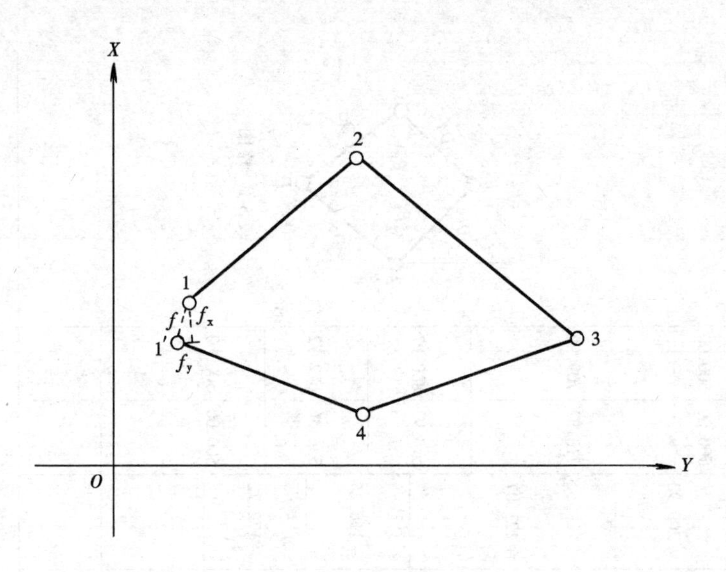

图 5-9　坐标增量闭合

从图 5-9 中看出，由于 f_x、f_y 存在，致使闭合导线不闭合而产生一缺口 1—1′，以 f_D 表示，称为导线全长闭合差，则

$$f_D = \sqrt{f_x^2 + f_y^2}$$

f 与导线全长 ΣD 之比，得到以分子为 1 的一个分数表示导线相对闭合差 K，即

$$K = \frac{f_D}{\Sigma D} \frac{1}{\frac{\Sigma D}{f_D}}$$

图根导线全长相对闭合差的容许值 $K_{容} < \frac{1}{2000}$

当 K 值小于容许误差时，其精度合格，可调整坐标增量，否则应检查内业计算、外业资料，进行重测。

闭合差的调整原则是将 f_x、f_y 以反符号、按边长成正比例地分配到各边坐标增量计算值中。以 δ_{xi}、δ_{xi}分别代表导线 i 边纵横坐标增量改正数，则有

$$\delta_{xi} = \frac{-f_x}{\Sigma D} \cdot D_i$$

$$\delta_{yi} = \frac{-f_y}{\Sigma D} \cdot D_i$$

计算出 δ_x、δ_y 各边增量改正值后，记在表格中增量计算值上方。务必要检查

$$\Sigma\delta_x = -f_x$$

$$\Sigma\delta_y = -f_y$$

各边增量与其改正数之和，即为改正后的坐标增量。为了检核，还应求出改正后增量值总和，若该值为零，则表明计算无误。

实例表 5-1 中，

$$f_x = \Sigma\Delta x_{测} = 213.38 - 198.34 - 180.32 + 165.49 = +0.21$$

$$f_y = \Sigma\Delta y_{测} = 209.93 + 121.09 - 158.22 - 172.69 = +0.11$$

表 5-1

经纬仪导线坐标计算表

点号	右角 观测值 °	′	″	改正后角值 °	′	″	方位角 α °	′	″	象限角 R °	′	″	边长 D (m)	$\cos A$ $\sin\alpha$	增量计算值 ΔX	ΔY	增量改正后数值 ΔX	Δy	标 X	Y	备注 略图
A																			500.00	500.00	
							44	32	00	41	NE 32	00	299.33	0.712843 0.701324	−06 +213.38	−03 +209.93	+213.32	+209.90			
B	75	56	−12 30	75	56	18													713.32	709.90	
							148	35	42	31	SE 24	18	232.38	0.853505 0.521084	−05 −198.34	−0.2 +121.09	−198.39	+121.07			
C	107	20	−12 00	107	19	48													514.93	830.97	
							221	15	54	41	SW 15	54	239.89	0.751667 0.659543	−0.5 −180.32	−0.3 −158.22	−180.37	−158.25			
D	87	29	−12 18	87	29	06													334.56	672.72	
							313	46	48	46	NW 13	12	239.18	0.691891 0.722002	−0.5 +165.49	−0.3 −172.69	+165.44	−172.72			
A	89	15	−12 00	89	14	48													500.00	500.00	
							44	32	00	44	NE 32	00									
Σ	360	00	48	360	00	00							1010.78		+0.21	+0.11	0	0			

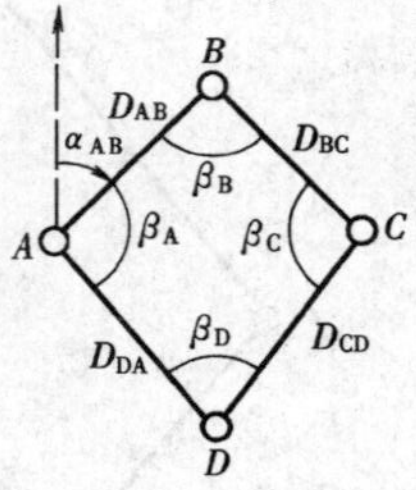

表 5-1 略图

计算

$f_\beta = 360°00'48'' - 360° = +48''$　　$f_x = +0.21\text{m}$　　$f_D = \sqrt{(0.21)^2 + (0.11)^2} = 0.24\text{m}$

$f_{\beta容} = \pm 40\sqrt{4} = \pm 80''$　　$f_y = +0.11\text{m}$　　$K = \dfrac{0.24}{1010.78} = \dfrac{1}{4212} < \dfrac{1}{2000}$

$\therefore f_\beta < f_{\beta容}$

$$f_D = \sqrt{f_x^2 + f_y^2} = \sqrt{(0.21)^2 + (0.11)^2} = 0.24\text{m}$$

$$K = \frac{f_D}{\Sigma D} = \frac{0.24}{1010.78} = \frac{1}{\frac{1010.78}{0.24}} = \frac{1}{4212} < \frac{1}{2000}$$

精度合格。导线边 AB 的坐标增量改正值为

$$\delta_{xAB} = \frac{-f_x}{\Sigma D} \cdot D_{AB} = \frac{-0.21}{1010.78} \times 299.33 = -0.06\text{m}$$

$$\delta_{yAB} = \frac{-f_x}{\Sigma D} \cdot D_{AB} = \frac{-0.11}{1010.78} \times 299.33 = -0.03\text{m}$$

同法可求得其他各导线边坐标增量改正值。并检查 $\Sigma\delta_x = -f_x$、$\Sigma\delta_y = -f_y$，即 $(-0.06) + (-0.05) + (-0.05) + (-0.05) = -0.21$；$(-0.03) + (-0.02) + (-0.03) + (-0.03) = -0.11$。导线边 AB 的改正后坐标增量值为

$$\Delta x_{AB改} = 213.38 - 0.06 = +213.32\text{m}$$

$$\Delta y_{AB改} = 209.93 - 0.03 = +209.90\text{m}$$

同法可求得其他导线边的改正后坐标增量值。检核 $\Sigma\Delta x_{改} = 213.32 - 198.39 - 180.37 + 165.44 = 0$；$\Sigma\Delta y_{改} = 209.90 + 121.07 - 158.25 - 172.72 = 0$。

5. 各导线点坐标值的计算

导线点 B 的坐标值为 $x_B = 500.00 + 213.32 = 713.32\text{m}$，$y_B = 500.00 + 209.90 = 709.90\text{m}$。同法求得其他各导线点的坐标值。

(三) 附合导线坐标的计算

如图 5-10 所示，为一附合导线，A、B、C、D 点均为高级控制点，其坐标及坐标方位角均为已知。附合导线点 1、2 的坐标计算方法与闭合导线点坐标计算方法基本相同，只是角度闭合差和坐标增量闭合差计算有差别。下面仅将其不同之处作介绍。

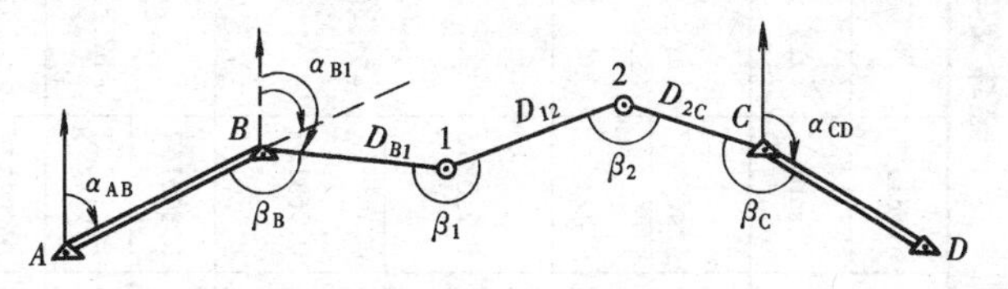

图 5-10　附合导线坐标计算

1. 计算角度闭合差

由起始边方位角 α_{AB} 和各观测角 β_B、β_1、β_2、β_C 推算终边 CD 的方位角与已知 CD 方位角之差值，称为附合导线的角度闭合差。

在图 5-10 中，导线观测角为右角，可推算出导线各边的坐标方位角如下：

$$\alpha_{B1} = \alpha_{AB} + 180° - \beta_B$$

$$\alpha_{12} = \alpha_{B1} + 180° - \beta_1$$

$$\alpha_{2C} = \alpha_{12} + 180° - \beta_2$$

$$\alpha_{CD} = \alpha_{2C} + 180° - \beta_C$$

将以上各式相加，消去等式两边同类项可得

$$\alpha_{CD测} = \alpha_{AB} + 4 \times 180° - \Sigma\beta_{测} \text{ 或可写成 } \Sigma\beta_{测} = \alpha_{AB} - \alpha_{CD测} + 4 \times 180°$$

经纬仪导线坐标计算表

表 5-2

点名	右角 观测值 °	′	″	改正后角值 °	′	″	方位角 α °	′	″	象限角 R °	′	″	边长 D (m)	cosα / sinα	增量计算值 ΔX	ΔY	增量改正后数值 ΔX	ΔX	坐标 X	Y	备注 略图
A																					
							45	00	00	45	NE 00	00									
B	120	30	+18 00	120	30	18													200.00	200.00	
							104	29	42	75	SE 30	18	297.26	0.250296 / 0.968169	−07 / −74.40	+06 / +287.80	−74.47	+287.86			
1	212	15	+18 30	212	15	48													125.53	487.86	
							72	13	54	72	NE 13	54	187.81	0.305169 / 0.952298	−05 / +57.31	+04 / +178.85	+57.26	+178.89			
2	145	10	+18 00	145	10	18													182.79	666.75	
							107	03	36	72	SE 56	24	93.40	0.293373 / 0.955998	−02 / −27.40	+02 / +89.29	+27.42	+89.31			
C	170	18	+18 30	170	18	48													155.37	756.06	
							116	44	48	63	SE 15	12									
D																					
Σ	648	14	00	648	15	12							578.47		−44.49	+555.94	−44.63	−556.06			

计算：

$f_\beta = 648°14'00'' - 648°15'12'' = -1'12'' = -72''$　　$f_x = +0.14\text{m}$　　$f_D = \sqrt{(0.14)^2 + (-0.12)^2} = 0.18\text{m}$

$f_{\beta容} = \pm 40\sqrt{4} = \pm 80''$　　$f_y = -0.12\text{m}$　　$K = \frac{0.18}{578.47} = \frac{1}{3214} < \frac{1}{2000}$

$\therefore f_\beta < f_{\beta容}$

表 5-2　略图

假设 $\alpha_{CD测} = \alpha_{CD已知}$；$\Sigma\beta_{测} = \Sigma\beta_{理}$（角度观测值中不存在误差）

可得 $$\Sigma\beta_{理} = \alpha_{AB} - \alpha_{CD} + 4 \times 180^\circ$$

写成一般式为

$$\Sigma\beta_{理} = \alpha_{始} - \alpha_{终} + n \times 180^\circ \text{（观测右角时）}$$

$$\Sigma\beta_{理} = \alpha_{终} - \alpha_{始} + n \times 180^\circ \text{（观测左角时）}$$

因此，附合导线的角度闭合差为

$$f_\beta = \Sigma\beta_{测} - \Sigma\beta_{理}$$

以实例表 5-2 为例，$\Sigma\beta_{测} = 120°30'00'' + 212°15'30'' + 145°10'00'' + 170°18'30'' = 648°14'00''$，$\Sigma\beta_{理} = 45°00'00'' - 116°44'48'' + 4 \times 180° = 648°15'17''$，$f_\beta = \Sigma\beta_{测} - \Sigma\beta_{理} = 648°14'00'' - 648°15'12'' = -1'12'' = -72''$

2. 计算坐标增量闭合差

由于附合导线的起点及终点坐标均为已知，因此，理论上导线各边坐标增量之代数和应等于终点与始点已知坐标之差，即

$$\Sigma\Delta x_{理} = x_{终} - x_{始}$$

$$\Sigma\Delta y_{理} = y_{终} - y_{始}$$

其实因误差的存在二者并不相等，其差值即是坐标增量闭合差。即

$$f_x = \Sigma\Delta x_{测} - (x_{终} - x_{始})$$

$$f_y = \Sigma\Delta y_{测} - (y_{终} - y_{始})$$

如表 5-2 例中，$f_x = (-74.40 + 57.31 - 27.40) - (155.37 - 200.00) = (-44.49) - (-44.63) = +0.14$m；$f_y = (287.80 + 178.85 + 89.29) - (756.06 - 200.00) = 555.94 - 556.06 = -0.12$m。

四、经纬仪导线的展绘

导线图的展绘，是根据导线测量内业计算成果，将各导线点的坐标值，展绘到画好的坐标方格网中，以便供测图作控制依据。

（一）坐标方格网的绘制

坐标方格网可到测绘仪器和用品商店购买印制好坐标方格的图纸，也可采用对角线法、坐标格网尺法和绘图仪法绘制

一般采用“对角线法”作图，如图 5-11 所示。首先在图纸上画两条对角线，其交点为 O，在对角线上取 $OA = OB = OC = OD$、连接 A、B、C、D 四点。将两组对边从左至右、从下至上分成 10cm 相等的线段，每边五段，连接两对边相应的分点，即绘成一坐标方格网图。

画好的方格网应作检查，用比例尺检查各方格边长，误差不得超过 0.2mm；各方格对角线长与 14.14cm 之差，不得超过 0.2mm；用直尺沿某一对角线，如图中 ac、bd 放置，各有关方格顶点均应在此直线上，图廓对角线长度与理论长度之差不得超过

0.3mm。

一般测图，图幅多为 40cm×50cm、50cm×50cm；绘出的方格网计有 20 或 25 个方格。

（二）导线点的展绘

在坐标方格网线的旁边要注记坐标值，每幅图的格网线的坐标是按照图的分幅来确定的。

也可根据各导线点的纵坐标最大值和最小值及横坐标最大值和最小值，来选定坐标方格值。为使导线网能展绘在图纸中部，确定图幅纵坐标由 200m 到 450m；横坐标由 250m 到 500m。然后根据各导线点的坐标值，按数学方法将各导线点在坐标方格网上标出。并在各导线点旁标注点号和高程，横线上方为点号，横线下方为高程。如图 5-12 所示。

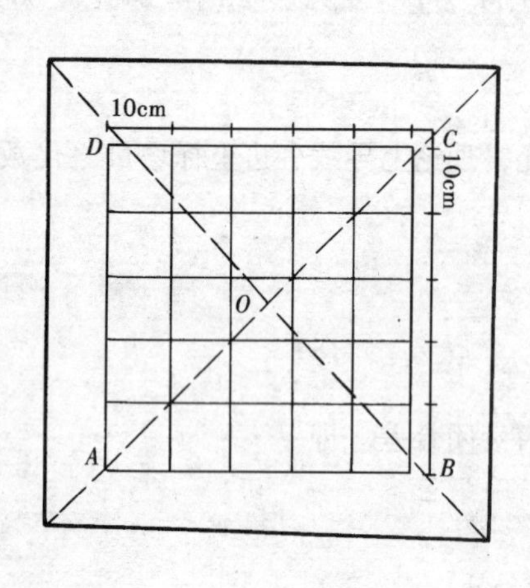

图 5-11　绘制坐标方格网

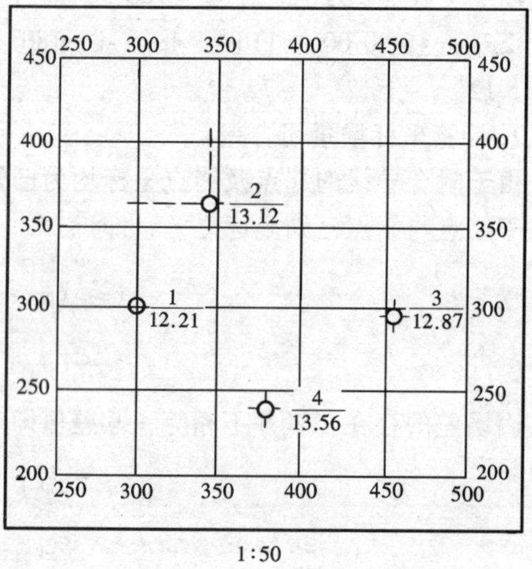

1:50

图 5-12　展绘导线点

最后应用比例尺检查导线各边的长度，与导线实长之差，不得超过图上 ±0.3mm。

第二节　地形图的基本知识

市政工程的规划、设计或施工都需要一张建设地区的地形图。按一定的比例尺，表示地物、地貌平面位置和高程的正射投影图，称为地形图。如果只反映地物的平面位置，而不反映地貌的正射投影图称为地物图。地形图的内容丰富，其主要内容有比例尺、坐标方格网、图廓、图名、图号、地物符号和地貌符号等。掌握了这些内容，将有助于测绘地形图，并能更正确地阅读和使用地形图。

一、比例尺和比例尺精度

（一）比例尺

地形图上使用的比例尺，常用数字比例尺和图示比例尺两种形式来表示。

1. 数字比例尺

图上某一线段的长度 d 与地面上相应的水平距离 D 之比称为比例尺。直接用数字表示的称为数字比例尺，常以分子为 1、分母为整数的分数来表示，即

$$\frac{d}{D}=\frac{1}{M} \text{或} 1:M$$

若地面某地物长度为100m，其地形图上表示该段距离的长度为2cm，则该地形图的数字比例尺为

$$\frac{2}{10000}=\frac{1}{\frac{10000}{2}}=\frac{1}{5000}\text{或} 1:5000$$

若同样长度100m，在1:500地形图上表示该段距离的长度就为20cm，由此可见，1:500的比例尺比1:5000比例尺大，换句话说，比例尺分母愈小，比例尺愈大。

地形图按比例尺可分为大比例尺地形图、中比例尺地形图和小比例尺地形图。大比例尺地形图我国通常指1:500、1:1000、1:2000、1:5000的地形图；中比例尺地形图常指1:10000、1:25000、1:50000、1:100000的地形图；小比例尺地形图常指1:200000、1:500000、1:1000000地形图。在市政工程规划、设计工作中，常使用大比例尺地形图，尤其是1:500、1:1000、1:2000的地形图使用更多。

2. 图示比例尺

有时为了减小由于图纸伸缩所引起的误差，常在地形图下面绘制与该图比例尺相一致的图示比例尺，即直线比例尺。如图5-13为1:2000的直线比例尺，它是以图上2cm（相当于实地水平距离40m）作为基本分划，在零分划左端2cm内又分成20mm，每1mm相当于实地水平距离2m。使用时，先用两脚规在地形图上量取某线段的长度，然后移至直线比例上，使其一个脚尖对准零分划右边的适当分划上，另一个脚尖能放在零分划左边的基本分划之中以便读数，如图5-13中，一脚尖放在80m分划上，而另一脚尖落在18m分划上，则该线段所代表的实地水平距为80 + 18 = 98m。

为了提高图示比例尺的读数精度，有些地图还采用复式比例尺，它可将直线比例尺的读数提高10倍。

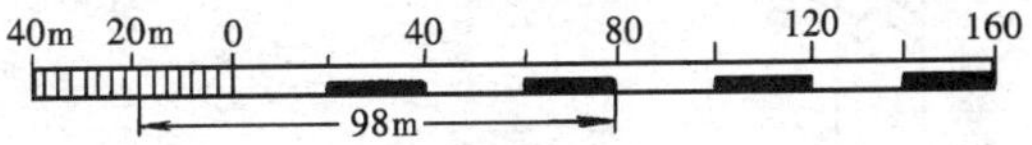

图5-13　图示比例尺

（二）比例尺精度

根据正常人的眼睛在图上能分辨出最小距离为0.1mm，因此地形图上0.1mm长度所代表的实地水平距离，称为比例尺精度。不同比例尺地形图，其精度是不相同的。例如1:2000比例尺地形图，图上0.1mm代表实地水平距离为0.1 × 2000 = 200mm = 0.2m，此0.2m即为1:2000比例尺的精度。表明测量1:2000的地形图时，量距精度只需达到0.2m，小于0.2m的长度即可忽略不量。同样可知1:500比例尺精度为0.05m，1:1000比例尺精度为0.1m，1:5000比例尺精度为0.5m。可见比例尺越大，比例尺精度越高，表示地物、地貌越详尽，但测量时所耗人力、物力及时间自然也越多。为此，比例尺精度的作用是可根据比例尺就知道地面上丈量距离应准确到什么程度；反过来也可根据丈量地面距离的规定精度来确定采用多大比例尺。例如要求将在面上的最小长度0.05m能在图上表示出来，则测图比例尺不应小于1:500，即

$$\frac{0.1\text{mm}}{0.05\text{m}}=\frac{1\text{mm}}{500\text{mm}}=\frac{1}{500}$$

二、图廓与图名、图号

图廓是地形图的范围线，有内、外图廓之分。如图5-14所示，粗线描绘的为外图廓，

它仅起装饰作用；以细线描绘的为内图廓，它是图幅的实际范围线，即坐标格网线，在内外图廓间注有坐标值，通常以千米为单位。

在每一幅图的左下方注记有它所采用坐标系统和高程系统；右下方注测量、绘图、检查人员的姓名及日期。

一幅图的图名是用本幅图中最有代表性的地名，居民地或企事业单位的名称来命名的，如图5-14中图名为热电厂，注记在图的正上方。比例尺标记在图的正下方。

在图名之下再加图号。其图号是按统一的分幅进行编号的，一般是采用图幅西南角坐标的千米数进行编号。如图5-14中，其图号是10.0—21.0表示1:2000图幅西南角坐标 $x=10.0\text{km}$，$y=21.0\text{km}$。

由于一幅图所表示的实地范围有限，实用时常常要将几幅图拼接起来，为了检索方便，在图的左上方绘有接合图表。它常用九个小格组成，中间一格画有斜线的表示本幅图，四周的八格分别注明相邻图幅的图名，根据此表就可以拼接相邻的图幅。

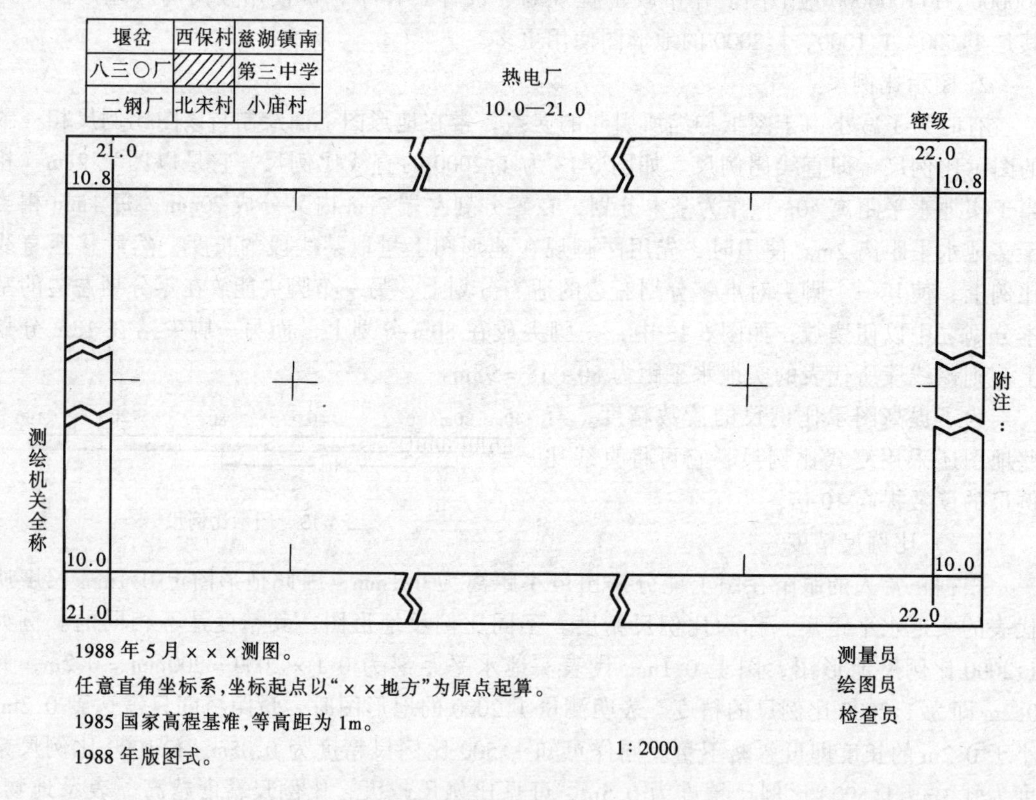

图5-14 图名、图号与接合图表

三、地物符号

在地形图上要显示出各种各样的地物，就要采用特定的图示符号，其符号因图的比例尺不同而异，各种比例尺的符号总称为地形图图示。根据国家测绘局颁发的《地形图图示》统一规定了我国地形图使用的符号，测绘时必须遵照执行。图5-15为部分常用的地物符号和地貌符号。

地物符号是表示各种地物的形状、大小和它们在图上的位置的一种特定符号。根据地物大小及其描绘方法的不同，地物符号又可分为下述四类：

编号	符号名称	图　　例
1	坚固房屋 4-房屋层数	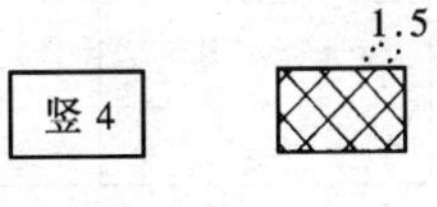 竖 4　1.5
2	普通房屋 2-房屋层数	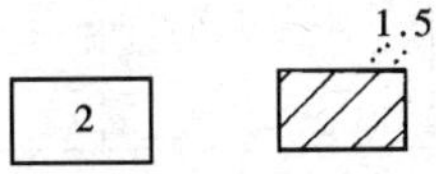 2　1.5
3	窑洞 1. 住人的 2. 不住人的 3. 地面下的	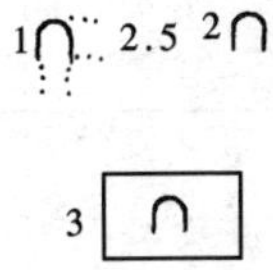 1 2.5 2 3
4	台　　阶	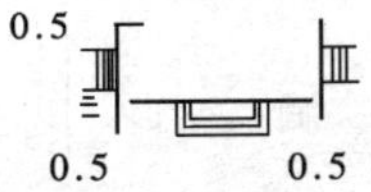 0.5 0.5　0.5
5	花　　圃	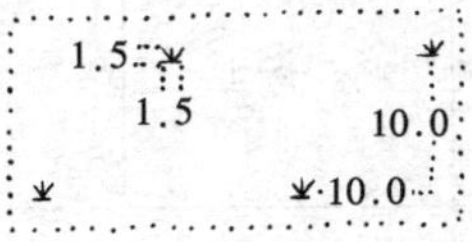 1.5 1.5 10.0 10.0
6	草　　地	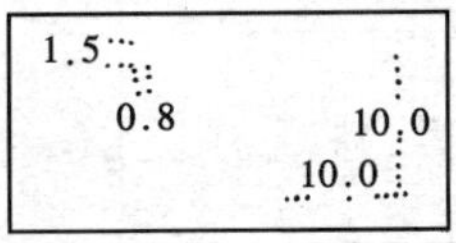 1.5 0.8 10.0 10.0
7	经济作物地	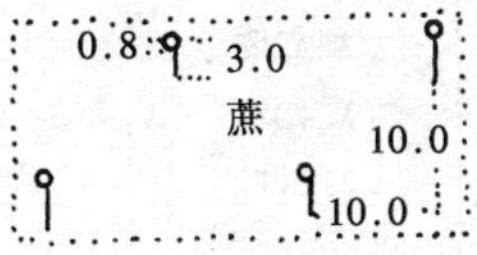 0.8 3.0 蔗 10.0 10.0
8	水生经济作物地	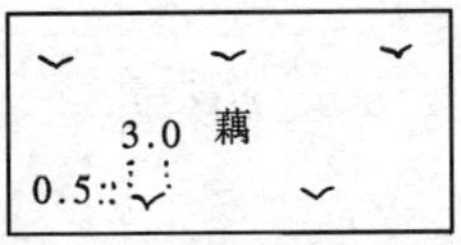 3.0 藕 0.5
9	水稻田	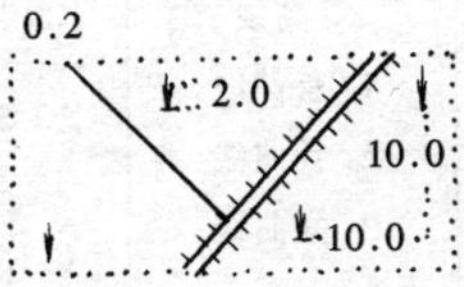 0.2 2.0 10.0 10.0
10	旱　　地	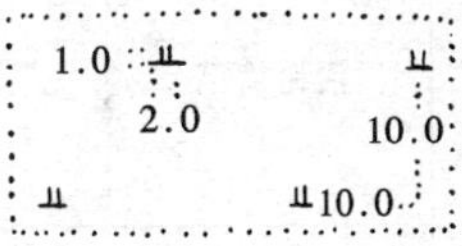 1.0 2.0 10.0 10.0
11	灌 木 林	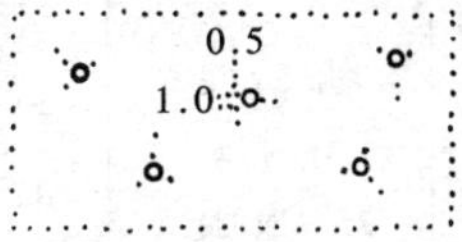 0.5 1.0
12	菜　　地	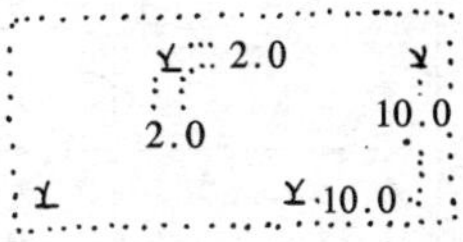 2.0 2.0 10.0 10.0
13	高 压 线	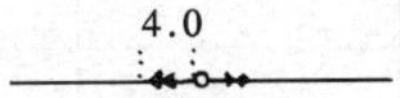 4.0
14	低 压 线	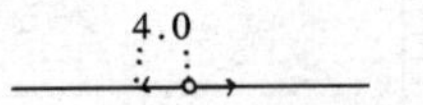 4.0
15	电　　杆	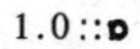 1.0
16	电 线 架	
17	砖、石及混凝 土围墙	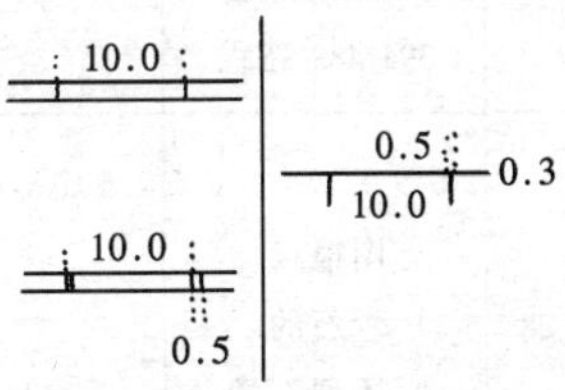 10.0　0.5 10.0 0.3
18	土围墙	10.0 0.5
19	栅栏、栏杆	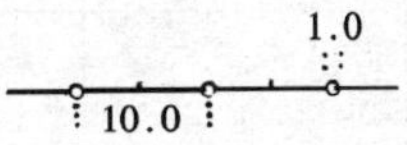 1.0 10.0
20	篱　　笆	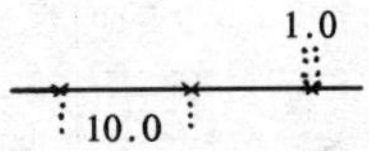 1.0 10.0

图 5-15　地形图图示（一）

编号	符号名称	图　例	编号	符号名称	图　例
21	活树篱笆	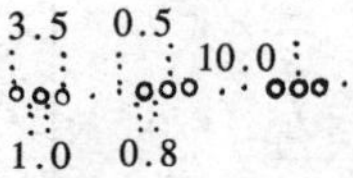 3.5　0.5　10.0 1.0　0.8	31	水　塔	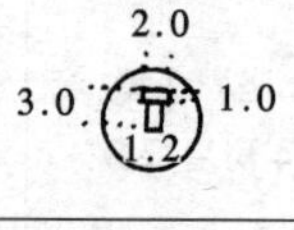 2.0 3.0　1.0 1.2
22	沟　渠 1. 有堤岸 2. 一般的 3. 有沟堑的	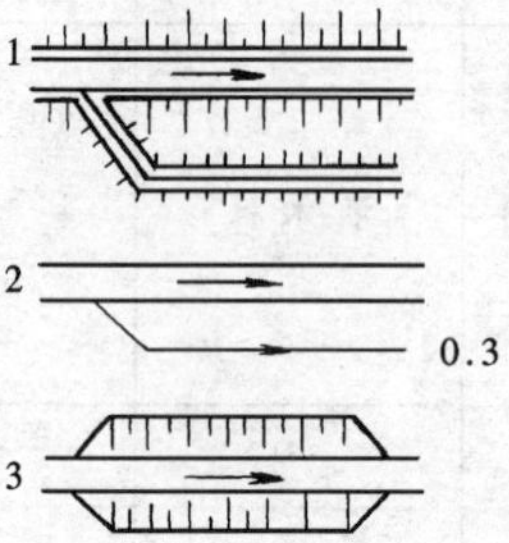 1 2　0.3 3	32	烟　囱	 3.5 1.0
			33	气象站（台）	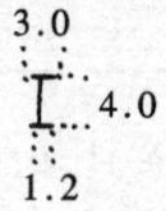 3.0 4.0 1.2
		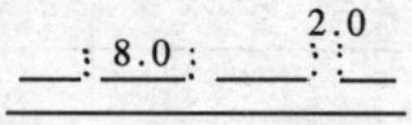	34	消火栓	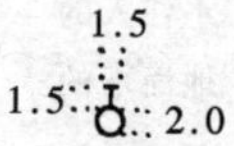 1.5 1.5　2.0
23	公　路	0.3 0.3　沥:砾	35	阀　门	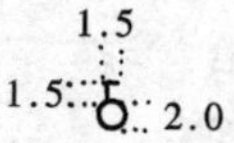 1.5 1.5　2.0
24	简易公路	8.0　2.0	36	水龙头	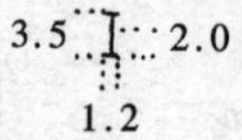 3.5　2.0 1.2
25	大车路	0.15 0.3　碎石	37	钻　孔	3.0　1.0
26	小　路	4.0　1.0 0.3	38	路　灯	1.5 1.0
27	三角点 凤凰山-点名 394.488-高程	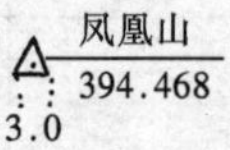 凤凰山 394.468 3.0	39	独立树 1. 阔叶 2. 针叶	1.5 1　3.0 0.7 2　3.0 0.7
28	图根点 1. 埋石的 2. 不埋石的	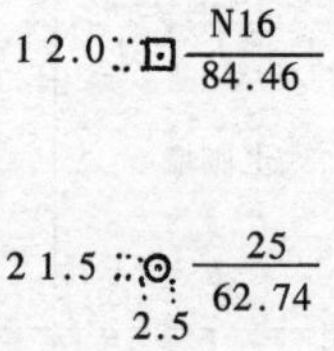 1 2.0　N16/84.46 2 1.5　25/62.74 2.5	40	岗亭、岗楼	90° 3.0 1.5
29	水准点	2.0　Ⅱ京石5/32.804	41	等高线 1. 首曲线 2. 计曲线 3. 间曲线	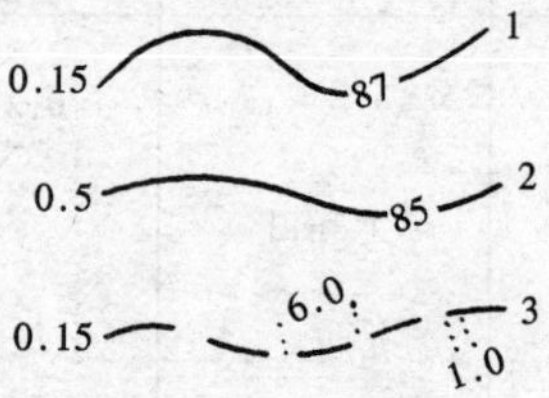 0.15　87　1 0.5　85　2 0.15　6.0　1.0　3
30	旗　杆	1.5 4.0　1.0 1.0			

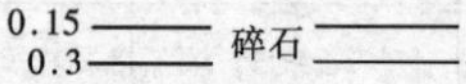

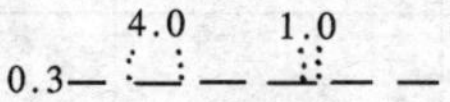

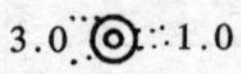

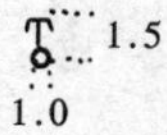

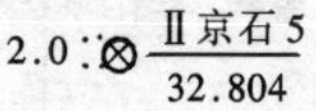

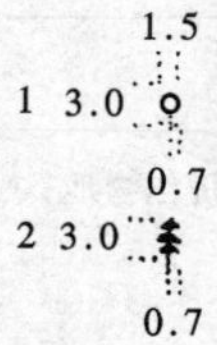

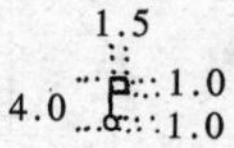

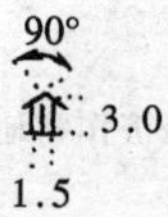

图 5-15　地形图图示（二）

（一）依比例尺绘制的符号

又称轮廓符号，是指将实地物体按地形图比例尺缩绘的地物符号。它的特点是既表示出了地物位置，又表明了地物的形状和大小。如房屋、河流、湖泊、田地等。

（二）不依比例尺绘制的符号

又称非比例符号，是指凡不依照地形图比例尺所表示的地物符号。它的特点是仅表示地物的位置，不表示其实物的大小。如测量控制点、水井、水塔、烟囱等。

（三）线性符号

又称半依比例符号，是指长度按地形图比例尺表示，而宽度不依比例尺表示的狭长地物符号。它的特点是表示地物的实地位置和长度，但不表示其宽度。如电力或通讯线路、公路、铁路和管道等。

（四）注记符号

它是指地形图上文字、数字或特有符号的通称。如用文字注明地名、山名、河流名称、路名及路面材料、植被种类等；用数字表明高程、河湖深度、建筑物层数等，以及用箭头表示河流的流向等。

四、地貌符号

地形图多采用等高线来表示地貌。它不仅能正确地显示地貌的形状，而且还能科学地表示出地面坡度和地面点高程，为市政工程设计、计算提供了方便。

（一）等高线

地面上高程相等的相邻各点连成的闭合曲线称为等高线。静止的池塘水面边缘就是等高线的实例之一。如图 5-16 所示，是一座位于平静湖水中的小山头，当湖水面高程为 100m 时正淹没山头。若水位降落 5m，水面与山头的交线是一条闭合曲线即为地面 95m 的等高线；若水位继续下降 5m，又可获得 90m 等高线，类似可获得 85m、80m、75m 等高线。如果将这些等高线投影在水平面 H 上，并按一定比例绘在图上，便成为图上的等高线。根据等高线的形状和位置，可决定山的形态、大小和高低。

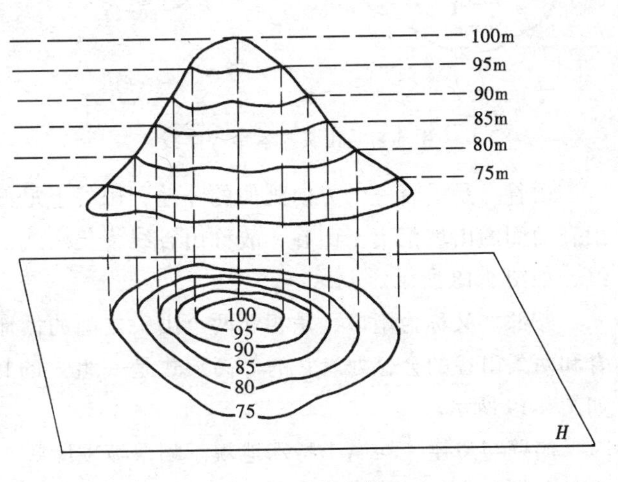

图 5-16　等高线

（二）等高距和等高线平距

相邻两根等高线间的高差称为等高距或等高线间隔，以 h 来表示。在图 5-16 中的等高距 h 为 5m。两条相邻等高线间的水平距离称为等高线平距，以 d 来表示。一般一幅图中只采用一种等高距。等高距越小，表示地貌越详尽；等高距越大，表示地貌越不详尽。当等高距一定时，地面坡度越陡、等高线越密集，平距则越小；反之，坡度越缓、等高线越稀疏，平距则越大。地面坡度均匀则其等高线平距相等。

（三）基本地貌及其等高线

尽管地貌变化错综复杂、多种多样、千姿百态，但都是由山头、盆地、山脊、山谷、鞍部等基本（典型）地貌所组成。熟悉基本地貌等高线的特征，将有助于测绘、阅读使用地形图。

山头　凸出而高于四周的高地，大的称为山岭，小的称为山丘，最高部分称为山顶。它的等高线形式是一组闭合曲线，一圈围着一圈，而且内圈高程大于外圈高程，如图 5-17（*a*）所示。

盆地　四周闭合的洼地称为盆地。它的等高线形式也是一组闭合曲线，一圈围着一圈，而且内圈高程小于外圈高程，如图 5-17（*b*）所示。

山脊　是沿着一个方向延伸的高地，其最高点的连线称为山脊线。下雨时雨水以山脊线为分界线，分别流向山脊的两侧，故山脊线又称为分水线。它的等高线形式是一组凸向低处的曲线，如图 5-18 所示。

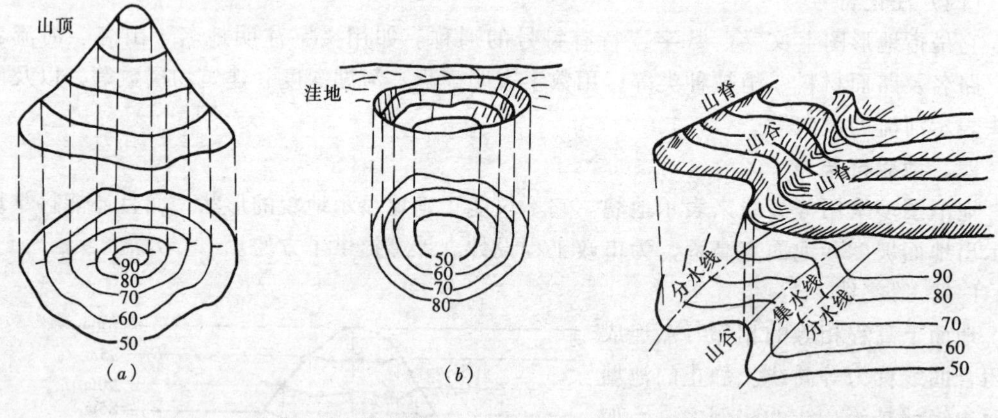

图 5-17　山头与盆地等高线　　　图 5-18　山脊与山谷等高线

山谷　是沿着一个方向延伸的洼地，山谷上最低点的连线称为山谷线。下雨时雨水从山脊两侧的山坡汇集于山谷，故称山谷线为集水线。它的等高线形式是一组凸向高处的曲线，如图 5-18 所示。

鞍部　又称为垭口，是相邻两个山头之间的低地，形似马鞍，称为鞍部。又是两条山脊和两条山谷的会合处。它的等高形式是一组大的封闭曲线，内套有两组小的闭合曲线，如图 5-19 所示。

峭壁与悬崖　均属于特殊地貌。峭壁坡度陡峭，甚至近于垂直的山坡。它的等高线形式是非常密集的，甚至重叠在一起，故采用锯齿形符号来表示，如图 5-20（*a*）所示。悬崖是上部突出、中间凹进的山坡。它的等高线要相交，故凹进的等高线用虚线来表示，如图 5-20（*b*）所示。

（四）等高线的分类

首曲线　也称基本等高线，就是按规定等高距而测绘的等高线。如图 5-21 所示为一幅综合性地貌及其相应的等高线图，其等高距为 5m。而 105m、110m、115m、120m 等高线均为首曲线。

计曲线　在地形图上通常首曲线是不注记的，为了阅图方便，每隔四根基本等高线，应加绘一根粗的等高线，称为加粗等高线，也称计曲线。因此，两根加粗等高线的等高距为基本等高线等高距的五倍。如图 5-21 中的 100m、125m、150m 等高线均为计曲线。

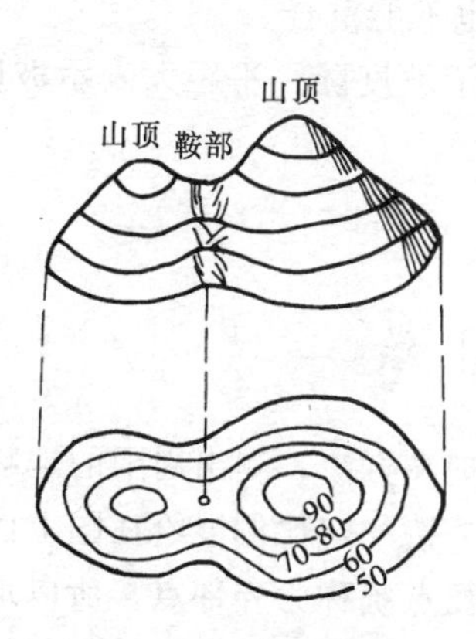

图 5-19 鞍部等高线

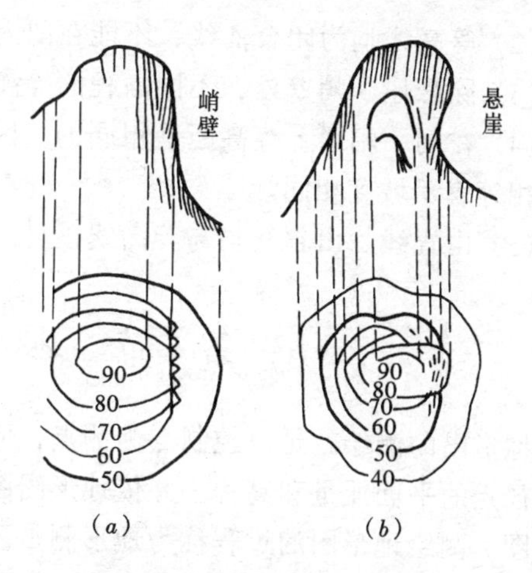

图 5-20 峭壁与悬崖等高线

间曲线与助曲线　为了能较好地反映部分地貌复杂形态，有时用 1/2 等高距描绘的等高线称为间曲线，如图 5-21 中的 97.5m 等高线就是间曲线，以长虚线来表示。有时又用 1/4 等高距描绘的等高线称为助曲线，如图 5-21 中的 96.25m 等高线就是助曲线，以短虚线来表示。

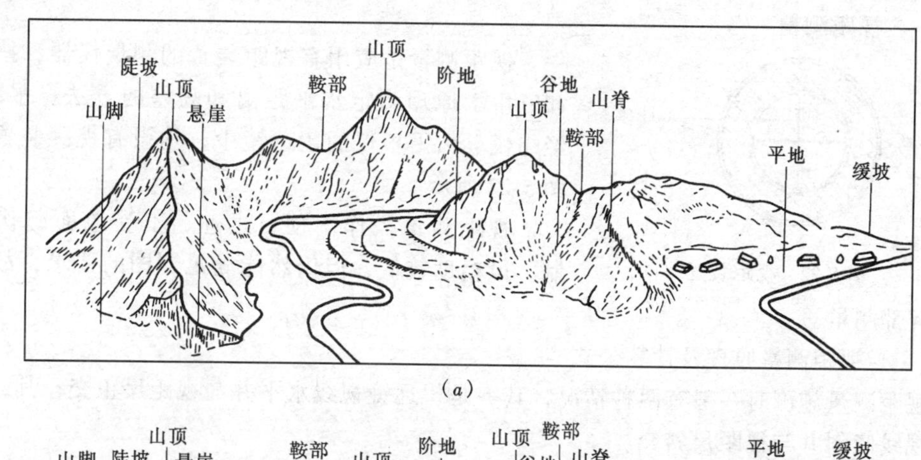

(a)

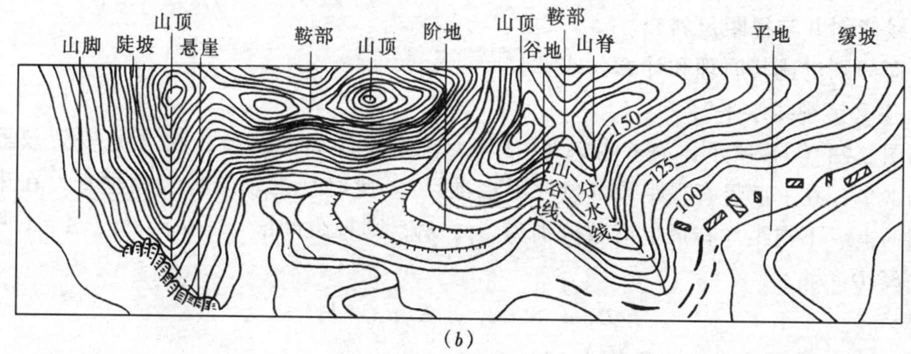

(b)

图 5-21 地貌与等高线

(五) 等高线的特性

综合以上所述，等高线有如下的特性：

(1) 同一条等高线上的各点高程必相等。

(2) 等高线均为闭合曲线，不能在图内突然中断。

(3) 除悬崖、峭壁外，不同高程的等高线不能相交，也不能重合。

(4) 在同一幅图上等高距是相同的。因此，平距小表示坡度陡；平距大表示坡度缓；平距相等表示坡度相同。

(5) 山脊线、山谷线均与等高线正交。

第三节　地 形 图 的 测 绘

地形图的测绘就是以控制点为测点，应用测量学的原理和方法，测出周围的地物、地貌特征点的平面质量和高程，并依地形图图示规定的符号，按一定比例展绘在图上而成为地形图。测绘地形图的过程称为地形测量。地物、地貌特征点统称为碎部点，所以地形图的测绘又称为碎部测量。测图的方法按使用仪器的区别有经纬仪测绘、小平板仪与经纬仪合测法、小平板仪与水准仪合测法、大平板仪测图以及摄影测量等方法。在市政工程测图常用小平板仪与经纬仪联合测图及小平板仪与水准仪联合测图。测定碎部点平面位置方法有极坐标法、直角坐标法、角度交会法和距离交会法等。通常用得最多的方法是极坐标法。

一、视距测量

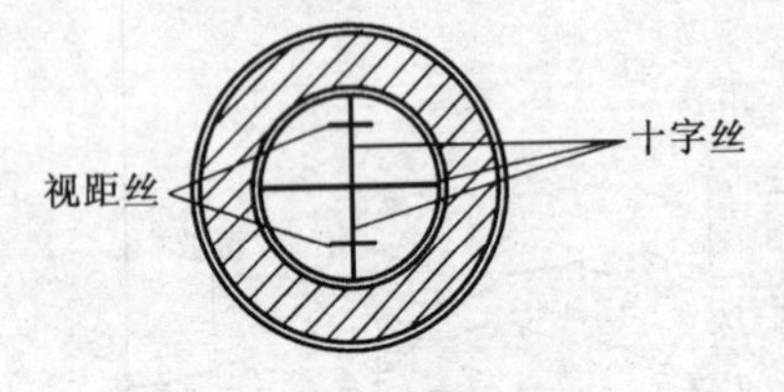

图 5-22　视距装置

视距测量是应用有视距装置的测量仪器，按光学和三角学原理测定水平距离和高差的方法。水准仪、经纬仪、大平板仪的望远镜中，均设有视距装置，如图 5-22 所示。

视距测量操作简便、迅速、不受地面起伏的限制，虽精度较低，但仍然能满足测图的要求，故常应用于碎部测量。

(一) 视距测量原理及计算公式

视距测量施测时一般有两种情况，其一是望远镜视线水平并与视距尺正交；其二是望远镜视线倾斜并与视距尺斜交。

下面分别讲述其原理和计算公式。

1. 望远镜视线水平时

如图 5-23 (*a*) 所示，为了测定 *A*、1 两点间水平距离和高差，在 *A* 点安置仪器并使视准轴水平，在 1 点竖直视距尺（也可用水准尺）。此时视准轴与尺互相垂直，在望远镜中看到的上、下视距丝在尺上读数分别为 a_1、b_1，则视距间隔 $l_1 = a_1 - b_1$，*A*、1 两点间水平距离 D_1 为：

$$D_1 = K \cdot l_1 = K(a_1 - b_1)$$

式中的 *K* 称为视距乘常数，其值为 100。

【例 5-3】　在图 5-23 (*b*) 中，下丝读数 $a_1 = 1.346$m，上丝读数 $b_1 = 1.084$m，试计算 *A*、1 两点间水平距离 D_1 为多少？

解： 视距间隔 $l_1 = a_1 - b_1 = 1.346 - 1.084 = 0.262$m

水平距离 $D_1 = 100 \cdot l_1 = 100 \times 0.262\text{m} = 26.2\text{m}$

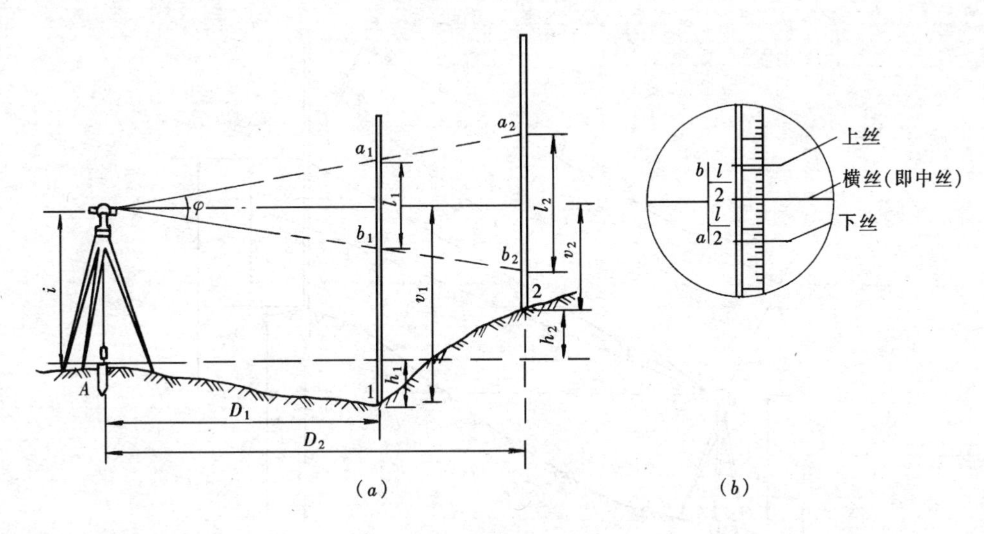

图 5-23　视线水平

如果用尺量出仪器高为 i，横丝（即中丝）读数为 v_1，从图 5-23（a）中可得 A、1 两点间高差：

$$h_{A1} = i - v_1$$

又如已知 A 点高程为 H_A 则可计算出 1 点高程：

$$H_1 = H_A + h_{A1}$$

【例 5-4】　如前例，横丝读数 $v_1 = 1.215$m，量得仪器高 $i = 1.550$m，A 点高程 $H_A = 10.000$m，试计算 1 点高程 H_1 为多少？

解：　$h_{A1} = i - v_1 = 1.550 - 1.215 = 0.335$m

$H_1 = H_A + h_{A1} = 10.000 + 0.335 = 10.335$m

2. 望远镜视线倾斜时

在山区测量时，地面起伏较大，无法进行视线水平视距测量，只能使视线倾斜读取视距间隔 l，如图 5-24 所示。视线不水平而倾斜，与尺子不垂直，其竖直角为 α。假设尺子旋转一个 α 角，使尺子与视线垂直，若以 l'表示此时的视距间隔，根据视线水平时的公式可求得斜距 L 为：

$$L = K \cdot l'$$

又从图 5-24 中可得：

$$l' = l \cdot \cos\alpha$$

$$D = L \cdot \cos\alpha = K \cdot l' \cdot \cos\alpha = K \cdot l \cdot \cos^2\alpha$$

从图 5-24 中可看出初算高差 h'为：

$$\begin{aligned} h' &= D \cdot \tan\alpha \\ &= K \cdot l \cdot \cos^2\alpha \cdot \tan\alpha \\ &= K \cdot l \cdot \cos\alpha \cdot \sin\alpha \\ &= \frac{1}{2} K \cdot l \cdot \sin 2\alpha \end{aligned}$$

则 A、B 两点间差 h 为：

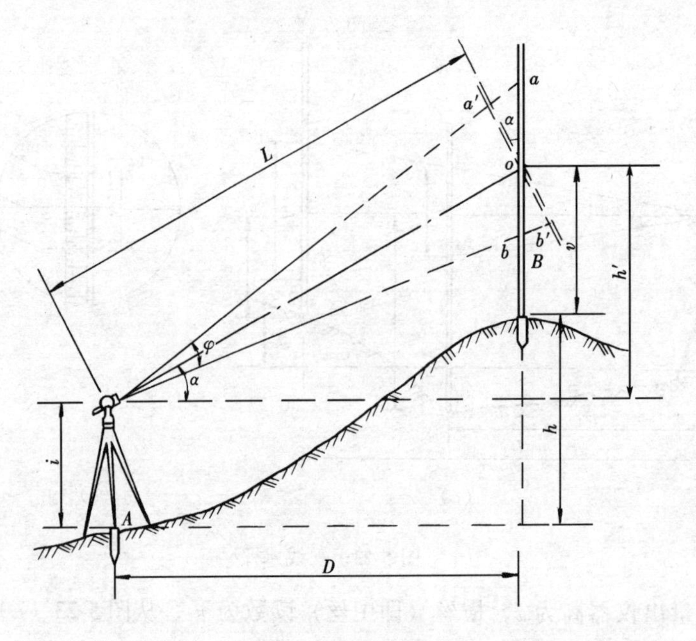

图 5-24　视线倾斜

$$h = h' + i - v = \frac{1}{2}K \cdot l \cdot \sin 2\alpha + i - v$$

使用公式计算高差时，应注意竖直角的符号，仰角为正，俯角为负。高差求得后就可计算 B 点高程为 $H_B = H_A + h$。

【例 5-5】　如图 5-24，欲测定 AB 两点间距离和高差，已知仪高 $i = 1.520\text{m}$，上丝读数 $b = 1.083\text{m}$，中丝读数 $v = 1.520\text{m}$，下丝读数 $a = 1.957\text{m}$，竖直角 $\alpha = +5°44'00''$、A 点高程 $H_A = 10.000\text{m}$，试计算出 AB 两点水平距离和 B 点高程。

解：

$$D = K \cdot l \cdot \cos^2\alpha = 100(1.957 - 1.083) \times (\cos 5°44'00'')^2$$

$$= 100 \times 0.874 \times (0.994998)^2 = 86.53\text{m}$$

$$h' = \frac{1}{2} \cdot K \cdot l \sin 2\alpha = \frac{1}{2} \times 100 \times 0.874 \times \sin(2 \times 5°44'00'')$$

$$= \frac{1}{2} \times 100 \times 0.874 \times \sin 11°28'00'' = \frac{1}{2} \times 100 \times 0.874 \times 0.198798 = 8.69\text{m}$$

$$h = h' + i - v = 8.69 + 1.52 - 1.52 = 8.69\text{m}$$

$$H_B = H_A + h = 10.00 + 8.69 = 18.69\text{m}$$

（二）视距测量的观测方法

（1）在测站上安置经纬仪、对中、整平。

（2）用皮尺量得经纬仪横轴中心到测站点的铅垂位置为仪高 i，并将尺立于测点上。

（3）用经纬仪望远镜瞄准测点上的立尺，读取下丝、上丝在尺上读数 a、b，得出尺间隔 $l = a - b$。

（4）调节竖盘水准管气泡居中，读取中丝在尺上读数 v 和竖直角 α，并将上述观测数据一一记入碎部测量手簿中，如表 5-3 所示。

（5）利用公式计算水平距离 D 和高差 h 及高程 H。

碎部测量手簿 **表 5-3**

测站：A　　测站高程：234.50m　　仪器高：1.500m

测点	视距间隔 l (m)	中丝读数 v (m)	竖盘读数 L (°′)	竖直角 α (°′)	初算高差 h' (m)	改正数 $i-v$	高差 h (m)	水平距离 D (m)	高程 H (m)
1	0.395	1.50	84°36′	+5°24′	+3.70	0	+3.70	39.2	238.20
2	0.614	2.50	93°15′	−3°15′	−3.47	−1.00	−4.47	91.2	230.03
3	1.040	2.00	99°20′	−9°20′	−16.64	−0.50	−17.14	101.3	217.36
⋮	⋮	⋮	⋮	⋮	⋮	⋮	⋮	⋮	⋮
⋮	⋮	⋮	⋮	⋮	⋮	⋮	⋮	⋮	⋮

视距测量计算的工具，较常用的是带有三角函数的电子计算器和视距计算表。计算器的应用方法，现以例 5-5 为例，其按键的顺序为

K·l [×] α [Min] [cos] [=] [INV] [−] [MR] [=] 显示平距 D

[x←→y] 显示高差主值 h′（初算高差）[+] i [−] v [=] 显示高差 h

[+] H_A [=] 显示测点高程 H_B 即 1.957 [−] 1.083 [=] [×] 100 [=]

[×] 5 [°′″] 44 [°′″]

[Min] [cos] [=] [INV] [−] [MR] [=] 显示 86.527771

[x←→y] 显示 8.687464

[+] 1.52 [−] 1.52 [=] 显示 8.687464

[+] 10.000 [=] 显示 18.687464

二、小平板仪测量

平板仪是测绘地形图常用的仪器。因为它不需测出水平角，而可将碎部点在实地直接测绘到图纸上，十分方便。平板仪分为大平板仪和小平板仪，主要讲述小平板仪测量。

（一）小平板仪测量原理

小平板仪测量的特点，是根据相似原理，用图解的方法，将实地的水平角度或图形，直接缩绘在图纸上的一种最简便的方法。其测绘原理，如图 5-25 所示，欲测地面上 A、B、C 三点的位置。在 B 点安置一块水平图板，使图上 b 点与地面上 B 点在同一铅垂线上。通过 BA、BC 作两个竖直面与图板的图纸的交线 ba、bc，得到$\angle ABC$ 在水平图板的图纸上投影角$\angle abc$。若按一定比例尺将 A、C 两点缩绘在图板的图纸上得 a、c 两点，则图 a、b、c 三点与地面上 A、B、C 三点图形相似，这就是小平板仪测图的原理。若将 A、C 两点与 B 点高差测出，即可根据 B 点的高程，计算出 A、B 两点的高程。

（二）小平板仪的构造

小平板仪主要由图板、照准仪、对点器，磁针和三脚架组成，如图 5-26 所示。

图板是一块矩形木板，通过连接螺旋固定在三脚架上，用于绘图。

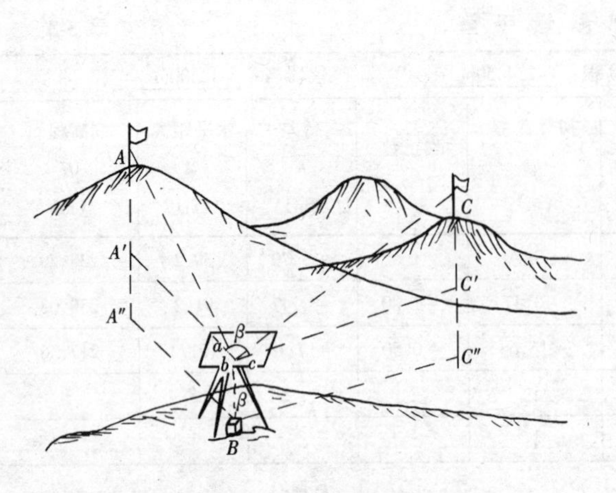

图 5-25 平板仪测量原理

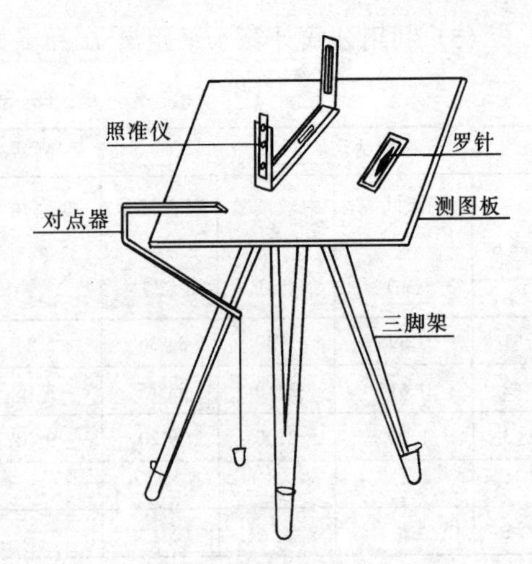

图 5-26 小平仪构造

照准仪也称测斜照准仪，如图 5-27 所示。它是由直尺、水准器和前、后觇板组成。直尺长 20cm 或 30cm，尺的斜边刻有分划。直尺一端装有一块有上、中、下三个觇孔的接目觇板，另一端装有一块有照准丝的接物觇板。由觇孔和照准丝构成视准面，用以瞄准目标。直尺中部有水准器，气泡居中，表示直尺底面水平，用以置平测图板。靠近直尺两头各装有一个调平偏心板，用来校正照准仪的水平位置。

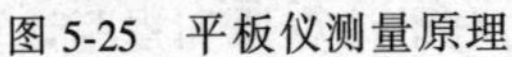

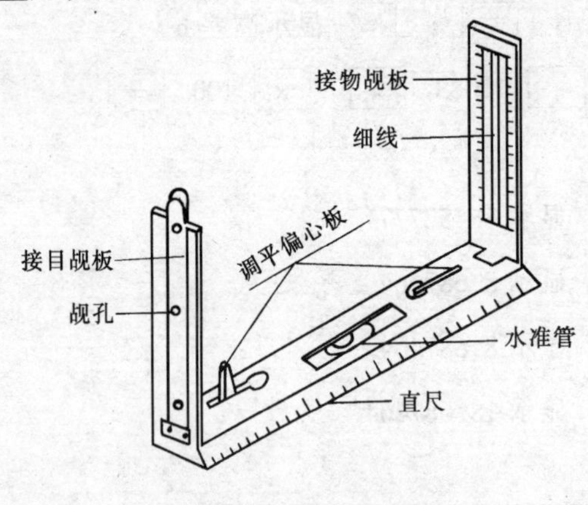

图 5-27 照准仪

目前小平板配备光学照准器，如杭产 GDP 型光学小平板仪。光学照准器主要由望远镜、竖盘、支架和尺板组成，使用方便，如图 5-28 所示。

对点器由金属叉架和垂球组成，借助于对点器可使地面点与图板上点位处在同一铅垂线上。

长盒磁针是用来标定图板的方向。

（三）小平板仪的安置

将图板装于三脚架上，张开三脚架的腿，安放平板于测站上。安置小平板仪较安置水准仪或经纬仪复杂，其安置工作包括对中、整平和定向三项内容。

1. 对中

其目的是使图上的已知点和地面上相应的点，位于同一铅垂线上。

其方法是应用对点器来进行，即利用三脚架前后、左右移动，使其垂球对中。

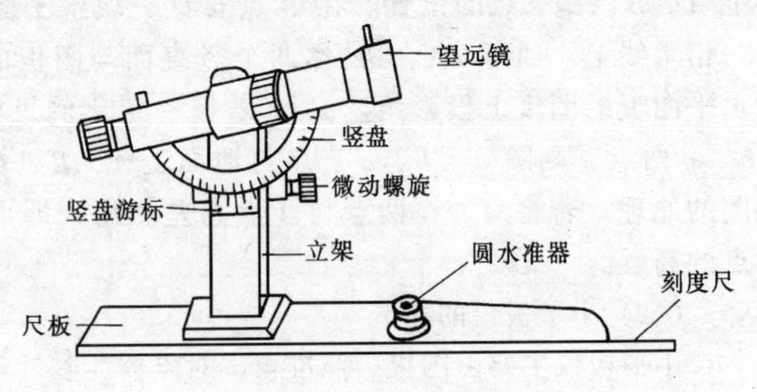

图 5-28 光学照准器

其要求依测图比例尺不同而有

不同，对中容许误差一般规定为0.05mm×M，M为测图比例尺的分母。如测图比例尺为1/500，则其对中容许误差为0.05×500=25mm；如测图比例尺为1/1000，则为50mm。

2. 整平

其目的是使图板居于水平位置。

其方法是应用照准仪上的水准器来进行的。即置照准仪于图板上左右方向，调节三脚架的脚螺旋，使气泡居中；再将照准仪置于图板上前后方向，调节脚螺旋使气泡居中，这样反复一、二次就可使平板整平。

3. 定向

其目的是使图板上的已知方向线与地面上相应的方向线位于同一竖直面内或相互平行，且方向一致。

其方法有用已知方向线定向和长盒罗针定向两种。罗针定向是将长盒磁针的长边贴靠在图上的磁子午线（或南北图廓线），转动图板，使磁针指向方框内的零点，然后将图板固定。用磁针定向精度较低，可作为粗略定向的方法，如果在图上没有已知方向线时，在测图的第一站时，可用磁针定向。用已知方向线来定向是将照准仪的直尺边紧靠于图上的已知方向线，如图5-29所示的ab直线，在地面上B点竖立标志，转动图板，使照准仪瞄准B点，然后固定图板。为了保证测图精度，还要用另一已知方向AE（ae）线作检核。

定向的精度，对测图精度影响较大，故在安置小平板仪的对点、整平和定向三项工作中，定向为主要工作，为此，测图时定向应力求准确。由于对点、整平、定向三项工作操作时会互相影响，所以小平板仪安置应分两步进行。首先要初步安置，即先用目估定向、概略整平和大致对点；然后再进行精确的安置，即精确对点、精确整平和精确定向。

（四）小平板仪测图的基本方法

常使用的方法有放射线和前方交会方法两种。

1. 放射线法

又称极坐标法，如图5-29所示。欲将地面上1、2、3等房屋角点测到图上。小平板仪安置于A点，经对中、整平、定向后，用照准仪依次瞄准各测点1、2、3，同时用皮尺量出测站点A至各测点的距离，这样就可在各照准的方向线上分别得到各测点在图上的位置。如能测得测站与各测点间的高差，即可根据测站高程计算出各测点之高程。

图5-29　放射线法

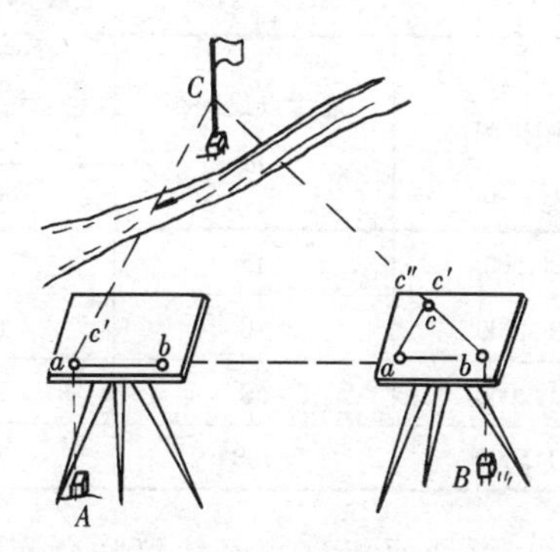

图5-30　前方交会法

2. 前方交会法

又称方向交会法或角度交会法，如图5-30所示。A、B两点为地面上已知的测站点，a、b 为其 A、B 点在图上的位置，C 点为待测点。在 A 点安置小平板仪，经对中、整平、定向后，将照准仪直尺贴靠于 a 点照准 C 点，在图上绘出 ac' 方向线。再将小平板仪安置于 B 点，对中、整平、定向后，置照准仪直尺贴靠于 b 点照准 C 点，绘出 bc'' 方向线，而 bc'' 与 ac' 的交点 C，就是地面上 C 点在图上的位置。如果能测出测站 A 或 B 与测点 C 的高差，就可依据测站的高程计算出测点的高程。此法的优点在于不需要量出测站到测点的水平距离，适用于量距有困难或有障碍的情况。其缺点是同一个测点，要在两个测站上各观测一次，画出两个方向线相交，如测点较多，图上方向线更多，易混淆出差错。

三、碎部测量

测量地形图的碎部点方法较多，本书只介绍小平板仪与经纬仪联合测图法。

（一）选择碎部点

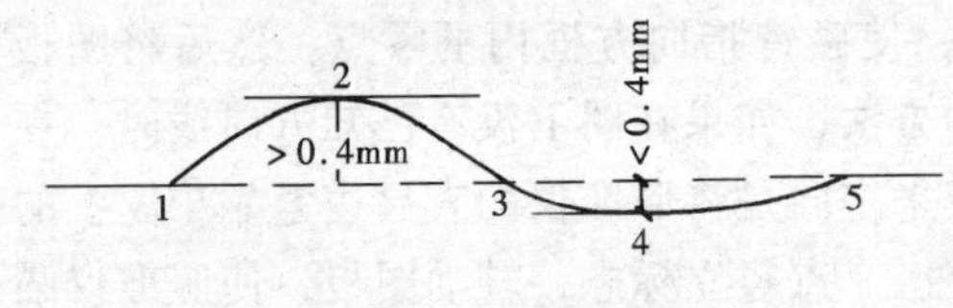

图 5-31　选择碎部点

碎部点是地物或地貌的特征点，测图时碎部点选择得是否恰当，将直接影响成图的质量。因此，碎部点应选在能充分反映测区地形、地物情况的地形特征点上。如房角点、道路的转折点、河流岸边的弯曲点，以及山头、鞍部、山脊、山谷等处坡度和方向变化的点。为了较详细表示实地情况，即使是较平坦的地区，也要在相应于图上每隔 2 ~ 3cm 处选择一点。如测图比例尺为 1:500，则地面每隔 10 ~ 15m 需选定一点。对于轮廓线为曲线的地物，如道路、河流、土地的边界等，应在转弯处适当选点。凡轮廓线在图上反映凹凸不超过 0.4mm 的，可视直线看待；反之，必须适当选择凹凸点作碎部点。如图 5-31 所示，某道路一段，点 2 偏离 13 连线超过图上尺寸 0.4mm，点 2 应选作碎部点测出；点 4 偏离 35 连线不超过 0.4mm，点 4 可不选作碎部点，即视 345 线为直线。在实测时选定立尺点（俗称跑点），可根据比例尺大小，在实地目估轮廓线凹凸程度，而确定是否选择凹凸点作碎部点。例如施测 1:1000 地形图，当凹凸点偏离超过 $0.4 \times 1000 = 400\text{mm} = 0.4\text{m}$ 时，该点应选作碎部点测出，否则应舍去。平坦地区或地貌无显著变化的地区，应根据视距的要求如表 5-4 所列，选择适当的碎部点。

碎部点的最大间距和最大视距　　**表 5-4**

测图比例尺	地貌点最间距（m）	最大视距（m）			
		主要地物点		次要地物点和地貌点	
		一般地区	城市建筑区	一般地区	城市建筑区
1:500	15	60	50（量距）	100	70
1:1000	30	100	80	150	120
1:2000	50	180	120	250	200
1:5000	100	300	—	350	—

（二）小平板仪与经纬仪联合测图法

这种方法的特点是将小平板仪安置在控制点上，以描绘出控制点到碎部点的方向线，而将经纬仪安置在控制点一侧，以测定经纬仪至碎部点的水平距离和高差，最后用方向线和距离交会得到碎部点的图上位置，并注明高程。具体操作如下：

(1) 如图 5-32 所示，安置经纬仪于控制点 A 附近（1.5～2.0m）的 A' 点，量取仪器高 i 和 AA' 的水平距离，并测出 A、A' 点间高差，计算出 A' 点高程。

(2) 小平板仪安置在控制点 A、经对中、整平、定向后，用照准仪瞄准 A' 点，在此方向线上依水平距离 A-A' 定出 A' 点在图上的位置 a' 点。

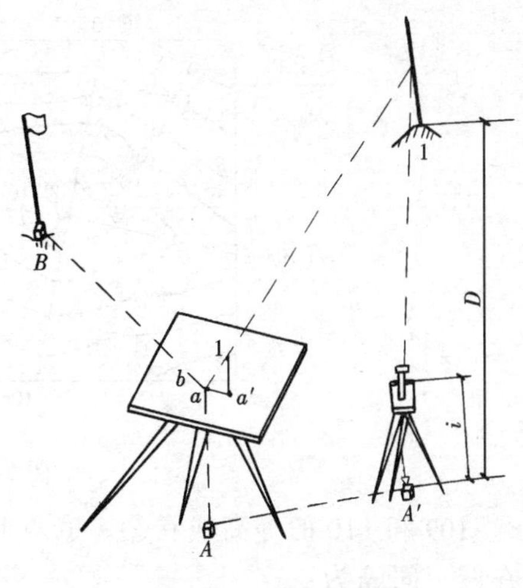

图 5-32　联合测图

(3) 欲测定地貌点 1 的位置和高程，可在 1 点竖立视距尺，用经纬仪应用视距测量方法，测出 A'、1 的水平距离和高差，并根据 A' 点的高程计算出点 1 的高程；同时用小平板仪的照准仪瞄准 1 点，此时直尺边即表示 $a1$ 的方向。展点时，以 a' 点为圆心，以 $A'1$ 水平距离按比例缩小数值为半径与 $a1$ 方向线相交于 1 点，即为 1 点在图上的位置，并注明其高程。同法测绘 2 点及其他各地形点。一个测站工作结束，应检查平板的方向。

四、地形图的绘制

地形图的绘制包括地物和地貌的绘制及图的检查、拼接和整饰等。

（一）地物和地貌的绘制

当碎部点测绘到图上后，就可对照实地边观测边按顺序描绘出地物轮廓线和勾绘好等高线。

1. 地物的描绘

对于地物应按规定的图式符号和大小绘制。如房屋轮廓线需用直线连接；道路、河流等弯曲部分则逐点连成光滑曲线；对于不能用比例符号绘制的地物，如导线点、检查井、独立树、烟囱等，则按规定的非比例符号表示其中心位置。对于某些地物还应注记必要的说明。

2. 勾绘等高线

等高线的勾绘是根据各地形点的高程和间距，参照实地的地形，按比例内插得出各地形点间所通过等高线的位置，然后将各等高点用平滑曲线连接起来，即得到等高线的图形。又由于地形图上各等高线的高程均是等高距的整倍数，而测得地形点高程，绝大多数不是等高距的整倍数，因此，必须在相邻地形点间按比例内插出高程为等高距整倍数的点，这些点位就是等高线要通过的位置，如图 5-33 所示，就是根据地形点①②③……⑪的高程，用比例内插勾绘的等高线图。

勾绘等高线的原则是认为相邻地形点之间的地面坡度是均匀坡度，等高线的平距与高差成比例关系，来确定两点间各条等高线通过的位置。

勾绘等高线的方法有解析法、图解法和目估法。

解析法是根据两地形点在图上间隔与高差计算出等高线通过点的位置。此法虽精确，但速度慢，较少应用。现以图 5-33 中地形点②、⑥为例。两点在图上间距为 25mm，其高差 $h = 110.6 - 105.7 = 4.9$m，等高距为 1m，即要确定高程为 106、107、

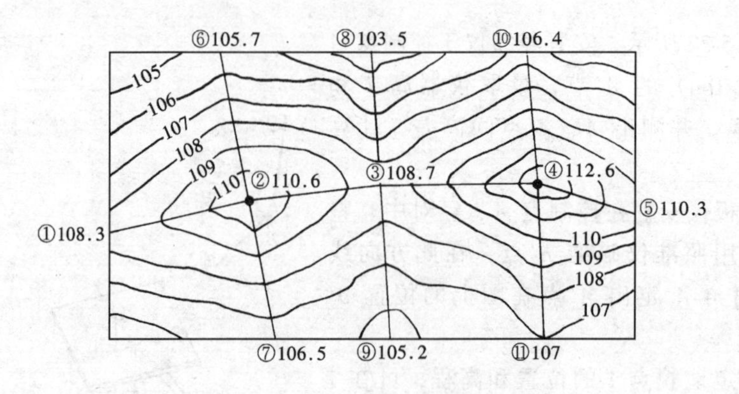

图 5-33 勾绘等高线

108、109 和 110 的等高线在②、⑥点间要通过的位置，如图 5-34 所示，相邻两条等高线在图上间隔为：

$$\frac{25\text{mm}}{4.9\text{m}}=5.1\text{mm}$$

即 $ab=bc=cd=de=5.1\text{mm}$；而⑥a =（106 - 105.7）×5.1 = 1.5mm；e② =（110.6 - 110）×5.1 = 3.1mm。显然，a 点就是 106m 等高线通过的点位；b、c、d 点分别就是 107m、108m、109m 等高线通过的点位；e 点就是 110m 等高线通过的点位。

图解法是用一张画有间距相等的平行直线的透明纸，其间距和注记由地形情况而定。如图 5-35 所示，将透明纸蒙在要勾绘等高线的地形图上，仍以⑥、②地形点为例，将⑥点对准 105.7m，以⑥点为圆心，慢慢转动透明纸，使②点对准 110.6m 处，则图②⑥直线与透明纸上平行线相交于 a、b、c、d、e 点，用针将各点刺到图上，即得到 106m、107m、108m、109m、110m 等高线通过的位置。该法比较准确，也比较适用。

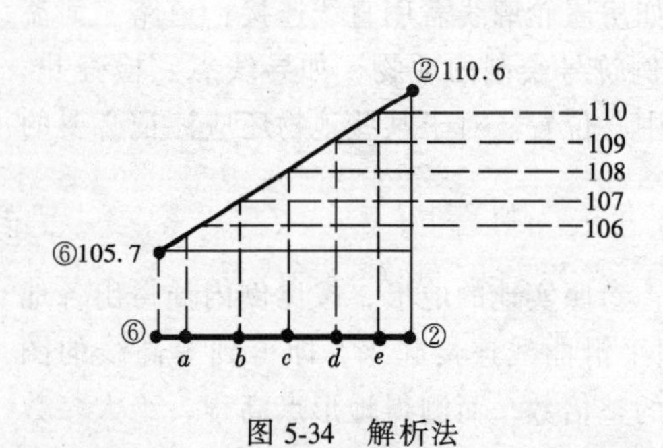

图 5-34 解析法

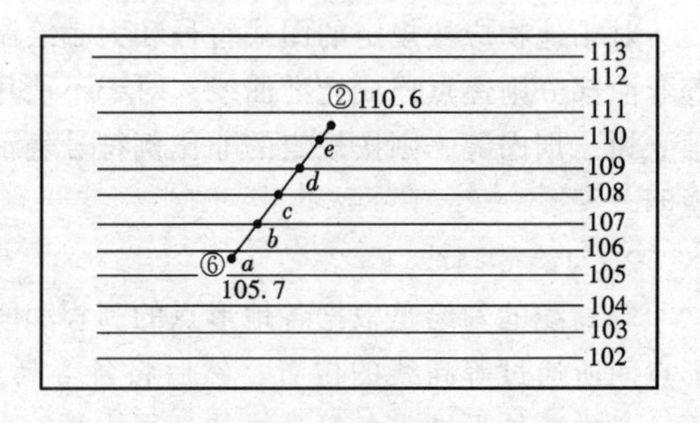

图 5-35 图解法

目估法是根据解析法的原理，结合实际地形，依靠经验目估确定等高线通过的点位。其方法是“取头定尾、中间等分。”仍以②、⑥地形点为例，两点高程分别为 110.6m、105.7m，两点中间必有 106m、107m、108m、109m、110m 五条等高线通过。106m 与 105.7m 相差为 0.3m，在图上估出它的位置为“取头”；110m 与 110.6m 相差为 0.6m，在图上估出它的位置为“定尾”，中间按等分可定出 107m、108m、109m 的位置。实际上就是根据高差之比用目估定出直线的分点，即按 0.3∶1∶1∶1∶1∶0.6 的比例分割直线，得出分点就是等高线所通过的点位。该法简便、速度快，但必须具有一定的绘图经验，方能掌握自如。

（二）图的拼接与检查

当测区面积较大，则需分幅施测地形图，每幅图边都必须与邻幅拼接。为此在图边测绘时，需测出图廓边外0.5～1.0cm，遇有曲折凹凸的地物，则需测至曲折处，以便与邻幅对照核对，避免错漏。由于测量和绘图误差的影响，无论是相应的地物的轮廓线和相同高程的等高线，都不会恰好拼接上，所以必须进行图的拼接。拼接时，可用一条宽4～5cm的透明纸，蒙在进行拼接的图边线上，将相邻接图分别用铅笔将格网线、地物、等高线等都描在透明纸的中线两侧，检查其偏差情况，如图5-36所示。如明显或主要地物其偏差不超过1mm；不明显或次要地物不超过2mm；同名等高线之差不超过其相邻等高线平距的1/2时，可按偏差值的平均值进行修正。如拼接图线的偏差过大或形态不符时，则应到实地检测或重测。

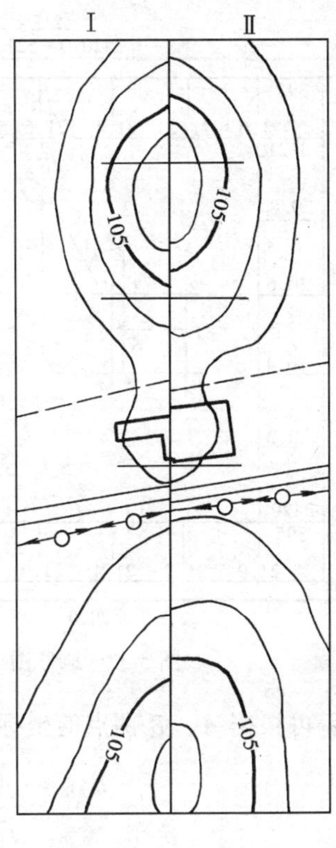

图5-36 图的拼接

拼图完毕后，应对本图幅内的所有内容进行一次全面检查。如地物的位置是否正确，符号注记是否清楚，等高线与地貌特征点的高程是否相符等。对于重要地物还要进行实测检查，以保证地形图的质量。地形图检查一般包括图面检查、野外巡视和设站检查。

（三）图的整饰

当底图经拼接和检查无误后，用描图纸将全图重新描绘，并加注记及说明，即进行清绘和整饰，使图面更加清晰、美观。整饰和程序是先图框内后图框外，先地物后地貌，先注记后符号。最后绘制图廓及注明图名、图号、比例尺、测图单位和日期等。

第四节 地形图的应用

地形图是比较全面地、客观地反映地面情况的资料，是市政工程规划、设计和施工工作的重要依据。地形图的应用是根据地形图所提供的资料数据，而经济、合理地解决有关工程规划、设计和施工中的问题。

一、在地形图上确定点的坐标

如图5-37所示，欲求 A 点直角坐标。首先根据图廓坐标注记和 A 点位置绘出坐标小方格 $abcd$，显然从图中可查出 a 点坐标值为

$$x_a = 3420400\text{m}$$

$$y_a = 521200\text{m}$$

用比例尺在图上量得 $af = 100\text{m}$，$ae = 181.5\text{m}$，故点 A 的坐标值为

$$x_A = x_a + af = 3420400 + 100 = 3420500\text{m} = 3420.5\text{km}$$

$$y_A = y_a + ae = 521200 + 181.5 = 521381.5\text{m} = 521.3815\text{km}$$

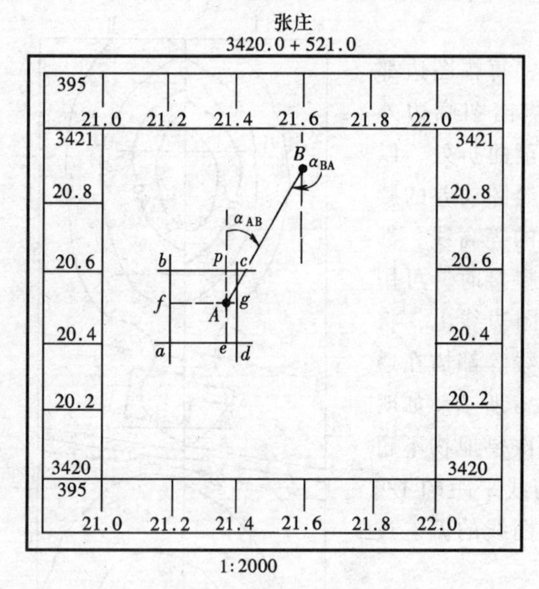

图 5-37　地形图应用

二、在地形图上确定两点间水平距离

如图 5-37 所示，欲求 A、B 两点间的水平距离，可采用图解法和解析法求得。

（一）图解法

应用两脚规在图上量出 A、B 两点的长度，再与地形图上直线比例尺比较，就可得出 AB 的水平距离。当精度要求不高时，可直接用比例尺在图上量取 D_{AB} = 480m。

（二）解析法

先在图上求得 A、B 两点的坐标值。由上例可知

$$x_A = 3420500\text{m}、y_A = 521381.5\text{m}$$

同法求得

$$x_B = 3420920\text{m}、y_B = 521600\text{m}$$

然后再根据 A、B 两点的坐标反算水平距离 D_{AB} 为

$$\begin{aligned} D_{AB} &= \sqrt{(x_B - x_A)^2 + (y_B - y_A)^2} \\ &= \sqrt{(3420920 - 3420500)^2 + (521600 - 521381.5)^2} \\ &= \sqrt{420^2 + 218.5^2} = 473.4\text{m} \end{aligned}$$

由此计算得的水平距离不受图纸伸缩的影响。

三、在地形图上确定某直线坐标方位角

如图 5-37 所示，欲求直线 AB 坐标方位角，可采用图解法或解析法求得。

（一）图解法

如精度要求不高时，可采用图解法求得。由于图上坐标方格网纵坐标上方为北向，故可通过 A、B 两点分别作纵坐标线的平行线，用量角器的中心分别对准 A、B 点，量得坐标方位角为

$$\alpha_{AB} = 28°30' \qquad \alpha_{BA} = 209°00'$$

同一直线正反坐标方位角之差应为 180°，但由于量测有误差，而使 $\alpha_{AB} \neq \alpha_{BA} - 180°$，其差值为

$$\alpha_{BA} - 180 - \alpha_{AB} = 209°00' - 180° - 28°30' = 30'$$

对 α_{AB}、α_{BA}进行改正，即按不同符号将 α_{AB}、α_{BA}改正差值一半，故改正后的坐标方位角为

$$\alpha_{AB} = 28°30' + \frac{30'}{2} = 28°45'$$

$$\alpha_{BA} = 209°00' - \frac{30'}{2} = 208°45'$$

（二）解析法

可根据 A、B 两点的坐标值，反算求得直线 AB 的坐标方位角为

$$\alpha_{AB} = \text{arc tan}\frac{y_B - y_A}{x_B - x_A}$$

$$= \text{arc tan}\frac{521600 - 521381.5}{3420920 - 3420500}$$

$$= \text{arc tan}\frac{218.5}{420}$$

$$= 27°29'07''$$

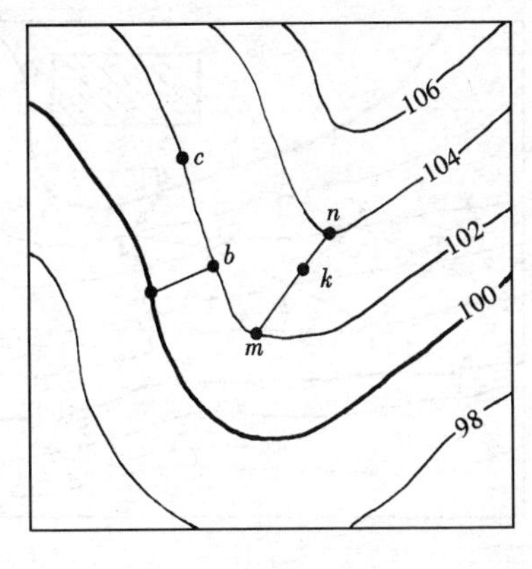

图 5-38 确定某点高程

四、在地形图上确定某点高程

如图 5-38 所示，欲求 c 点之高程，c 点恰好在 102m 的等高线上，则它的高程与等高线高程相等。即 $H_C = 102\text{m}$。

若欲求 k 点之高程，k 点恰好不在等高线上，而 k 点位于 102m 及 104m 两条等高线之间，可通过 k 点作 mn 直线，使与两条等高线大致垂直，用测图比例尺量得 mn 及 mk 之长，设等高距为 h，k 与 m 点的高差为 Δh，则 k 点的高程可按比例插入法求得为

$$H_k = H_m + \Delta h = H_m + \frac{mk}{mn}\cdot h$$

如在图上量出 $mn = 12\text{mm}$，$mk = 8\text{mm}$，等高距 $h = 2\text{m}$，则 k 点之高程为

$$H_k = 102.00 + \frac{8}{12}\times 2.00 = 102.00 + 1.33$$

$$= 103.33\text{m}$$

五、在地形图上确定某直线的坡度和倾斜角

欲求图 5-39 中 AB 直线的坡度和倾斜角。地面直线的坡度是指直线两端的高差 h 与水平距离 D 之比，用 i 来表示，习惯上以百分之一或千分之一为单位表示，即%或‰的符号。倾斜角用 α 来表求，从图 5-39 中可得出

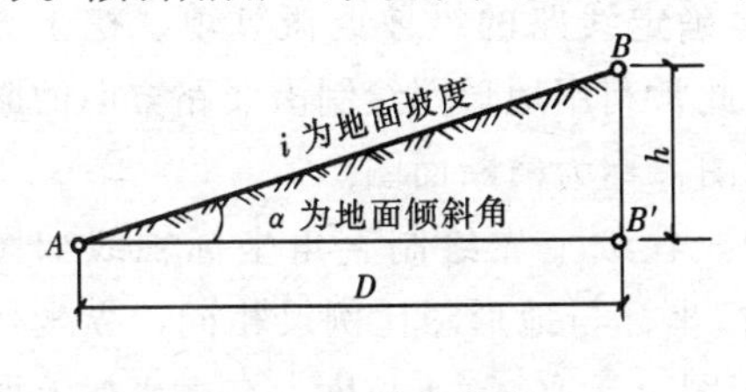

图 5-39 确定坡度

$$i = \tan\alpha = \frac{h}{D} = \frac{h}{d\cdot M}$$

式中 d——直线在图上的长度；

M——图的比例尺分母；

h——直线两端点高差；

D——直线实地水平距离。

在图 5-38 中 ab 直线，在其图上长度 $d = 7\text{mm}$，图的比例尺为 1:2000，两端点高差 $h = 102 - 100 = 2\text{m}$，则 AB 直线的地面坡度为

$$i = \frac{2}{0.007\times 2000} = 0.143 = 14\%$$

其倾斜角为

$$\tan\alpha = \frac{2}{0.007\times 2000} = 0.1428571 \quad 则\ \alpha = 8°08'$$

直线两端位于相邻等高线上，求得坡度可认为基本符合实际坡度。如果直线较长，中间通过许多条等高线，而且等高线的平距不等，则所求的坡度只是该直线两端点间的平均坡度。

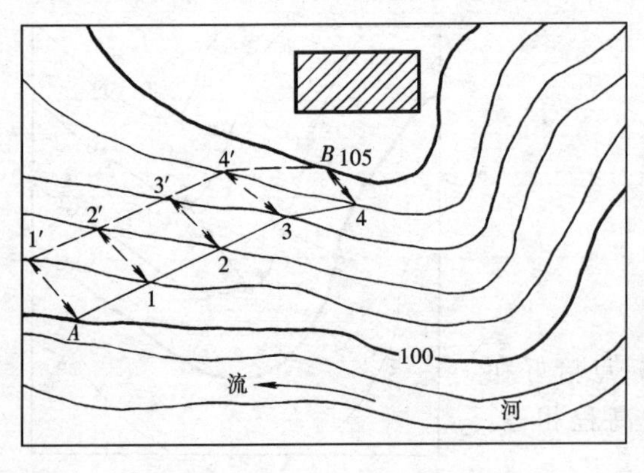

图 5-40　选定最短路线

六、在地形图上按坡度限值选定最短路线

在道路或管道的线路设计时需要先在图上定线，除考虑平面上线路必经的地点外，为了减少工程量，降低施工费用，要求在不超过允许最大坡度的前提下，选择一条最短的线路。如图 5-40 所示，欲从居民区 B 选一条道路到河边 A，要求路线坡度不超过 8%，地形图比例尺为 1:2000，等高矩为 1m。为了满足规定的坡度要求，可根据计算坡度的公式，求出该线路通过每相邻两条等高线之间的最小平距为：

$$d=\frac{h}{i\cdot M}=\frac{1}{0.08\times 2000}=0.00625\text{m}=6.25\text{mm}$$

用两脚规以 $d=6.25$m 为半径，以 A 为圆心，向相邻的 101m 等高线画弧相交于 1 点；再以 1 点为圆心，按同样半径向 102m 画弧交于 2 点，同法按逐条等高线画出交点 3、4，直到 B 点。将这些点连接起来，便是符合规定坡度的最短线路。如果等高线间平距大于 d，就是不能与相邻等高线相交，说明该段坡度小于规定坡度，符合要求，可选择最短线路定点。

在选定线路时可能还会交出另外一些点，组成不同的线路，设计人员应对不同线路进行综合性比较，视线路经过地段有无良田好土、有无地质条件不良情况、有无大量开坚石的石方工程，其路基是否被山洪冲刷等因素，从中选择一条最佳方案的路线。

七、在地形图上绘制路线的纵断面图

在道路、渠道、管线等线路工程中，为了合理地确定线路的纵坡或概算填、挖土方量、都需要详细掌握沿线路方向的地面起伏状态。为此常利用地形图绘制沿线路方向的断面图，也称纵断面图；沿着线路垂直方向绘制的断面图，称为横断面图。

如图 5-41（*a*）所示，欲沿 *AB* 线路绘制断面图。在纸上先绘制直角坐标轴线如图（*b*），纵坐标表示高程，横坐标表示水平距离。通常横坐标与地形图比例尺相同，纵坐标比例尺放大为横坐标比例尺的 10 倍。用两脚规在地形图上量取 *A*—1 长度，在横坐标上取 *A*—1，因点 *A* 在 23m 的等高线上，其高程为 23m，在纵坐标上标定 *A* 点；再过 1 点作垂线，因点 1 在 24m 的等高线上，其高程为 24m，故 1 点垂线与 24m 标高线的交点，即为所求的断面点。同法取 1—2，过 2 点作垂线与 25m 标高线交点，即为所求的断面点。依次求得 3、4……12、*B* 各点。最后用光滑曲线连接各点，便得到 *AB* 线路的断面图。

八、在地形图上确定汇水面积的边界

在修建水库的水坝或跨越河流、山谷的道路时，均需修建桥梁、涵洞等工程。当设计水坝、桥梁及涵洞的孔径尺寸时，需先计算该桥梁、涵洞排泄雨水的汇水面积。如图 5-42 所示，*AB* 道路经过河流，欲在 *ab* 处修建桥梁，为了确定桥梁孔径的大小，应计算出径流量的大小，其径流量与该处汇水面积有关。从雨水流向可知，汇水面积必须是由相互连接的山脊线所围成的。它的边界是与一系列山脊线一致，且与等高线垂直，而经过一系山

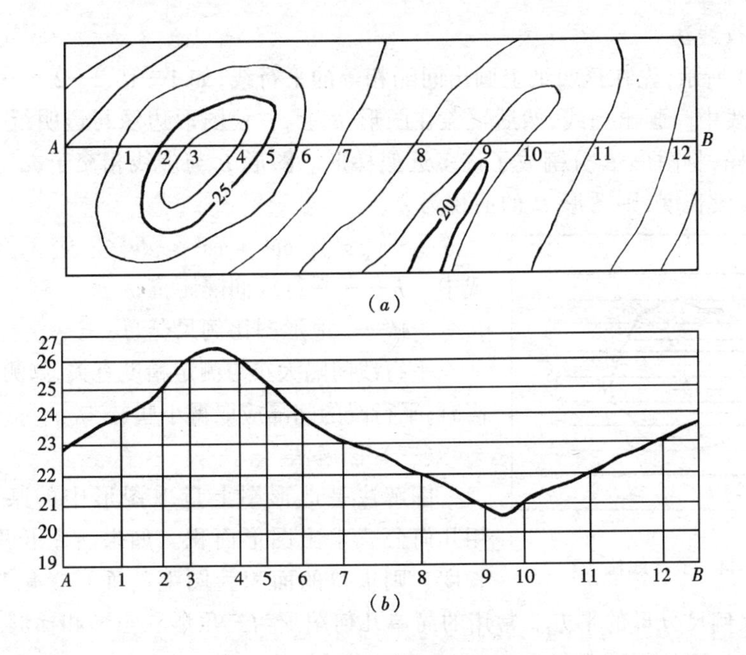

图 5-41　绘制断面图

头，鞍部的曲线并与指定断面闭合。显见图 5-42 中道路 ab 段的汇水面积为 a、b 两点及 c、d、e、f、g 等点所包围的面积。

九、在地形图上确定图形面积

在规划设计中，常需在地形图上量测某一图形的面积，常用的方法有透明方格纸法和平行线法。还有图解法与解析法或使用机械求积仪和电子求积仪来量测图形的面积。

（一）透明方格纸法

又称格网法或方格法。如图 5-43 所示，将透明方格纸覆盖在某图形 A 上，然后数出图形内的整方格数，并用目估法将不足一整方格的部分面积凑成整方格数，两者相加，即为方格总数 n。再根据地形图的比例尺定出每一方格所代表的实地面积为 $a\mathrm{m}^2$，则图形 A 的实地面积为

$$S = n \cdot a\mathrm{m}^2$$

这种方法，测量面积越大，其精度越高。

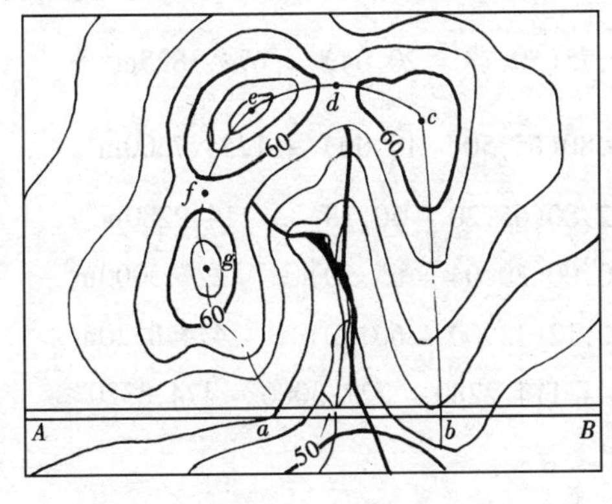

图 5-42　汇水范围

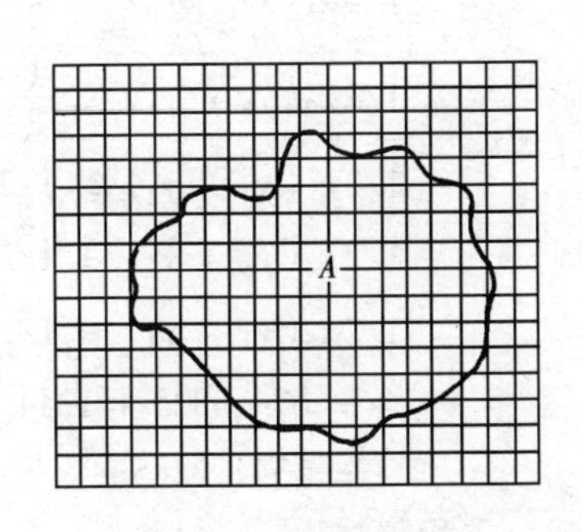

图 5-43　透明方格法

（二）平行线法

如图 5-44 所示，先在透明纸上画出间隔相等的平行线，如 1—1′、2—2′……其间隔为 h，同时，在平行线中间画出虚线，然后覆盖在图形 B 上，并使图形边缘与透明纸上任何两条平行线相切，这样，将图形 B 分割成了许多近似梯形。图形 B 与虚线相交于 aa'、bb'、cc'……，并量出这些线段长度，则图形 B 的面积为

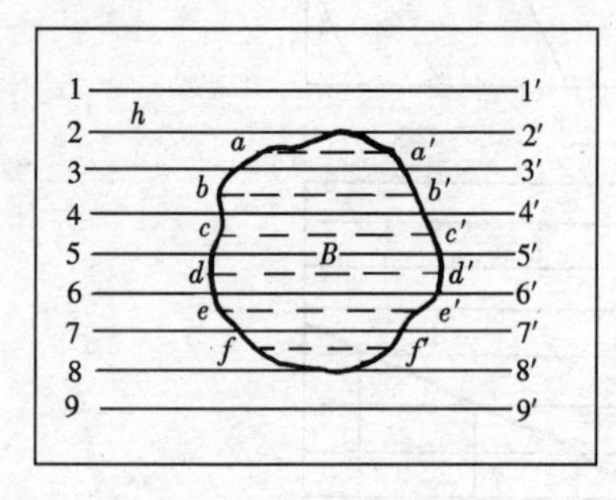

图 5-44 平行线法

$$S = [(aa' + bb' + cc' + dd' + ee' + ff') \times h]M^2$$

式中 h——平行线间隔距离；

M——地形图比例尺分母。

平行线间隔大小与测定精度有关，如测定精度要求较高时，平行线的间隔应取得小些。

（三）图解法

图解法是地形图上量取图形中的某些长度元素，用几何公式求出图形面积。如果所量长度元素为图上长度，则求得的面积为图上的面积，化为实地面积时应乘以图的比例尺分母的平方。常用的简单几何图形为三角形、矩形和梯形。图解法适用于求几何形状规则的图形面积。

（四）解析法

解析法是利用多边形顶点的坐标值来计算面积的方法。其计算公式为：

$$S = \frac{1}{2}\sum_{i=1}^{n} x_i(y_{i+1} - y_{i-1})$$

注意，当 $i = 1$ 时 y_{i-1} 用 y_n；$i = n$ 时，y_{i+1} 用 y_1。

或 $S = \frac{1}{2}\sum_{i=1}^{n} y_i(x_{i+1} - x_{i-1})$

注意，当 $i = 1$ 时，x_{i-1} 用 x_n；$i = n$ 时，x_{i+1} 用 x_1。

【例 5-6】 某五边形顶点坐标值为：$x_1 = 44.75$m，$y_1 = 13.00$m，$x_2 = 47.80$m，$y_2 = 50.18$m，$x_3 = 22.80$m，$y_3 = 65.50$m，$x_4 = 10.00$m，$y_4 = 60.20$m，$x_5 = 20.12$m，$y_5 = 20.04$m，试计算该五边形的面积？

解：

$$S = \frac{1}{2}\sum_{n=1}^{n} x_i(y_{i+1} - y_{i-1})$$

$$1/2x_1(y_2 - y_5) = \frac{1}{2} \times 44.75(50.18 - 20.04) = 674.3825\text{m}^2$$

$$1/2x_2(y_3 - y_1) = \frac{1}{2} \times 47.80(65.50 - 13.00) = 1254.7500\text{m}^2$$

$$1/2x_3(y_4 - y_2) = 1/2 \times 22.80(65.20 - 50.18) = 114.2280\text{m}^2$$

$$1/2x_4(y_5 - y_3) = 1/2 \times 10.00(20.04 - 65.50) = -227.3000\text{m}^2$$

$$1/2x_5(y_1 - y_4) = 1/2 \times 20.12(13.00 - 60.20) = -474.8320\text{m}^2$$

$$\therefore S = 674.3825 + 1254.7500 + 114.2280 - 227.3000 - 474.8320$$

$$= 1341.2285\text{m}^2$$

（五）求积仪法

求积仪是一种专门供图上量算面积的仪器，其优点是操作简便、速度快、适用于任意

曲线图形的面积量算，且能保证一定的精度。原求积仪为一种机械装置的仪器，即为定极式机械求积仪，它是一种完全机械装置并利用积分原理在图纸上测定不规划图形面积的仪器。近年来，求积仪又在机械装置的基础上，增加了电子脉冲计数设备和电子计算器的某些功能，成为电子求积仪或称为数字化求积仪，使测定面积的精度更高，使用更方便。

思考题与习题

1. 测绘地形图为什么要先建立控制网？何谓控制网？它分为哪几种？

2. 建立平面控制网的方法有哪些？

3. 经纬仪导线有哪几种形式？

4. 导线的外业观测有哪些主要内容？

5. 何谓坐标正算问题？坐标反算问题？

6. 已知 A 点坐标：$x_A=200.00\text{m}$，$y_A=400.00\text{m}$，$D_{AB}=79.807\text{m}$，$\alpha_{AB}=46°09'06''$，试求 B 点坐标。

7. 已知 A 点坐标：$x_A=7837.305\text{m}$，$y_A=2635.839\text{m}$，B 点坐标：$x_B=7686.400\text{m}$，$y_B=2669.622\text{m}$，试求 AB 直线坐标方位角 α_{AB} 与 AB 边长 D_{AB} 为多少？

8. 某一五边形闭合导线 A—1—2—3—4—A，已知 $\alpha_{A1}=48°43'18''$，转折角为右角，其值分别为：$\beta_1=97°03'00''$，$\beta_2=105°17'06''$，$\beta_3=101°46'24''$，$\beta_4=123°30'06''$，$\beta_A=112°22'24''$，试求角度闭合差 f_β 为多少？$f_{B容}=\pm40''\sqrt{n}$ 为多少？推算各边方位角为多少？

9. 某一附合导线 A—B—5—6—7—8—C—D，已知 $\alpha_{AB}=43°17'12''$，$\alpha_{CD}=4°16'00''$，观测转折角为右角：$\beta_B=180°13'36''$，$\beta_5=178°22'30''$，$\beta_6=193°44'00''$，$\beta_7=181°13'00''$，$\beta_8=204°54'30''$，$\beta_C=180°32'48''$，试求实测角度闭合差 f_β 为多少？$f_{\beta容}$ 为多少？推算各边方位角为多少？

10. 某一附合导线 B—A—1—2—3—4—C—D，已知 $\alpha_{BA}=237°59'30''$，$\alpha_{CD}=46°45'24''$，观测转折角为左角：$\beta_A=99°01'00''$，$\beta_1=167°45'36''$，$\beta_2=123°11'24''$，$\beta_3=189°20'36''$，$\beta_4=179°59'18''$，$\beta_C=129°27'24''$，试求实测角度闭合差 f_β 为多少？容许角度闭合差 $f_{\beta容}$ 为多少？推算各边坐标方位角？

11. 某一附合导线 A—B—1—2—C—D，已知 $\alpha_{AB}=45°00'00''$，$\alpha_{CD}=116°44'48''$，观测转折角为右角：$\beta_B=120°30'00''$，$\beta_1=212°15'30''$，$\beta_2=145°10'00''$，$\beta_C=170°18'30''$，其边长值为 $D_{B1}=297.26\text{m}$，$D_{12}=187.81\text{m}$，$D_{2c}=93.40\text{m}$，B、C 点坐标值为 $x_B=200.00\text{m}$，$y_B=200.00\text{m}$，$x_c=155.37\text{m}$，$y_c=756.06\text{m}$，试计算 1、2 点的坐标？

12. 什么是地形图？

13. 何谓比例尺与比例尺精度？

14. 某桥梁在图上长度为 35mm，其实长为 70m，试问该图为多大比例尺？它的比例尺精度为多少？

15. 某桥梁实长为 30m，试问在 1:500、1:1000、1:2000、1:5000 地形图上其长度各为多少？

16. 同样一幅大小（50cm × 50cm）的 1:500 和 1:1000 地形图，它们各代表实地面积为多少平方千米，试问哪个比例尺大？

17. 地物符号分为哪四类？

18. 何谓等高线、等高距、等高线平距？

19. 等高线可分为哪几类？它有哪些特性？

20. 山脊与山谷、倾斜平面它们等高线各是什么？

21. 在视距测量中，已知上、中、下丝读数分别为 0.934m、1.350m、1.768m，竖盘读数 L 为 90°00′00″（竖盘公式为 $\alpha = 90° - L$），测站高程为 21.40m，仪器高为 1.42m，试求地形点的高程和测站至地形点的水平距离。

22. 在视距测量中，已知测站 A 点高程为 88.48m，仪器高为 1.51m，在地形点 1 读取视距间隔 $l = 1.522$m，中丝读数为 1.42m，竖盘读数为 95°27′（$\alpha = L - 90°$），试求地形点 1 的高程和 $A1$ 水平距离。

23. 在视距测量中，已知 $H_A = 66.66$m，$i = 1.48$m，在 2 点读取 $l = 0.834$m，$v = 1.35$m，$L = 92°45'$（$\alpha = 90° - L$），试求 2 点高程 H_2 为多少？D_{A2}为多少？

24. 平板仪由哪几部分构成？其安置工作包括哪三项内容？

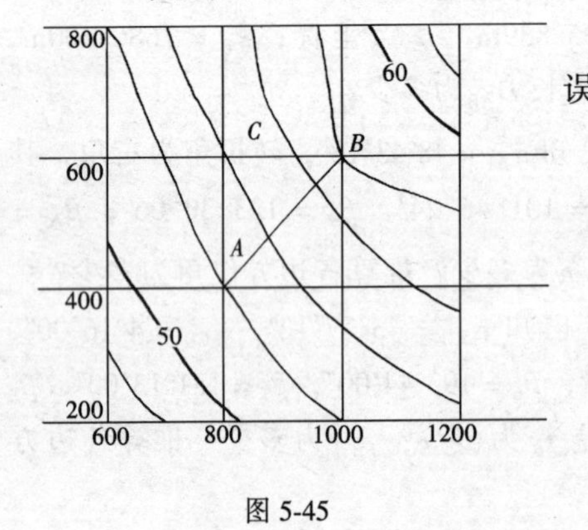

图 5-45

25. 在测绘 1:2000 地形图时，平板仪对点的允许误差为多少厘米？

26. 怎样勾绘等高线？

27. 地形图应用主要内容有哪些？

28. 在图 5-45 中完成下列作业：

（1）A、B 两点坐标？

（2）A、B 两点水平距离 D_{AB}？

（3）AB 直线坐标方位角 α_{AB}？

（4）A、B、C 点高程？

（5）AB 直线的坡度 i_{AB}？

29. 在 1:2000 地形图上，某直线长度 20cm，两端点间高差为 3m，则地面坡度为多少？

30. 何谓汇水范围？在地形图上怎样确定？

31. 在山地或丘陵地区进行道路、管线等工程设计中，在地形图上如何选定一条最短路线或等坡度路线？

32. 某地块为五边形，其顶点的坐标分别为 $x_1 = 144.75$m、$y_1 = 113.00$m、$x_2 = 147.80$m、$y_2 = 150.18$m、$x_3 = 122.80$m、$y_3 = 165.50$m、$x_4 = 110.00$m、$y_4 = 160.20$m、$x_5 = 120.12$m、$y_5 = 120.04$m，试计算该地块的面积为多少平方米？折合为多少亩。

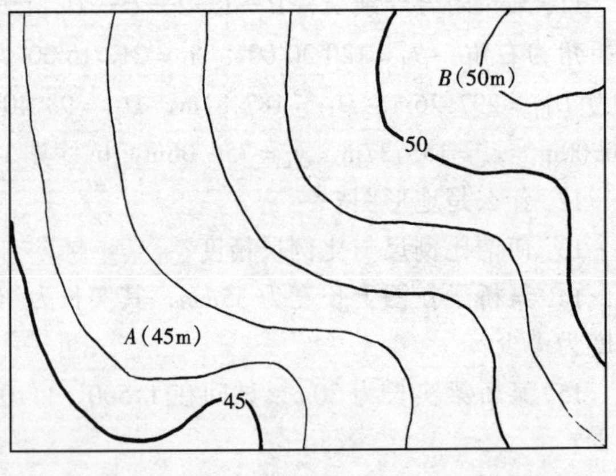

图 5-46

33. 如图 5-46 所示的等高线地形图上设计一倾斜平面，倾斜方向为 AB 方向，要求该倾斜平面通过 A 点时高程为 45m，通过 B 点时的高程为 50m，在图上作出填挖边界线，并在填土部分画上斜阴影线。

第六章　施　工　测　量

第一节　施工测量概述

一、施工测量任务

各种工程在施工阶段所进行的测量工作称为施工测量。它是测量学的第二任务——测设，也称定线放样，或放样。

施工测量的基本任务，是根据施工需要将设计图纸上的构筑物、建筑物等位置，按照设计要求以一定精度测设到地面上，提供标志，作为施工依据。

市政工程设计阶段所提供的图纸、资料、有关文件和测量标志，均是市政工程施工测量的依据。因此，在施工测量的准备工作中，首先必须认真地熟悉和阅读设计图纸及有关文件，并对技术、测量交底时移交的测量标志进行必要复测校核，重要的测量点位还要妥善保护。

施工阶段的测量工作，一般可分为市政工程施工前的测量工作和施工过程中的测量工作。其中施工前的测量工作包括施工控制点、网的建立；场地布置；构筑物定位和基础放线等。施工过程中的测量工作包括每道工序前所进行的细部测设和放线，从而保证每道工序施工顺利实施；当每道工序完成后，应及时进行施工验收测量，以检查施工质量，然后进行下道工序的施工。也就是说，施工测量是每道工序的先导，而竣工验收测量又是各工序的最后环节，因此，施工测量贯穿于整个市政工程施工的始终，它是确保施工顺利进行的重要手段，对保证工程质量和施工进度起着重要作用。这就要求测量人员在施工测量工作中，要主动了解施工方案、掌握施工进度，根据市政工程的实际情况和现场的条件，来决定施测方案和具体方法，使测量工作准确无误、及时，起到指导施工的作用。

二、施工测量的特点

施工测量具有以下特点：

(1) 施工测量过程与测图的过程相反。施工测量是将设计图纸上的构筑物、建筑物等按其设计位置测设到地面上，为施工提供依据。

(2) 施工测量贯穿于施工的全过程中。在施工全部过程中、应进行一系列的测量工作，以衔接和指导各工序间的施工。它所测设的数据是施工的依据，它与工程质量及施工进度有着密切的联系。测量人员必须了解设计意图和内容、性质及其对精度的要求，熟悉图纸上尺寸和高程数据，并掌握施工全过程、进度及现场变动情况等，才能使施工测量工作与施工密切配合。

(3) 施工测量的精度要比测图精度要求高。它的测设精度，主要取决于构筑物的用途、性质、大小、材料、结构和施工方法等因素。如道路工程中，高级路面的要比一般结构的路面的高；管道工程中，无压自流管道，如市政工程中的雨、污水管道的高程精度要求要比有压的管道高。总之，施工测量的精度以满足设计、施工要求为准，以求做到既保证工程质量又节省人力。

(4) 施工测量中各种标志，应妥善保护，要经常检核、及时恢复。施工现场工种多，交叉作业时相互干扰大，又有动力机械的振动，易使测量标志被损毁。为此，要求测量标志埋设要牢固，并妥善保护，经常要进行检核，如发现损坏，应及时地恢复。

三、施工测量的原则

施工现场构筑物、建筑物分布面较广，而且又不是同时施工。为了保证施工现场各个构筑物、建筑物在平面、高程位置上均能符合要求，相互连成统一的整体，要求施工测量也与测绘地形图一样，必须遵循“从整体到局部、由高级到低级，先控制后细部”的原则。也就是在施工现场先建立统一的平面和高程施工控制网，作为测设构筑物的依据；再以此为基础，测设出构筑物定位轴线及细部的位置。在具体实施中，仍要遵循“步步检核”的原则。

四、测设的基本工作

测设工作实际上是根据控制点或原有建筑物、构筑物，按照设计的距离、角度、高程的关系，应用测量仪器把设计的构筑物的平面位置和高程标定在地面上。因此，测设的三项基本工作是：

(1) 测设已知长度的水平距离，即为设计长度的测设；

(2) 测设已知数值的水平角，即为设计水平角度的测设；

(3) 测设已知高程点，即为设计高程的测设。

测设的三项基本工作内容和方法，已经分别在第四章第四节、第三章第五节、第二章第五节讲述过，此处从略。

第二节　测设点位的基本方法

点位的测设包括平面位置测设和高程位置测设两个方面。点的高程测设可按第二章第五节所述的方法进行。点的平面位置测设，根据控制网形式、现场情况、构筑物大小、设计条件以及测设精度要求等，可选用适当的方法。常用的方法有直角坐标法、极坐标法、角度交会法和距离交会法等。

一、直角坐标法

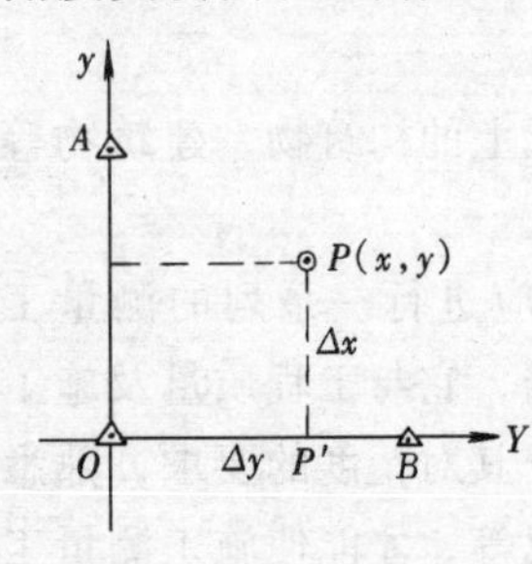

图 6-1　直角坐标法

直角坐标法是按直角坐标原理确定一点的平面位置的方法。如图 6-1 所示，A、O、B 为已知的控制点，其坐标为已知，并且 $AO \perp OB$，P 为设计的点，其坐标为 x、y。欲将 P 点测设在地面上，应先根据 O 点的坐标及 P 点的设计坐标计算出纵、横坐标增量值 Δx、Δy 为

$$\Delta x = x_P - x_o$$

$$\Delta y = y_P - y_o$$

然后在 O 点安置经纬仪，瞄准 B 点，沿视线方向测设长度为 Δy，定出 P' 点；再在 P' 安置经纬仪，瞄准 O 点向右测设 90°角，沿直角方向测设长度为 Δx，即获得 P 点在地面的位置。

直角坐标法计算简单，测设方便，又能得出较准确的成果，是较常用的方法。尤其是

现场布设建筑方格网并靠近控制网边线的测设点、量距又方便的场地，采用直角坐标法测设最为合适。

【例 6-1】 在图 6-1 中，O 点坐标为 $x_o = 300.00\text{m}$、$y_o = 400.00\text{mm}$，P 点设计坐标为 $x_P = 318.00\text{m}$、$y_p = 424.00\text{m}$。试用直角坐标法将 P 点测设在地面上。

解：计算测设数据

$$\Delta x = x_P - x_o = 318.00 - 300.00 = 18\text{m}$$

$$\Delta y = y_P - y_o = 424.00 - 400.00 = 24\text{m}$$

测设方法：在 O 点安置经纬仪，瞄准 B 点，沿视线方向测设 $OP' = 24\text{m}$，定出 P' 点；再在 p' 点安置经纬仪，瞄准 O 点向右测设 90°角，沿直角方向测设 $P'P = 18\text{m}$，则 P 点即为需测设的点。

二、极坐标法

极坐标法是根据极坐标原理确定一点平面位置的方法，它是在控制点上测设一个水平角和一段水平距离，就可在地面上测设出一点的平面位置。如图 6-2 所示，A、B 为控制点，其坐标 x_A、y_A、x_B、y_B 为已知，P 为设计的点，其坐标为 x_P、y_P，欲测设 P 点于地面上。测设前，必须根据各点坐标反算出坐标方位角和边长，再计算出水平角 β_A 等数据，则 P 点就可测设出来。可按下列公式计算测设的数据：

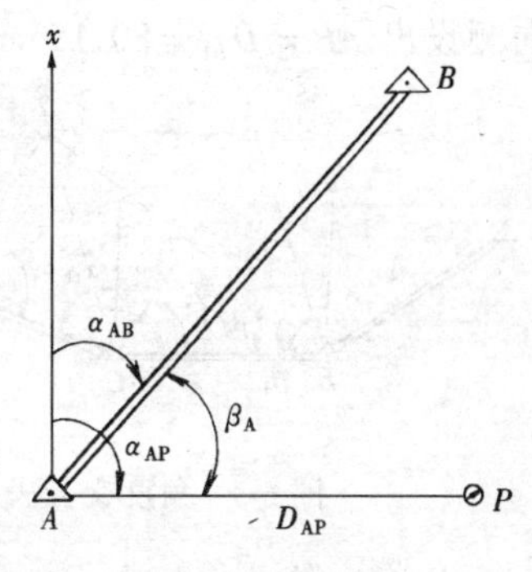

图 6-2 极坐标法

$$\alpha_{AB} = \arctan\frac{y_B - y_A}{x_B - x_A} = \arctan\frac{\Delta y_{AB}}{\Delta x_{AB}}$$

$$\alpha_{AP} = \arctan\frac{y_P - y_A}{x_P - x_A} = \arctan\frac{\Delta y_{AP}}{\Delta x_{AP}}$$

$$\beta = \alpha_{AP} - \alpha_{AB}$$

$$D_{AP} = \sqrt{\Delta x_{AP}^2 + \Delta y_{AP}^2}$$

其测设方法是在 A 点安置经纬仪，瞄准 B 点，测设出 β 角以定出 AP 方向，再沿此方向测设距离 D_{AP}，即可定出 P 点在地面上的位置。

该方法适用于测设距离较短、量距又比较方便的场地，也是常用的测设方法之一。

【例 6-2】 在图 6-2 中，已知 $x_A = 200.00$，$y_A = 200.00\text{m}$，$x_B = 289.00\text{m}$，$y_B = 274.00\text{m}$，$x_P = 195.00\text{m}$，$y_P = 280.00\text{m}$，试用极坐标法测设 P 点位置。

解：计算测设数据

$$\alpha_{AB} = \arctan\frac{y_B - y_A}{x_B - x_A} = \arctan\frac{274.00 - 200.00}{289.00 - 200.00}$$

$$= \arctan\frac{74.00}{89.00} = 39°44'32''$$

$$\alpha_{AP} = \arctan\frac{y_P - y_A}{x_P - x_A} = \arctan\frac{280.00 - 200.00}{195.00 - 200.00}$$

$$= \arctan\frac{80.00}{-5.00} = 93°34'35''$$

$$\beta = \alpha_{AP} - \alpha_{AB} = 93°34'35'' - 39°44'32'' = 53°50'03''$$

$$D_{AP} = \sqrt{\Delta x_{AP}^2 + \Delta y_{AP}^2}$$

$$= \sqrt{(-5)^2 + (80)^2} = 80.156\text{m}$$

测设数据可用计算器进行计算，若用函数型计算器计算时，其按键步骤为：

5 [+/-] [INV] [R→P] 80 [=] 显示平距 D_{AP} 为 80.156 [x←→y] [INV] [°′″] 显示方位角值为 93°34′35″。

测设方法：在 A 点安置经纬仪，瞄准 B 点，测设出水平角 $\beta = 53°50'03''$ 的方向，沿着该方向测设出 $AP = D_{AP} = 80.156\text{m}$，即定出 P 点的位置。

三、角度交会法

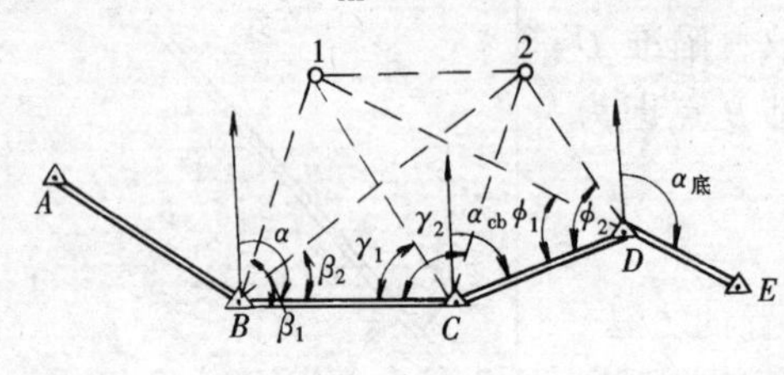

图 6-3 角度交会法

角度交会法又称角度前方交会法，也称方向交会法。它是根据测设角度所定的方向交会出点的平面位置的一种方法。如图 6-3 所示，A、B、C、D、E 为控制点，1、2 点为待测设的点。根据控制点 B、C、D 点坐标和待定点 1、2 点的设计坐标，用坐标反算计算出交会角 β_1、β_2，γ_1、γ_2，ϕ_1、ϕ_2 等角值的大小，再用两台经纬仪同时分别安置于 B、C 两点，分别测出 β_1、γ_1 和 β_2、γ_2 角，同时指挥一人持测针在 β_1、γ_1 角值的方向上交会出 1 点；在 β_2 和 γ_2 角值的方向上交会出 2 点。为了保证交会定位的精度，须将经纬仪置于 D 点，测设出 ϕ_1、ϕ_2 角值的方向，应用三个方向交会，以便校核。交会的角值应在 60°左右为好，不宜小于 30°或大于 120°。最后要丈量 1、2 点的长度，其误差应在容许范围之内。

该方法适用于待定点离控制点较远，量距较困难的场地。尤其是在水坝、桥梁、隧洞等工程中，广泛应用此法来测定点位。

【例 6-3】 在图 6-3 中，已知 $x_B = 200.00\text{m}$，$y_B = 200.00\text{m}$，$x_C = 202.00\text{m}$，$y_C = 450.00\text{m}$，$x_D = 250.00\text{m}$，$y_D = 600.00\text{m}$，$x_1 = 340.00\text{m}$，$y_1 = 325.00\text{m}$，$x_2 = 340.00\text{m}$，$y_2 = 575.00\text{m}$，$\alpha_{BC} = 89°32'30''$，$\alpha_{CD} = 72°15'19''$，试计算用角度交会法测设 1、2 点位置的测设数据。

解：

$$\alpha_{B1} = \text{arc tan}\frac{y_1 - y_B}{x_1 - x_B} = \text{arc tan}\frac{325 - 200}{340 - 200}$$

$$= \text{arc tan}\frac{125}{140} = 41°45'37''$$

$$\therefore \beta_1 = \alpha_{BC} - \alpha_{B1} = 89°32'30'' - 41°45'37'' = 47°46'53''$$

$$\alpha_{B2} = \text{arc tan}\frac{y_2 - y_B}{x_2 - x_B} = \text{arc tan}\frac{575 - 200}{340 - 200}$$

$$= \text{arc tan}\frac{375}{140} = 69°31'40''$$

$$\therefore \beta_2 = \alpha_{BC} - \alpha_{B2} = 89°32'30'' - 69°31'40'' = 20°00'50''$$

$$\alpha_{C1} = \text{arc tan}\frac{y_1 - y_C}{x_1 - x_C} = \text{arc tan}\frac{325 - 450}{340 - 202}$$

$$= \text{arc tan}\frac{-125}{138} = 317°49'47''$$

$$\gamma_1 = \alpha_{C1} - \alpha_{CB} = 317°49'47'' - (89°32'30'' + 180°)$$

$$= 317°49'47'' - 269°32'30'' = 48°17'17''$$

$$\alpha_{C2} = \arctan\frac{y_2 - y_C}{x_2 - x_C} = \arctan\frac{575 - 450}{340 - 202}$$

$$= \arctan\frac{125}{138} = 42°10'13''$$

$$\therefore \gamma_2 = 360° - (\alpha_{CB} - \alpha_{C2}) = 360° - (269°32'30'' - 42°10'13'')$$

$$= 360° - 227°22'17'' = 132°37'43''$$

$$\alpha_{D1} = \arctan\frac{y_1 - y_D}{x_1 - x_D} = \arctan\frac{325 - 600}{340 - 250} = \arctan\frac{-275}{90} = 288°07'19''$$

$$\varphi_1 = \alpha_{D1} - \alpha_{DC} = 288°07'19'' - (72°15'19'' + 180°)$$

$$= 288°07'19'' - 252°15'19'' = 35°52'00''$$

$$\alpha_{D2} = \arctan\frac{y_2 - y_D}{x_2 - x_D} = \arctan\frac{575 - 600}{340 - 250} = \arctan\frac{-25}{90} = 344°28'33''$$

$$\varphi_2 = \alpha_{D2} - \alpha_{DC} = 344°28'33'' - 252°15'19'' = 92°13'14''$$

四、距离交会法

距离交会法，又称长度交会法，它是根据测设的距离交会定出点的平面位置的一种方法。如图 6-4 所示，A、B、C、D、E 为已有控制点，1、2 点为要测设的点。测设时，首先根据控制点 B、C、D 的坐标和测设点 1、2 点的坐标，用坐标反算计算出相应的水平距离 D_1、D_2、D_3、D_4 和 D_5、D_6。再应用两把钢尺分别从控制点 B、C 量出 D_1 和 D_3，其交点即为 1 点的位置。同法从 C、D 点量出 D_4 和 D_6 定出 2 点。为了提高定位精度，用 D_2、D_5 进行检核。最后应量出 1、2 点长度与设计长度比较，其误差应在容许范围之内。

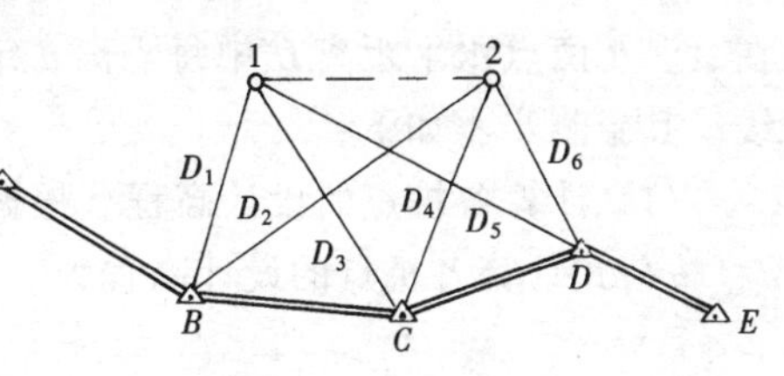

图 6-4　距离交会法

该法适用于场地较平坦，量距又方便，且待定点离控制点的距离一般不应超过一个尺段的地区。

【例 6-4】　在图 6-4 中，已知 $x_B = 500.00$m，$y_B = 500.00$m，$x_C = 510.00$m，$y_C = 520.00$m，$x_D = 520.00$m，$y_D = 540.00$m，$x_1 = 525.00$m，$y_1 = 515.00$m，$x_2 = 525.00$m，$y_2 = 530.00$m，试计算用距离交会法测设 1、2 点位置的测设数据。

解：

$$D_1 = \sqrt{(x_1 - x_B)^2 + (y_1 - y_B)^2} = \sqrt{(525 - 500)^2 + (515 - 500)^2}$$

$$= \sqrt{25^2 + 15^2} = 29.155\text{m}$$

$$D_2 = \sqrt{(x_2 - x_B)^2 + (y_2 - y_B)^2} = \sqrt{(525 - 500)^2 + (530 - 500)^2}$$

$$= \sqrt{25^2 + 30^2} = 30.414\text{m}$$

$$D_3 = \sqrt{(x_1 - x_C)^2 + (y_1 - y_C)^2} = \sqrt{(525 - 510)^2 + (515 - 520)^2}$$

$$= \sqrt{15^2 + (-5)^2} = 15.811\text{m}$$

$$D_4 = \sqrt{(x_2 - x_C)^2 + (y_2 - y_C)^2} = \sqrt{(525 - 510)^2 + (530 - 520)^2}$$

$$= \sqrt{15^2 + 10^2} = 18.028\text{m}$$

$$D_5=\sqrt{(x_1-x_D)^2+(y_1-y_D)^2}=\sqrt{(525-520)^2+(515-540)^2}$$
$$=\sqrt{5^2+(-25)^2}=25.495\text{m}$$
$$D_6=\sqrt{(x_2-x_D)^2+(y_2-y_D)^2}=\sqrt{(525-520)^2+(530-540)^2}$$
$$=\sqrt{5^2+(-10)^2}=11.180\text{m}$$

第三节　测设已知坡度的直线

在道路、管道工程中，常常要将设计坡度线在地面上标定出来，作为施工的依据。坡度线的测设是根据附近水准点的高程、设计坡度和坡度线端点的设计高程，用高程测设法将坡度线上各点设计高程标定在地面上的测量工作。坡度线的测设，根据地面坡度大小，可采用水平视线法、倾斜视线法和用经纬仪测设法等。

一、水平视线法

如图 6-5 所示，A、B 为设计坡度线的两端点，A 点设计高程为 H_A，为了施工方便，在 A、B 两点水平距离 D 中每隔离 d 定一木桩，并要求在桩上标定出设计坡度为 i 的坡度线。其施测步骤如下：

(1) 计算各桩点的设计高程。根据起点 A 设计高程 H_A、设计坡度 i、水平距离 D 和 d，按公式计算各桩点的设计高程为

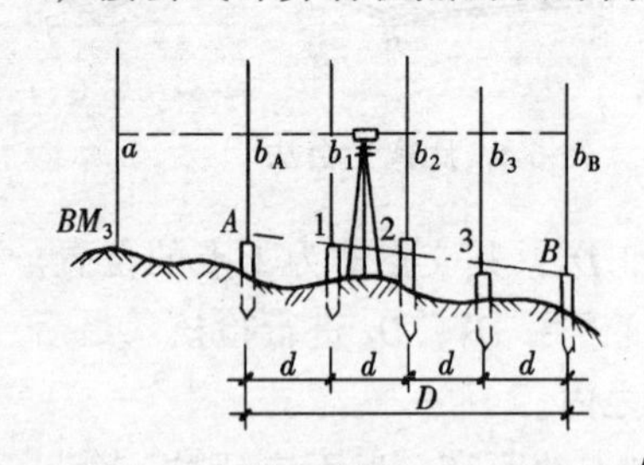

图 6-5　水平视线法

$$H_1=H_A+i\cdot d$$
$$H_2=H_1+i\cdot d$$
$$H_3=H_2+i\cdot d$$
$$H_B=H_3+i\cdot d$$
或 $$H_B=H_A+i\cdot D\text{（检核）}$$

(2) 沿 AB 方向，按间距 d 定出中间点 1、2、3 桩点的位置。

(3) 安置水准仪于水准点 $BM3$ 附近，读后视读数 a，并计算出仪器视线高程为

$$H_{视}=H_{BM3}+a$$

(4) 按测设已知高程点的方法，计算出各桩点上水准尺的前视的应读数为

$$b_{应}=H_{视}-H_{设}$$

然后根据各桩点的应读数指挥打桩，当各自桩顶水准尺读数都等于各自的应读数 $b_{应}$ 时，则各桩顶的边线即为设计坡度线。如果遇到木桩无法打下去或长度不够时，可将水准尺沿木桩一侧上下移动，当水准尺读数为 $b_{应}$ 时，在尺底面画线，此线即在 AB 的坡度线上，如图 6-5 中 2 点。或立尺于桩顶得读数 b，并将桩顶读数 b 与应读数 $b_{应}$ 进行比较，计算出差值 $h=b-b_{应}$，即为桩顶的填土高度，如图 6-5 中 3 点。

这种方法适用于地面坡度较小的地段。

二、倾斜视线法

倾斜视线法是根据视线与设计坡度线平行时，其竖直距离处处相等的原理，以确定设计坡度线上各点高程位置的一种方法。该法适用于地面自然坡度与设计坡度较一致的地

段。其施测步骤如下：

(1) 如图 6-6 所示，首先按测设已知高程点的方法，将 A、B 两点的设计高程测设在地面上。

(2) 将水准仪安置于 A 点，并量取仪器高为 i。安置仪器时，使基座上的一只脚螺旋在 AB 方向上，另两只脚螺旋的连线大致与 AB 线垂直。

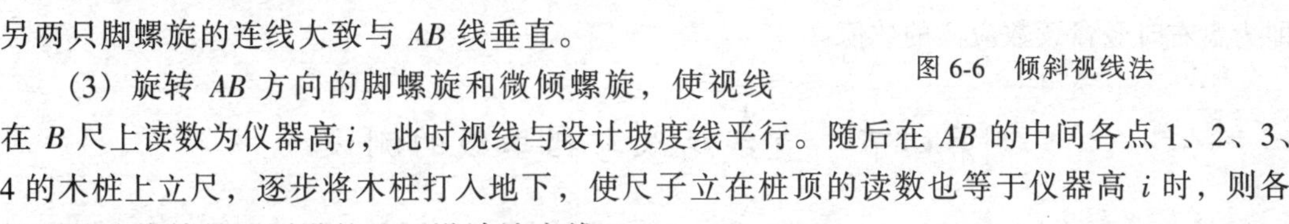

图 6-6　倾斜视线法

(3) 旋转 AB 方向的脚螺旋和微倾螺旋，使视线在 B 尺上读数为仪器高 i，此时视线与设计坡度线平行。随后在 AB 的中间各点 1、2、3、4 的木桩上立尺，逐步将木桩打入地下，使尺子立在桩顶的读数也等于仪器高 i 时，则各桩顶的连线就是要测设的地面设计坡度线。

【例 6-5】　在图 6-6 中，A 点的高程为 4.450m，现欲从 A 点起在 AB 方向测设坡度为 -1% 的坡度线，AB 水平距离为 100m，并在其附近有水准点 $BM10$ 的高程为 4.220m，测设出每隔 20m 的 A、1、2、3、4、B 等点，使之符合设计坡度。

解： 先将水准仪安置于 $BM10$ 与 A、B 点之间，水准点 $BM10$ 的后视读数为 1.200m，此时仪器视线高程 $H_{视} = 4.220 + 1.200 = 5.420$m，测 A 点应有前视读数 $b_A = 5.420 - 4.450 = 0.970$m，在 A 点打入木桩，使其桩顶尺上读数为 0.970m，其桩高程即为 4.450m。B 点的设计高程 $H_B = H_A + i \cdot D = 4.450 - 0.01 \times 100 = 4.450 - 1 = 3.450$m，再计算 B 点的应有的前视读数 $b_B = 5.420 - 3.450 = 1.970$m，在 B 桩打入木桩，使其桩顶尺上读数为 1.970m 时，桩顶高程即为 3.450m

再将水准仪安置于 A 点，量取仪器高为 1.500m，瞄准 B 点上的水准尺，转动 AB 方向的一只脚螺旋，使十字丝的中丝对准 B 点尺上的读数为仪器高 $i = 1.500$m，此时仪器的视线即平行于 -1% 的坡度线。再从 A 点开始每隔 20m 在 1、2、3、4 各点打入木桩，直到桩顶尺上的读数均为 1.500m 时，桩顶高程即为各点的设计高程，桩顶的连线即为设计的 -1% 坡度线。

三、经纬仪测设法

如果设计坡度较大，已超出水准仪脚螺旋所能调节的范围，必须改用经纬仪测设法进行测设。

用经纬仪测设已知坡度的直线是按 $\tan\alpha = i$ 计算出倾斜角 α 的数值，再根据计算竖直角公式，求得盘左、盘右位置竖直度盘应读的数值 L 及 R，即可得出平行于设计坡度线的视线。

测设时，如图 6-6 所示，在 A 点安置经纬仪，盘左位置用望远镜瞄准 B 点尺，使竖盘水准管气泡居中，当竖直度盘读数为 L，在此视线上照准尺上一点 B_1；倒转望远镜成盘右位置，仍瞄 B 点尺，同上法操作，当竖盘读数为 R 时，此视线照准尺上另一点 B_2。转动望远镜微动螺旋，较精确瞄准 B_1、B_2 的中点，此时视线平行于设计的坡度线。量取仪器高 i，并依次在 1、2、3、4、B 各点处立尺，当视线在各点尺上读数均为仪器高 i 时，则各点桩顶的连线即为设计坡度线。

【例 6-6】　在 AB 方向欲测设坡度 $i = -15\%$ 的坡度线，采用经纬仪测设法，试计算出盘左、盘右位置竖直度盘应读的数值？

解：

$$\because i = \tan\alpha$$

$$\therefore \alpha = \text{arc tan} i = \text{arc tan}\ (-0.15) = -8°31'51''$$

盘左时　　　　$\alpha = 90° - L$ 则

$$L = 90° - \alpha = 90° + 8°31'51'' = 98°31'51''$$

即为盘左时竖盘读数应读的数值；

盘右时，　$\alpha = R - 270°$则 $R = \alpha + 270° = -8°31'51'' + 270° = 261°28'09''$

即为盘右时竖盘读数应读的数值。

第四节　直线延长与铅垂线的测设

一、直线延长

在市政工程测量施工中，有时会遇到将直线延长或两点互不通视及距离较远需在两点间进行投点的情况，此时可采用正倒镜分中法和正倒镜投点法。

（一）正倒镜分中法

如图 6-7 所示，A、B 两点相互通视，其距离又不甚远，现欲将 AB 直线延长至 C 点，其具体测设方法如下：

将经纬仪安置于 B 点，用正镜（盘左位置）瞄准 A 点，倒转望远镜定出 C_1 点；再用倒镜（盘右位置）瞄准 A 点，倒转望远镜定出 C_3 点，取 C_1C_3 的中点为 C_2 点，即为 AB 延长线上的点。施测时为了保证精度，一般规定直线延长的长度不应大于后视边长，即 BC 要小于 AB。

如果延长距离较短，精度要求较低时，一般可采用测杆目测法，使直线延长。

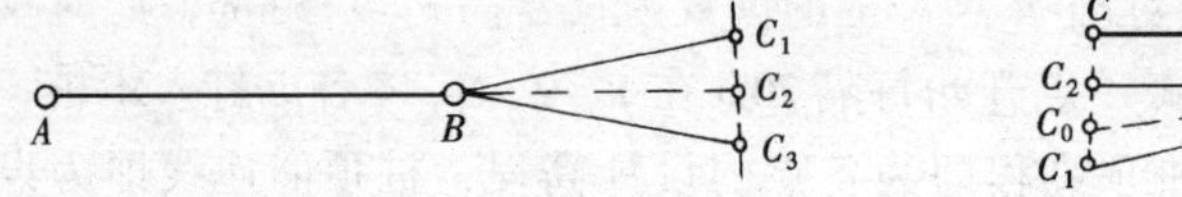

图 6-7　正倒镜分中法

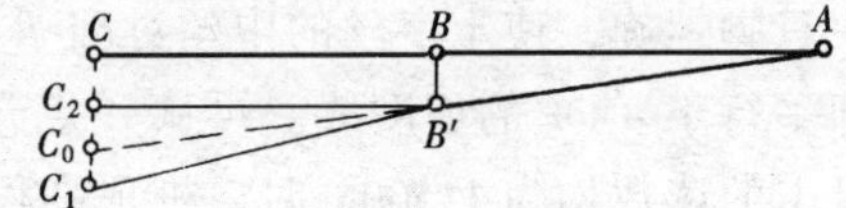

图 6-8　正倒镜投点法

（二）正倒镜投点法

如果直线两端点互不通视或距离又较远，采用正倒镜分中法难以放线投点，此时应采用正倒镜投点法进行放线投点。具体测设方法如下：

如图 6-8 所示，A、C 两点互不通视，可在两点间尽量靠近 AC 线任选一点 B'，能与 A、C 通视，在 B'点安置经纬仪，按正倒镜分中法定出 C_0 点，则按下式计算出移动量 BB'，即

$$BB' = \frac{AB}{AC} \times CC_0$$

式中 AB、AC、CC_0 的距离可用视距法测得或者在图上量取。若 C_0 在 C 的左侧，则将仪器自 B'向右移动 BB'距离，反之亦然。如此重复施测，直到 C_1 和 C_2 落点于 C 的两侧，且 $CC_1 = CC_2$ 时，仪器正好位于线上，并按仪器中心定下 B 点。

正倒镜投点法不受地形地物的限制，能解决通视的困难，同时由于视线缩短，减少瞄准误差和对中误差的影响，因而使投点的精度有所提高。

【例 6-7】　在图 6-8 中，已测得 $AC = 290\text{m}$，$AB = 113\text{m}$，$CC_0 = 0.348\text{m}$，试求 BB' 移

动值为多少？

解：

$$BB' = \frac{AB}{AC} \times CC_0 = \frac{113}{290} \times 0.348 = 0.136\text{m}$$

二、铅垂线的测设

建设高层建筑、斜拉桥索塔、电梯井、烟囱等高耸建筑物或地下建筑物时，常常需要测设以铅垂线为标准的点和线，称为铅准线，又称垂准线，建立垂准线的工作称为垂直投影。

最原始和最简便的建立垂准线的方法是悬挂垂球线，用于测量仪器向地面点对中、墙体与柱子垂直度的检验等。其垂准的相对精度约为高度的1/1000，而1m高大约有1mm的偏差。将垂球加重，可以提高垂准精度。在建设传统的高层房屋、竖井和烟囱时，传统方法为用直径不大于1mm的细钢丝，悬挂10～50kg重的大垂球，其垂球浸埋入油桶中，以阻尼其摆动，其垂准相对精度可达1/10000以上。但悬挂大垂球的方法操作较费力，容易受到风力等影响而产生偏差。

在开阔的场地且垂直高度不大时，可以用两架经纬仪，在平面上相互垂直的两个方向上，利用整平后仪器的视准轴上下转动形成铅垂平面，垂直相交而得到铅垂线。

目前有专门为测设铅垂线用的仪器称为垂准仪，也称天顶仪。其垂准的相对精度可达到1/40000。

第五节　施工控制测量

施工控制测量的任务是建立施工控制网。在勘测阶段所建立的测图控制网,如第五章第一节中阐述的经纬仪导线,即导线网,也可以作为施工放样的基准,但在勘测设计阶段所测设的导线网,往往从测图方面的要求来考虑,各种建(构)筑物的设计位置尚未确定,无法考虑满足施工测量的要求。此外,常有相当数量的测图控制点,由于种种原因而不再存在或被损坏,或者因为建(构)筑物的修建使原控制点成为互不通视而很难被利用。因此,在工程施工前,一般要建立施工控制网,也可以原测图的控制网为基础建立施工控制网,但大多数必须重新建立控制网,作为工程施工和运行管理阶段进行各种测量的依据。

一般大中型工业厂房，民用建筑、道路管线等工程，通常会沿着相互平行、垂直的两个方向布置，因此在新建的大中型建筑场地上常采用建筑方格网；对于面积不大，而地形又不太复杂的建筑场地，则常采用建筑基线；对于通视比较困难的场地及扩建或改建建筑区，则多采用布设灵活的导线网。目前，随着测距仪和电子计算机及全站仪的推广应用，测距精度与计算速度显著提高，测设功能逐渐完善，采用导线网作为施工平面控制已得到广泛的应用。

一、施工平面控制网

（一）建筑基线

在面积不大又不十分复杂的建筑场地上，常布置一条或几条基线，作为施工测量的平面控制，称为建筑基线。它的布置是根据设计建（构）筑物的分布、场地的地形和原有控制点的情况而选定的。其布置形式如图6-9所示，（*a*）图为三点直线形；（*b*）图为三点直角形；（*c*）图为四点T字形；（*d*）图为五点十字形；（*e*）图为八点卄字形。

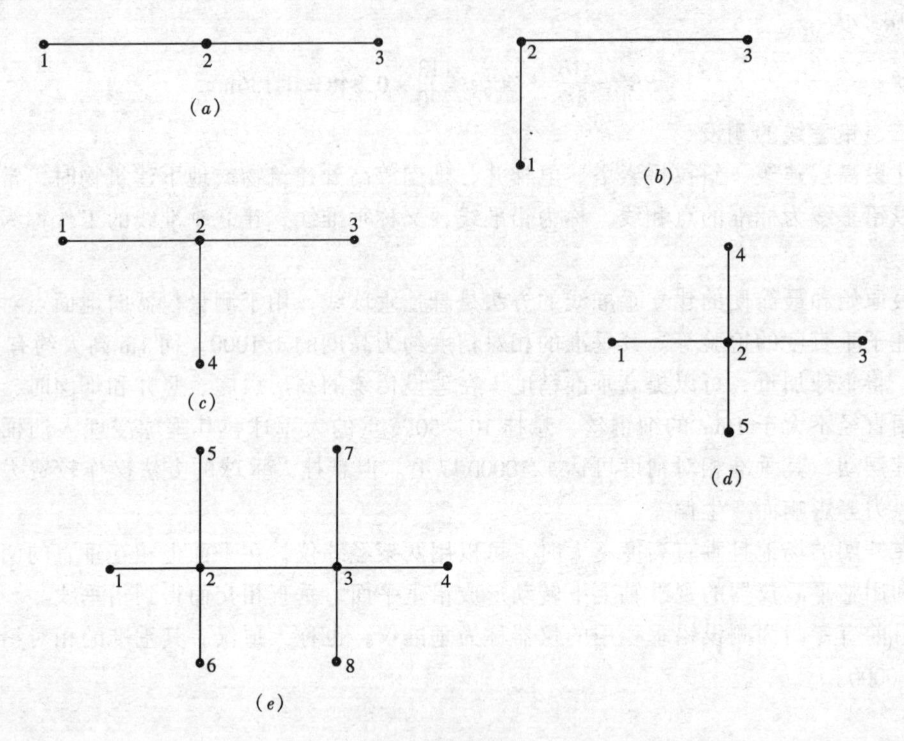

图 6-9 建筑基线

(a) 直线形；(b) 直角形；(c) T字形；(d) 十字形；(e) 廾字形

建筑基线应临近主要建筑物或构筑物，并与其主要轴线平行，以便采用直角坐标法进行测设。

为了保证施测精度和便于检查建筑基线点有无变动，基线点数不应少于三个。基线点应便于保存并相邻点要通视良好，以便施工放样用。

在城镇地区，若建筑红线或规划道路的红线符合作建筑基线条件时，则可直接利用之。所谓建筑红线或道路红线是指由城市规划部门确定并由专门测绘部门根据其与城市控制点或原有建筑物之间的关系，在实地拨定的城市道路规划用地与单位用地的界址线。

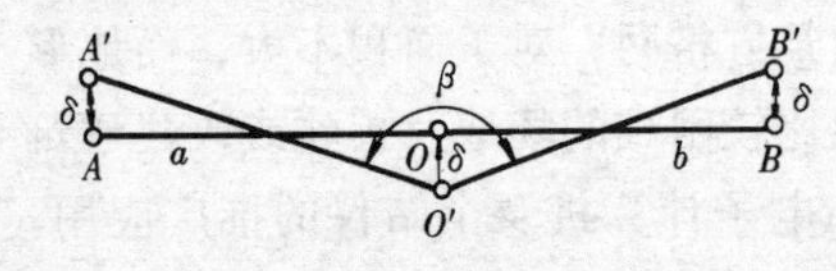

图 6-10 基线调整

基线测设是根据基线点的设计坐标和已知控制点的坐标的关系，按测设点的平面位置的方法标定出来。并对测设点位进行必要检核和调整，使其精度符合要求。如图 6-10 所示，A'、O'、B'为基线上已测设好的三个点，由于测量误差存在，测设的基线点 A'、O'、B'常不在一直线上而成为折线，需进行调整，使$\angle A'O'B'$与 180°之差值在 ±5″以内。调整时，将 A'、O'、B'三点垂直方向移动的一个相同的改正值δ，其值可按下式计算：

$$\delta = \frac{a \cdot b}{2\ (a+b)} \cdot \frac{(180° - \beta)}{\rho''}$$

式中，a 为 AO 边长，b 为 BO 边长，β 为测定$\angle A'O'B'$的角值，ρ''为弧度秒 = 206265″。上述是调整建筑基线三点方法，在施测中还有采用调整基线一端点或中点的方法，如图 6-11

所示。图（a）为调整一端点的方法，调整值 δ 为

$$\delta = \frac{180° - B}{\rho''} \times a$$

图（b）为调整中点的方法，调整值 δ 为

$$\delta = \frac{a \cdot b}{a + b} \frac{(180° - \beta)}{\rho''}$$

【例 6-8】 如图 6-11 所示，已知 $\beta = 179°59'12''$，$a = 120\text{m}$，$b = 180\text{m}$，试按调整三点方法计算调整值 δ 为多少？

解：

$$\delta = \frac{a \cdot b}{2(a + b)} \frac{(180° - \beta)}{\rho''} = \frac{120 \times 180}{2(120 + 180)} \frac{180° - 179°59'12''}{206265''}$$
$$= 0.008\text{m} = 8\text{mm}$$

（二）建筑方格网

在大中型施工场地，多用正方形或矩形格网作为施工的控制网，称为建筑方格网。

1. 建筑方格网的坐标系统

在建筑设计和施工部门，为了工作方便，多采用一种独立坐标系统，称为建筑坐标系或施工坐标系。如图 6-12 所示，施工坐标系的纵轴通常用 A 表示，横轴用 B 表示，也称 A、B 坐标系。其坐标轴与建（构）筑物主轴线一致或平行，便于用直角坐标法进行建（构）筑物的放样。建筑方格网一般都采用施工坐标系。施工坐标系与测量坐标系之间的关系，可用施工坐标系原点 O 的测量坐标值 x_o、y_o 及 OA 轴坐标方位角 α 来确定，上述数据由勘测设计单位给定。在建立施工控制网时，常需要进行建筑坐标系与测量坐标系的换算。

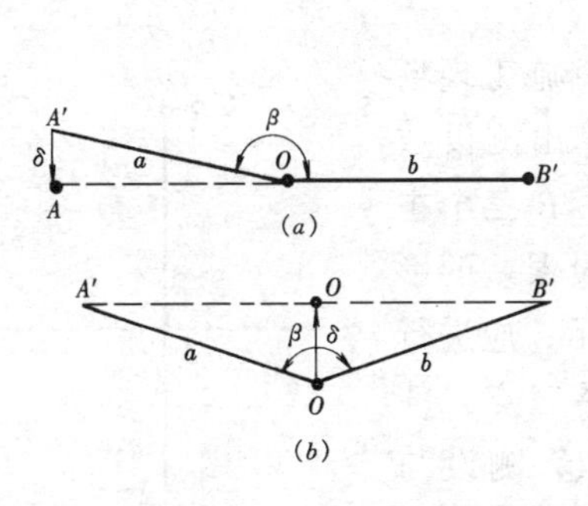

图 6-11 调整端点与中点法

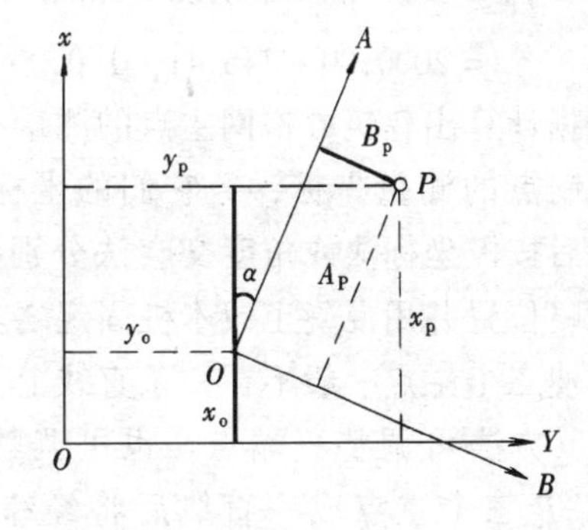

图 6-12 施工坐标与测量坐标

2. 建筑方格网的布设

建筑方格网通常是根据设计总平面图上各建（构）筑物、道路和各种管线的布设，并结合施工场地的地形情况而拟定的。布设时，首先选定方格网的主轴线，如图 6-13 中 AOB 和 COD，然后再布置方格网。格网可布置成正方形或矩形。方格网布置时，应注意以下几点：

（1）方格网主轴线应设在建筑区的中部，并与主要建筑物、主要道路、管线方向平行；

（2）方格网的转折角应严格成 90°，限差为 ± 5″；

(3) 方格网的边长一般为 100 ~ 300m，边长的相对精度视工程要求而定，一般为 1/10000 ~ 1/30000；

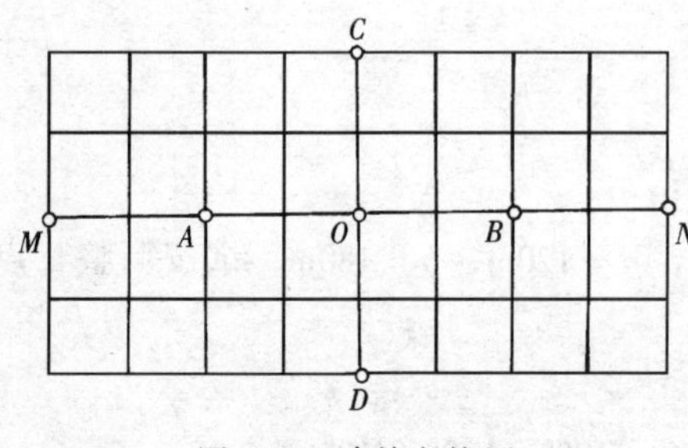

图 6-13 建筑方格网

(4) 桩点位置应选在不受施工影响并能长期保存之处。

3. 建筑方格网的测设

如图 6-13 中，MN、CD 为建筑方格网的主轴线，它是建筑方格网扩展的基础。当场区很大时，主轴线很长，一般只测设其中的一段，如图中 AOB 段，并称 A、O、B 点为主点。主点的施工坐标一般由设计单位给定，也可在总平面图上用图解法求得一点的施工坐标后，再按主轴线的长度推算其他主点的施工坐标。

由于施工坐标系与国家测量坐标系不一致，在施工方格网测设之前，应将主点的施工坐标换算为测量坐标，以便求算测设数据。如图 6-12 所示，设 P 点的施工坐标为 A_P 与 B_P，其测量坐标为 x_p、y_p，其换算公式为：

$$x_p = x_O + A_p \cdot \cos\alpha - B_P \cdot \sin\alpha$$

$$y_p = y_O + A_p \cdot \sin\alpha + B_P \cdot \cos\alpha$$

【例 6-9】 已知 $A_P = 400.00\text{m}$，$B_P = 300.00\text{m}$，$x_O = 1000.00\text{m}$，$y_O = 2000.00\text{m}$，$\alpha = 60°00'00''$，试计算 x_P 与 y_P 为多少？

解： $x_P = 1000.00 + 400.00 \times \cos60° - 300.00 \times \sin60°$

$= 1000.00 + 200.00 - 259.81 = 940.19\text{m}$

$y_P = 2000.00 + 400.00 \times \sin60° + 300.00\cos60°$

$= 2000.00 + 346.41 + 150.00 = 2496.41\text{m}$

根据计算出建筑方格网主点的测量坐标后，再根据施工现场测量控制点的测量坐标，经它们的坐标进行坐标反算出测设数据，然后按极坐标法或角度交会法分别测设出 A、O、B 三个主点的概略位置并用混凝土或木桩固定之。由于主点测设误差的影响，致使三个主点一般不在一条直线上，如图 6-10 所示，应进行调整，其方法可调整一端点，也可调整中点，或调整三点，使 A、O、B 三个主点成一直线后将经纬仪安置在 O 点，测设与 AOB 轴线相垂直的另一主轴线 COD，如图 6-14 所示。用经纬仪瞄准 A 点，分别向右、向左旋转 90°，在地面上标定出 C′、D′ 点。然后用多测回精确测定∠AOD′ 和∠AOC′，分别计算出它们与 90°之差 ε_1、ε_2，并按下式计算点位改正值 l_1 与 l_2：

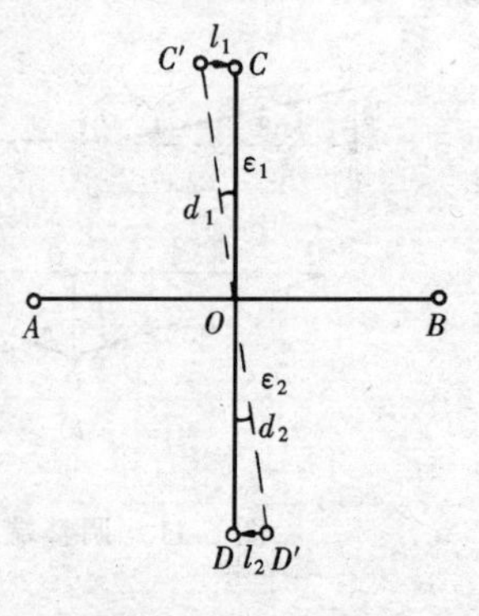

图 6-14 主轴线调整

$$l_1 = \frac{\varepsilon''_1}{\rho''} \cdot d_1$$

$$l_2 = \frac{\varepsilon''_2}{\rho''} \cdot d_2$$

将 C′点沿 CD 垂直方向移动距离 l_1 定出 C 点，同法定出 D 点。然后自 O 点起，用钢尺或测距仪往 OA、OB、OC、OD 方向测设主轴线的长度，最后确定 A、B、C、D 的点位。

【例 6-10】 如图 6-14 所示，已知 $d_1 = d_2 = 200.00\text{m}$，$\varepsilon_1 = 36''$，$\varepsilon_2 = 48''$，试求改正值 l_1 与 l_2 为多少？

解： $l_1 = \dfrac{36''}{206265''} \times 200.00 = 0.035\text{m} = 35\text{mm}$

$l_2 = \dfrac{48''}{206265''} \times 200.00 = 0.046\text{m} = 46\text{mm}$

在主轴线测定好以后，接下去就要详细测设方格网。在主轴线的四个端点 A、B、C、D，分别安置经纬仪，均以 O 点为起始方向，分别向左、向右测设 90°角，就会交出方格网的四个角点，还要量出各段的距离。量距精度要求与主轴线相同。以上构成的“田”字形的各方格点作为基本点，再以基本点为基础，按角度交会法或导线测量方法测设方格网中所有各点，并用混凝土或大木桩标定。

（三）自由设站法

自由设站法是在施工场地内增设控制点的一种方法。增设的控制点能靠近待测设的点，然后就近用极坐标法测设设计的点位。

增设控制点的位置可以自由选择，故称自由设站法。只要能与已知控制点连测，并便于场地内待放样点的测设，可以选在地面上，也可以选择在楼层平面上。增设控制点的坐标可以用后方交会或距离交会等方法测定。

如图 6-15 所示，A、B、C 为施工场地外围的原有控制点，E 为自由设站点，1、2 为待测设的设计点。用后方交会法定 E 点时，在 E 点安置经纬仪，对 A、B、C 三点观测方向值，计算而得 E 点坐标，用距离交会法定点时，在 E 点安置测距仪，对 A、B、C 三点测定水平距离，计算而得 E 点的坐标。

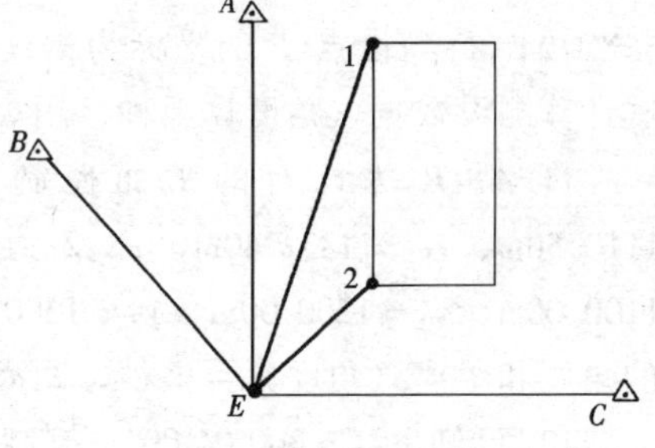

图 6-15 自由设站法

根据 E 点和 1、2 点的坐标，计算以 E 为测站的测设数据，以 A、B、C 三点中任何一点为后视点，测设设计点位 1 与 2 点。

二、施工高程控制网

通常建筑、市政施工场地上，一般用四等水准测量精度建立高程施工控制网，其精度要求为：

$$f_{\text{h容}} = \pm 20\sqrt{L}\text{mm} \text{ 或 } \pm 6\sqrt{n}\text{mm}$$

在整个施工期间，高程控制点的点位应保持不变，高程控制点密度应尽可能满足安置一次仪器即可测出所需的高程点。而测绘地形图时敷设的水准点往往是不够的，因此，还必须增设一些水准点。建筑方格网点和建筑基线点及导线网点的均可兼作高程控制点，只要在平面控制点上设置一个突出的半球状标志即可。

为了测设方便和减少误差，通常在建筑物的内部或附近要测设 ±0.000 的水准点。但需注意设计中各建（构）筑物的 ±0.000 的高程不一定相等，应严格加以区别。

思 考 题 与 习 题

1. 何谓施工放样？它有哪些特点？

2. 施工放样与测绘地形图有什么根本区别？

3. 施工测量为何也应按照“从整体到局部”的原则？

4. 施工放样的基本工作有哪些？

5. 测设点的平面位置有哪几种方法？各适用什么场合？

6. 已知某水准点高程为12.543m，在其该点水准尺读数为1.888m，要测设出某道路起点桩设计高程为12.888m，试问在起点桩立尺读数为多少时，尺底位置即是设计高程的位置。

7. 测设直角∠*ABC* 后，经检测其值为89°59′12″，已知 $BC=120$m，为了得到直角，应如何调整 *C* 点的位置？

8. 在地面上要测设20.000m的水平距离 *AB*，使用钢尺名义长度为30m，实际长度为30.006m，测设时钢尺温度为10℃，检定钢尺时温度为20℃，施测时所用拉力与检定时的拉力相同，测定 *AB* 两桩点高差为+0.500m，试计算测设时地面上需要量出的长度？

9. 已知地面上 *A* 点高程为17.422m，*AB* 方向线已知长度为100m，现拟同 *A* 到 *B* 修建道路，其坡度为+4%，再隔20m打一中间点桩。试述用经纬仪测设 *AB* 坡度线中间点的作法，并绘一草图示意？

10. 已知 *A*、*B* 为控制点，其 *B* 点坐标值为 $x_B=643.82$m、$y_B=677.11$m、$\alpha_{BA}=56°31'24''$，待测设点 *P* 的坐标为 $x_p=535.22$m、$y_p=701.78$m，若采用极坐标法测设 *P* 点，试计算测设数据（角度算至秒，距离算至0.01m）。

11. *A*、*B* 为已有的平面控制点，其坐标 $x_A=1048.60$m、$y_A=1086.30$m、$x_B=1110.50$m、$y_B=1332.40$m，1、2为待测设的点，其设计坐标为 $x_1=1220.00$m、$y_1=1100.00$m、$x_2=1200.00$m、$y_2=1300.00$m，试计算用极坐标法和角度交会法测设1、2点的角度和距离（角度算至整秒，距离算至0.01m）。

12. 已知 $\alpha_{MN}=300°04'00''$，控制点 *M* 点的坐标点为 $x_M=14.22$m、$y_M=86.71$m，待测设点 *A* 设计坐标为 $x_A=42.34$m、$y_A=85.00$m，试计算仪器安置 *M* 点用极坐标法测设 *A* 点所需数据 β_M 与 D_{MA} 的大小？怎样进行测设？

13. 设 *I*、*J* 为控制点，已知 $x_L=158.27$m、$y_L=160.64$m、$x_j=115.49$m、$y_j=185.72$，*A* 点设计坐标为 $x_A=160.00$m、$y_A=210.00$m，试分别计算用极坐标法、角度交会法及距离交会法测设 *A* 点所需的放样数据？

14. 已知 *A*、*B* 为建筑方格网的控制点，其坐标值为：$x_A=1000.000$m、$y_A=800.000$m、$x_B=1000.000$m、$y_B=1000.000$m，1、2、3、4为一管线的轴线点，其设计坐标为 $x_1=1051.500$m、$y_1=848.500$m、$x_2=1051.500$m、$y_2=911.800$m、$x_3=1064.200$m、$y_3=848.500$m、$x_4=1064.200$m、$y_4=911.800$m，试述用直角坐标法测设1、2、3、4四点的测设方法？

15. 已知建筑坐标的原点 *O* 在测量坐标系中坐标为 $x_0=5378.664$m、$y_0=8745.326$m，*A* 轴在测量坐标系中方位角 $\alpha=21°56'18''$，某建筑方格网的主轴线点主点 *A*、*M*、*B* 的建筑坐标分别为 $A_A=2000.000$m、$B_A=1000.000$m、$A_M=2000.000$m、$B_M=1640.000$m、$A_B=2000.000$m、$B_B=2210.000$m，试计算 *A*、*M*、*B* 三点的测量坐标系的坐标值？

16. 为了测设建筑方格网主轴线点 *A*、*O*、*B*，根据测量控制点测设其概略位置 *A′*、*O′*、*B′*，再用经纬仪精确测得 $\angle A'O'B=\beta=179°59'36''$，$A'O'=150$m，$B'O'=200$m，用调

整三点的方法，计算各点垂直于轴线方向移动量 δ 值？

17. 在测设与 AOB 轴线相垂直的另一主轴线 COD 时，已知 $\varepsilon_1 = 65''$，$\varepsilon_2 = 73''$，$d_1 = 120\text{m}$，$d_2 = 150\text{m}$，试计算改正值 l_1 与 l_2 各为多少？

18. 某道路施工施测的高程控制网为附合水准路线，已知水准点 BMA 的高程 $H_A = 22.467\text{m}$，BMB 点高程 $H_B = 23.123\text{m}$，在两个已知水准点之间又埋设了 3 个水准点，其施测成果如下：BMA—$BM1$，测段长度为 0.3km，高差为 - 1.398m，$BM1$—$BM2$，测段长度为 0.4km，高差为 - 0.887m，$BM2$—$BM3$，测段长度为 0.5km，高差为 + 1.189m，$BM3$—BMB，测段长度为 0.3km，高差为 + 1.781m，$f_{h容} = \pm 30\sqrt{L}\text{mm}$，试计算 1、2、3 各点高程。

第七章 道路工程测量

第一节 概 述

一、道路工程的组成

道路工程是一种带状的空间三维结构物。道路工程分为城市道路（包括高架道路）、联系城市之间公路（包括高速公路）、工矿企业的专用道路以及为农业生产服务的农村道路，由此组成全国道路网。它们是交通运输的重要组成部分，又是城镇、乡村布局的骨架，建设得合理与否，直接影响到城市和村镇的建设，对社会主义经济建设和国防建设都具有重要意义。

道路工程一般均由路面、路基、涵桥、隧道、附属工程（如停车场）、安全设施（如护栏）和各种标志（如里程桩）等组成。

二、道路工程测量的内容

道路工程测量包括路线勘测设计测量和道路施工测量二大部分。

（一）路线勘测设计测量

它的主要任务是为道路的技术设计提供详细、准确的测量资料，使其设计合理、适用、经济。

新建或改建道路之前，为了选择一条合理的线路，必须进行路线勘测设计测量。勘测选线是根据道路的使用任务、性质和等级，合理利用沿途地质、地形条件，选定最佳的路线位置。选线的程序是先在图上选线，然后，再根据图上所选路线，到现场实地勘测选定。

目前，我国道路勘测分两阶段勘测和一阶段勘测两种。两阶段勘测，就是对路线进行踏勘测量（初测）和详细测量（定测）；一阶段勘测，则是对路线作一次定测。

初测的基本任务是在指定范围内布设导线，测量路线各方案的带状地形图和纵断面图，并收集沿线水文、地质等有关资料，为图上定线、编制比较方案等初步设计提供依据。

定测阶段的基本任务是为解决路线的平、纵、横三个面上的位置问题。也就是在指定的区域内或在批准的方案路线上进行中线测量、纵横断面水准测量以及进一步收集有关资料，为路线平面图绘制、纵坡设计、工程量计算等有关施工技术文件的编制提供重要数据。

综上所述，路线勘测设计测量的内容主要有以下四部分：

（1）中线测量：根据选线确定的定线条件，在实地标定出道路中心线位置。

（2）纵断面测量：测绘道路中线的地面高低起伏状态。

（3）横断面测量：测绘道路中线两则的地面高低起伏状态。

(4) 地形图测量：测绘道路中线附近带状的地形图和局部地区地形图，如重要交叉口、大中型桥址和隧道等处的地形图。

(二) 道路施工测量

它的主要任务是将道路的设计位置按照设计与施工要求，测设到实地上，为施工提供依据。它又分为道路施工前测量工作和施工过程中测量工作。

它的具体内容是在道路施工前和施工中，恢复中线、测设边坡，以及桥涵、隧道等的位置和高程标志，作为施工的依据，以保证工程按图施工。当工程逐项结束后，还应进行竣工验收测量，以检查施工成果是否符合设计要求，并为工程竣工后的使用、养护提供必要的资料。

三、道路工程测量的要求

从上述可知，无论是路线勘测设计测量，还是道路施工测量，所得到的各种测量成果和标志，均是道路工程设计、施工的重要依据，其测量精度和速度都将直接影响设计和施工的质量和进度，如出现差错，将会造成很大损失。因此，测量人员必须要认真负责，努力做好测量工作。为了保证精度和防止错误，测量工作必须采用统一的直角坐标和高程系统，按照“从整体到局部，先控制后碎部”的工作程序和原则，做到步步有校核的工作方法。

第二节　道路中线测量

道路的中线测量是路线定测阶段中的重要测量部分。道路中线一般是指路线的平面位置，它是由直线和连接直线的曲线（平曲线）组成，如图 7-1 所示。因此，中线测量的主要任务是通过直线和曲线的测设，将道路中线的平面位置测设标定在实地上，并测定路线的实际里程。

中线测量的主要内容是：测设中线的起点、终点和中间的各交点（*JD*）与转点（*ZD*）的位置；测量各转角；中线里程桩和加桩的设置；圆曲线的测设等。

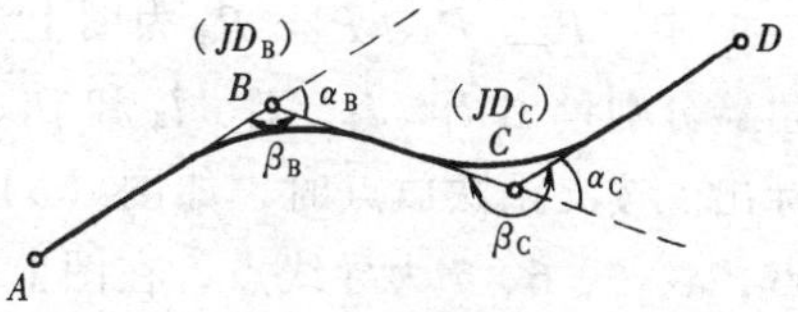

图 7-1　道路中线组成

一、交点和转点的测设

道路的路线的各交点，也包括起点和终点，是详细测设中线的控制点，也称为中线的主点。在定线测量中，当相邻两交点互不通视或直线较长时，需要在其连线上测定一个或几个转点。一般直线上每隔 200 ~ 300m 设一转点，在路线与其他道路交叉处和需设置桥、涵等构筑物处，也要设置转点。以便在交点测量转折角和直线量距时作为瞄准和定线的目标。

(一) 交点（以 *JD* 表示）的测设

在等级较低的道路，交点的测设可采用现场标定的方法，也就是根据设定的技术标准，按照设计的要求，结合现场的地形、地质、水文等条件，在现场反复比较，直接标定出道路中线的交点位置。对于高级道路或地形复杂、现场标定困难的地区，应采用在纸上定线的方法，也就是先在实地布设测图的控制网，如布设导线，测绘 1:1000 或 1:2000 的地形图，然后在地形图上选定出路线，计算出中线桩的坐标，再到实地去放线。交点的测设可根据地物、导线点和穿线法进行测设。

1. 根据地物测设交点

如图 7-2 所示，道路中线交点 JD_{10}的位置已在地形图上选定，可事先在图上量得该点至两房角和电杆的距离，在现场用距离交会法测设出 JD_{10}的位置。

2. 根据导线点测设交点

如图 7-3 所示，点 5、点 6、点 7 为导线的控制点，JD_4 为道路中线的交点。事先根据导线点的坐标和交点的设计坐标，用坐标反算出方位角 α_{67}和 α_{6JD4}与距离 S_{6JD4}，然后计算出 $\beta=\alpha_{6JD4}-\alpha_{67}$，再在现场依据转折角 β 和距离 S_{6JD4}，按极坐标法测设出交点 JD_4的位置。

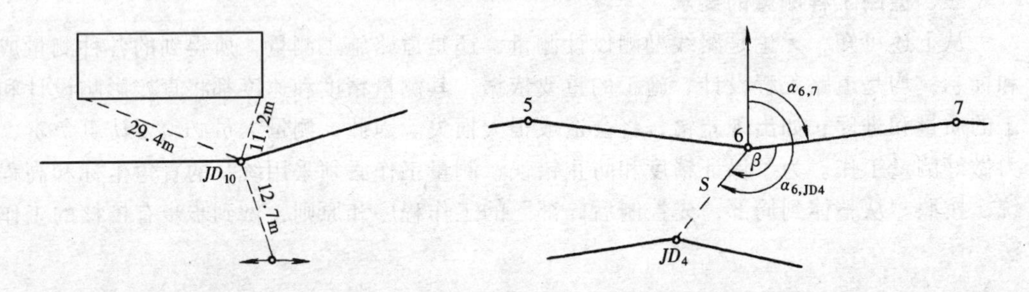

图 7-2　根据地物测设交点　　图 7-3　利用导线点测设交点

3. 穿线法测设交点

穿线法又称穿线交点法，该法是利用图上道路中线就近的地物点或导线点，将中线的直线段独立地测设到地面上，然后将相邻直线延长相交，标定出地面交点的位置。其程序为放点——穿线——交点。

放点常用的方法有极坐标法和支距法，如图 7-4 所示。按极坐标法放点时，如图 7-4（*a*）中，P_1、P_2、P_3、P_4 为图上定线的直线段欲放的点，4、5 为导线点，用比例尺和量角器分别量出 l_1、l_2、l_3、l_4 和 β_1、β_2、β_3、β_4 等放样数据，并在现场用极坐标法将其点标出。按支距法放点时，如图（*b*）中，P_1、P_2、P_3、P_4 为图上定线的某直线段欲放的点，4、5、6、7 为导线点，在图上自导线点作导线边垂线分别与中线相交得点，用比例尺量取相应的支距 l_1、l_2、l_3、l_4，然后在现场以相应导线点为垂足，设定垂线方向，用钢尺量支距，标定相应的点。

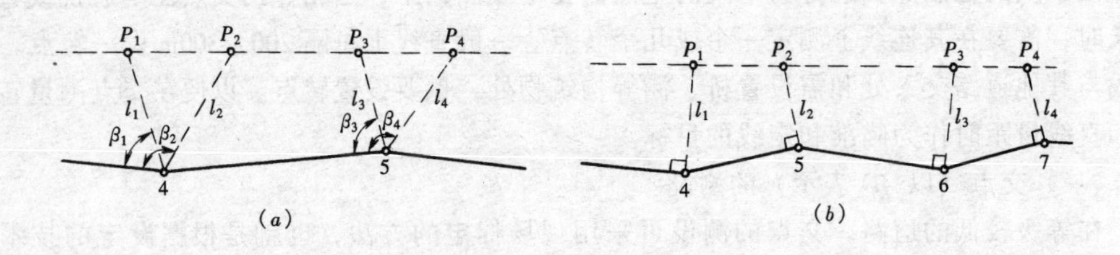

图 7-4　常用放点法

（*a*）极坐标法放点；（*b*）支距法放点

放出的点由于图解数据和测设工作都存在着误差，其各点不在一条直线上，如图 7-5

(a) 所示，可根据现场的实际情况，采用目估法穿线或经纬仪法穿线，通过比较和选择，定出一条尽可能多的穿过或靠近临时点的直线 AB，最后在 A、B 或其方向上选定两个以上的转点桩 ZD_1、ZD_2 等，这一工作称为穿线。用同样方法测设另一中线上直线段 ZD_3 和 ZD_4 点，如图 7-5（b）所示。

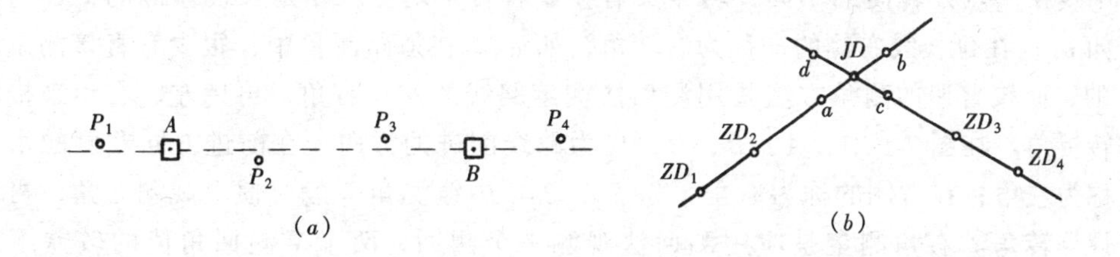

图 7-5

（a）穿线；（b）交点

当相邻两相交的直线在地面上确定后，就可进行交点。将经纬仪安置在 ZD_2 瞄准 ZD_1，倒镜在视线方向上接近交点的概略位置前后打下两个桩（俗称骑马桩），采用正倒镜分中法在该两桩上定出 a、b 两点，并钉以小钉，挂上细线。同理将仪器搬至 ZD_3，同法定出 c、d 点，挂上细线，在两条细线相交处打下木桩，并钉以小钉，即可得到交点 JD。

（二）转点（以 ZD 表示）的测设

当两交点间距离较远但尚能通视或已有转点需要加密时，可采用经纬仪直接定线或经纬仪正倒镜分中法测设转点。

当相邻两交点互不通视时，如果需要在两交点间设转点，可采用正倒镜投点法（详见第六章第四节的内容），计算偏差值，横向移动点位即为转点。如需在延长线上设转点时，如图 7-6 所示。JD_8、JD_9 交点互不通视，可在其延长线上初定转点 ZD'。将经纬仪安置于转点 ZD'，用正镜瞄准交点 JD_8，在交点 JD_9 标出一点，再用倒镜瞄准 JD_8，在 JD_9 外边标出一点，取两点的中点得 JD'_9。若交点 JD'_9 与 JD_9 重合或偏差值 f 在容许范围之内，即可将 JD'_9 代替 JD_9 作为交点，ZD' 即作为转点，否则应调整 ZD' 的位置。设 e 为 ZD' 应横向移动距离，量出 f 值，用视距测量测出 a、b 距离，则 e 值可按下式计算：

$$e = \frac{a}{a-b} \times f$$

将 ZD' 按 e 值移到 ZD，将仪器置于 ZD，重复上述方法，直至 f 值小于容许值为止。最后将转点 ZD 用木桩标定在地上。

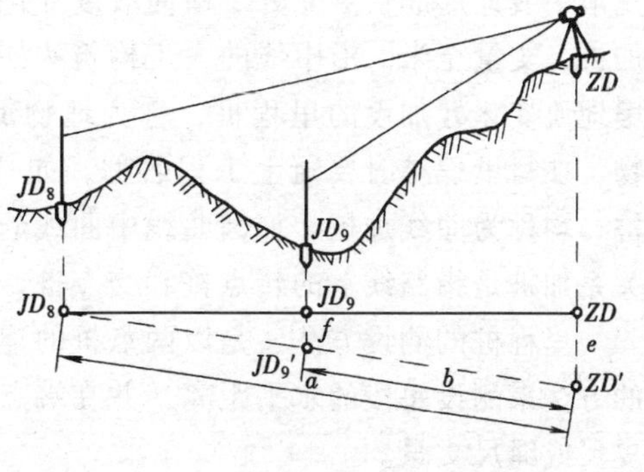

图 7-6 两交点延长线上设转点

【例 7-1】 如图 7-6 所示，已知 $a = 252\text{m}$、$b = 161\text{m}$、$f = 35\text{mm}$，试计算 e 值的大小？

解： $e = \frac{a}{a-b} \cdot f = \frac{252}{252-161} \times 0.035\text{m}$

$= 0.097\text{m}$

二、路线转折角的测定

当中线的主点桩设置好后，在路线转折处，为了测设曲线，应测出各交点的转折角(简称转角)。所谓转角，是指路线由一个方向偏转至另一个方向时，偏转后的方向与原方向间的夹角。如图 7-1 所示，就是指后一边的延长线和前一边的水平夹角，用 α 来表示。由于中线在交点处转向的不同，转角又有左、右转角之分。在延长线左侧的，称为左转角，如 α_C；在延长线右侧的，称为右转角，如 α_B。在道路测量中，很少有直接测定转折角 α 的，而较普遍的测角方法是用测回法测定路线的左、右角，再用左、右角来推算路线的转折角。在图 7-1 中，A、B、C、D 为路线前进的方向，在前进方同左侧的水平夹角，称为左角；在右侧的称为右角，如 β_B、β_C。中线测角一般习惯上观测右角，再由右角来计算转角。右角测定是应用测回法观测一个测回，两个半测回角值的较差不超过 $\pm 40''$,则取其平均值作为一测回的观测值。再由右角推算出转角的大小，从图 7-1 中可得出其关系为：

当 $\beta_{右} < 180°$时，$\alpha_{右} = 180° - \beta_{右}$ 为右转角

当 $\beta_{右} > 180°$时，$\alpha_{左} = \beta_{右} - 180°$为左转角

为了保证测角精度，需要进行测角成果的检查，就是对路线导线的角度闭合差的检查。若线路两端与国家控制点联系，可按附合导线的形式进行角度闭合差计算与调整。对于等级较低、路线较短的道路路线，可采取分段进行检查，每天作业开始与终了观测导线边的磁方位角，并与计算方位角核对来进行检查。

三、中线里程桩的设置

在路线交点、转点及转角测定后，即可进行实地量距，设置里程桩、标定中线位置。一般使用钢尺或测距仪。

它是根据中线的起点沿中线方向进行实地丈量路线的里程数，并设置里程桩。其里程桩亦称中桩，是从中线起点开始，每隔 20m 或 50m（曲线上根据不同的曲线半径，每隔 5m、10m 或 20m）设置一个桩位，各桩编号即用该桩与起点桩的距离来编定的。如某桩的桩号为 $K1+800$，表示该桩距起点桩 $0+000$ 的距离为 1800m。各桩的桩号，应用红油漆书写在朝向起点桩一侧的桩面上。可见，里程桩既表示了中线的位置，也表示距起点的里程。

里程桩分为整桩和加桩两种，整桩是以 10m、20m 或 50m 的整倍数桩号而设置的里程桩，百米桩和公里桩均属整桩。加桩又分为地形加桩、地物加桩、曲线加桩和关系加桩。凡沿中线地形起伏突变处、横向坡度变化处以及天然河沟处等所加设置的里程桩称为地形加桩，丈量至米。沿中线的人工构筑物如桥涵处、路线与其他道路、渠道等交叉处以及土壤地质变化处加设的里程桩，称为地物加桩，丈量至米或分米。对于桥、涵等人工构筑物，在写里程桩时要冠上工程名称，如“桥”、“涵”等。凡是在曲线主点上设置的里程桩，均称为曲线加桩，如圆曲线中曲线起点、中点、终点等，计算至厘米，设置至分米。关系加桩是指路线上的转点桩和交点桩，一般丈量至厘米。

里程桩的测设方法，是以两点桩的连线为方向线，采用经纬仪定线，用钢尺一般量距的方法来测设每段的水平距离，并在端点处钉设里程桩。道路等级低也可用标杆定线、用皮尺或绳尺丈量。

在里程桩测设过程中，有时因局部的改线或事后发现量距计算有误、造成实际里程与

原桩号不一致，该情况称为“断链”。其处理的方法是将局部改线或发生错误的桩号部分按实测结果进行现场返工更正，改用新桩号，然后就近与下段某正确的老桩号联测，这样就可避免牵动全线桩号，允许桩号不连续，即为“断链”处理。断链又有“长链”与“短链”之分，凡是新桩号比老桩号短的，称为“短链”，新桩比老桩号长的，称为“长链”。如新 2+300=老 2+320，即短链 20m，根据测设的记录可按下式算出路线总里程。

路线总里程=终桩里程+$\sum$长链-$\sum$短链

四、计算圆曲线元素及曲线主点测设

圆曲线是指具有一定半径的圆弧线，是路线转弯最常用的曲线形式

(一) 计算圆曲线测设元素

当路线从一个方向改变到另一个方向时，常以一定半径的圆曲线连接起来，使道路沿着曲线逐渐转变方向，能使车辆顺利拐弯通行。圆曲线又分为单曲线和复曲线两种。具有单一半径的曲线称为单曲线，具有两个或两个以上不同半径的曲线称为复曲线。

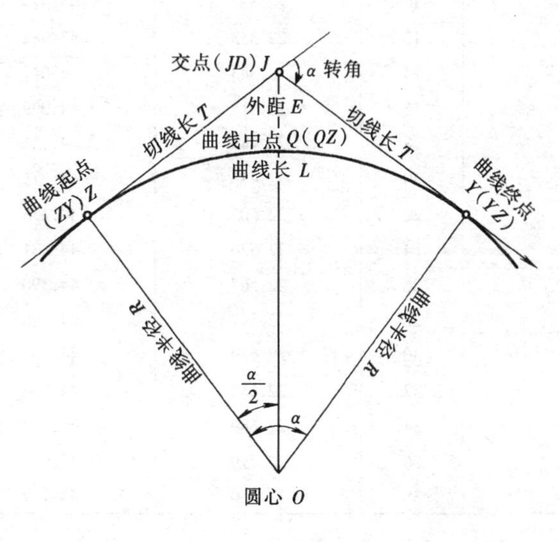

图 7-7　圆曲线测设元素

组成圆曲线的元素如图 7-7 所示。曲线半径 R，它是根据地形条件和工程要求来选定的；转角 α，它是通过经纬仪在现场实测而算得的；切线长 T、曲线长 L、外矢距 E 及切曲差 D（又称为校正数或超距），它们是根据半径 R 和转角 α 按公式可计算得出，故将 R、α、T、L、E 及 D 称为圆曲线测设元素，其中 R、α 又为圆曲线的主要测设元素。

在图 7-7 中，其切点 ZY（直圆点）和 YZ（圆直点）称为曲线的起点和终点，分角线与曲线相交，其交点 QZ（曲中点），称为曲线的中点。故将曲线起点 ZY，中点 QZ 和终点 YZ 称为圆曲线主点。

从图 7-7 可得出圆曲线元素之间相互关系为

切线长度　$T=R\cdot\tan\dfrac{\alpha}{2}$

圆曲线长度　$L=\dfrac{\pi}{180^\circ}\cdot\alpha\cdot R$

外矢距　$E=R\cdot\left(\sec\dfrac{\alpha}{2}-1\right)$

切曲差　$D=2T-L$

可见，可根据 R、α 按上述公式应用电子计算器能快速算出其余元素。但在实际工作中，有时并不采用公式直接计算曲线元素，而是根据上述公式的关系，以 $R=100\text{m}$，按不同转角 α 编制成曲线测设用表来进行查算如《公路曲线测设用表》（简称“曲线表”）。如要查取不同半径的元素，则将查得的值乘以该半径与 100m 的比值即可。有关曲线表的具体

用法，在各曲线用表中均有说明，这里不再详述。曲线表的格式如表 7-1 所示。

$R=100m$ 表 7-1

转角		切线长 T	曲线长 L	切线和曲线之差 D $2T—L$	外矢距 E
°	′				
25	00	22.170	43.633	0.706	2.428
	02	22.200	43.691	0.709	2.435
	04	22.231	43.750	0.711	2.441
	06	22.261	43.808	0.714	2.448
	08	22.292	43.866	0.717	2.454
	10	22.322	43.924	0.720	2.461
	12	22.353	43.982	0.723	2.468
	14	22.383	44.041	0.726	2.474
	16	22.414	44.099	0.729	2.481
	18	22.443	44.157	0.732	2.488
	20	22.475	44.215	0.735	2.495
	22	22.505	44.273	0.738	2.501
	24	22.536	44.331	0.741	2.508
	26	22.567	44.390	0.744	2.515
	28	22.597	44.448	0.747	2.521
	30	22.629	44.506	0.750	2.528
	32	22.658	44.564	0.753	2.535
	34	22.689	44.622	0.756	2.542
	36	22.719	44.680	0.758	2.548
	38	22.750	44.739	0.761	2.552

【例 7-2】 已知转角 $\alpha=25°30'$，圆曲线半径 $R=60m$，试求各测设元素。

解：利用公式计算：$T=R\cdot\tan\frac{\alpha}{2}=60\times\tan12°45'=60\times0.226277=13.58m$

$$L=\frac{\pi}{180°}\cdot R\cdot\alpha=\frac{3.141593}{180°}\times60\times25.5°=26.71m$$

$$E=R\cdot\left(\sec\frac{\alpha}{2}-1\right)=60\times\left(\sec\frac{25°30'}{2}-1\right)$$

$$=60\times(1.025281-1)=1.52m$$

$$D=2T-L=2\times13.58-26.71=0.45m$$

利用曲线表计算：

从表 7-1 中查 $\alpha=25°30'$的一行得：$T=22.629m$，$L=44.506m$，$D=0.750$，$E=2.528$，因表中 $R=100m$，本例题 $R=60m$，其各测设元素值应为：

$T=22.629\times0.6=13.58m$

$L=44.506\times0.6=26.71m$

$E=2.528\times0.6=1.52m$

$D=0.750\times0.6=0.45m$

（二）圆曲线主点测设

1. 圆曲线主点桩的定位

圆曲线各测设元素算出后，即可进行对圆曲线起点 ZY（直圆点，即直线与圆曲线的分界点）、中点 QZ（曲中点，即圆曲线的中点）、终点 YZ（圆直点，即圆曲线与直线的分界点）三个主点桩位置的测设，其测设方法如下：

（1）安置经纬仪于交点 JD 上，分别瞄准相邻的交点，沿各自的方向线量取切线长 T，则分别定出曲线起点 ZY 与终点 YZ 的桩位。

（2）沿测定路线转折角时所定的分角线方向，由 JD 量出外矢距 E，便定出曲线中点 QZ 的桩位。

2. 计算圆曲线主点的桩号

道路的里程是沿着曲线计算的，而交点的里程在中线丈量时已经获得，但道路中线是不经过交点 JD。因此，必须根据交点 JD 的里程计算曲线起点、中点和终点的里程。其计算方法如下：

曲线起点 ZY 桩号 = 交点 JD 的桩号 − 切线长 T

$$\text{曲线中点 } QZ \text{ 桩号} = \text{曲线起点 } ZY \text{ 的桩号} + \frac{\text{曲线长 } L}{2}$$

$$\text{曲线终点 } YZ \text{ 桩号} = \text{曲线起点 } ZY \text{ 的桩号} + \text{曲线长 } L = \text{曲线中点 } QZ \text{ 桩号} + \frac{\text{曲线长 } L}{2}$$

主点桩号计算正确与否；将直接关系到以后路线上所有桩号的正确性，因此，可用下式进行计算检核：

曲线终点 YZ 桩号 = 交点 JD 桩号 + 切线长 T − 切曲差 D。

【例 7-3】 已知 JD 里程为 4 + 212.50m、T = 13.58m、L = 26.71m、E = 1.52m、D = 0.45m，试求曲线主点的桩号。

解：主点桩号的计算

交点桩号 DJ	4 + 212.50
−）切线长 T	13.58
起点桩号 ZY	4 + 198.92
+）$\frac{\text{曲线长 } L}{2}$	13.36
中点桩号 QZ	4 + 212.28
+）$\frac{\text{曲线长 } L}{2}$	13.35
终点桩号 YZ	4 + 225.63

计算检核：

交点桩号 JD	4 + 212.50
+）切线长 T	13.58
	4 + 226.08
−）切曲差 D	0.45
终点桩号 YZ	4 + 225.63

与原推算终点桩号 YZ 相同，故计算无误。

第三节　圆曲线的详细测设

当曲线长小于 40m 时，测设曲线的三个主点已能满足路线线形的要求。如果曲线较长或地形变化较大时，为了满足线形和工程的需要，除了测设曲线的三个主点外，还要每

隔一定的距离 l，测设一个辅点，进行曲线加密。根据地形情况和曲线半径大小，一般每隔5m、10m或20m测设一点。圆曲线的详细测设，就是指测设除圆曲线主点以外的一切曲线桩，包括一定距离的加密桩、百米桩及其他加桩。圆曲线详细测设的方法很多，可视地形条件加以选用，现介绍几种常用的方法。

一、偏角法

偏角法又称极坐标法。它是根据一个角度和一段距离的极坐标定位原理来设点的，也就是以曲线的起点或终点至曲线上任一点的弦线与切线之间的偏角（即弦切角）和弦长来测定该点的位置的。如图7-8所示，以 l 表示弧长，c 表示弦长，根据几何原理可知，偏角即弦切角 Δ_i 等于相应弧长 l 所对圆心角 φ_i 的一半。则有关数据可按下式计算：

圆心角　$\varphi = \frac{l}{R} \cdot \frac{180°}{\pi}$

偏　角　$\Delta = \frac{1}{2} \cdot \varphi = \frac{1}{2} \cdot \frac{l}{R} \cdot \frac{180°}{\pi} = \frac{l}{R} \cdot \frac{90°}{\pi}$

弦　长　$c = 2R \cdot \sin \frac{\varphi}{2} = 2R \cdot \sin\Delta$

弧弦差　$\delta = l - c = \frac{l^3}{24R^2}$

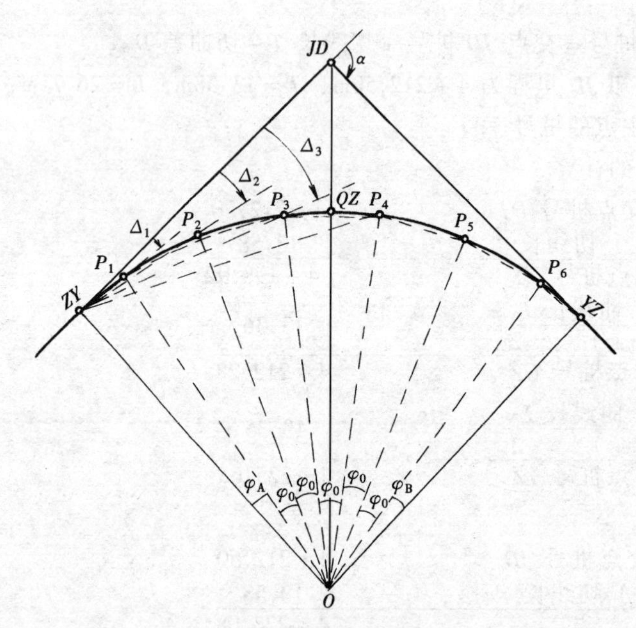

图7-8　偏角法测设圆曲线

如果曲线上各辅点间的弧长 l 均相等时，则各辅点的偏角都为第一个辅点的整数倍，即：

$\Delta_2 = 2\Delta_1$

$\Delta_3 = 3\Delta_1$

……

$\Delta_n = n\Delta_1$

而曲线起点 ZY 至曲中线点的 QZ 的偏角为$\frac{\alpha}{4}$；曲线起点 ZY 至曲线终点 YZ 的偏角为$\frac{\alpha}{2}$，可用这两个偏角值作为测设的校核。

在实际测设中，上述一些数据可用电子计算器快速算得；也可依曲线半径 R 和弧长 l 为引数查取《曲线测设用表》获得。

为了减少计算工作量，提高测设速度，在偏角法设置曲线时，通常是以整桩号设桩，然而曲线起点、终点的桩号一般都不是整桩号，因此要首先计算出曲线首尾段弧长 l_A、l_B，然后计算或查表得出相应的偏角 Δ_A、Δ_B，其余中间各段弧长均为 l 及其偏角 Δ，均可从表中直接查得。

具体测设步骤如下：

（1）核对在中线测量时已经桩钉的圆曲线的主点 ZY、QZ、YZ，若发现异常，应重新测设主点。

（2）将经纬仪安置于曲线起点 ZY，以水平度盘读数 $0°00'00''$瞄准交点 JD，如图 7-8 所示。

（3）松开照准部，置水平盘读数为 1 点之偏角值 Δ_1，在此方向上用钢尺从 ZY 点量取弦长 C_1，桩钉 1 点。再松开照准部，置水平度盘读数为 2 点之偏角 Δ_2，在此方向线上用钢尺从 1 点量取弦长 C_2，桩钉 2 点。同法测设其余各点。

（4）最后应闭合于曲线终点 YZ，以此来校核。若曲线较长，可在各起点 ZY、终点 YZ 测设曲线的一半，并应在曲线中点 QZ 进行校核。校核时，如果两者不重合，其闭合差一般不得超过如下规定：

半径方向（路线横向）误差 ± 0.1m

切线方向（路线纵向）误差 $\pm \frac{L}{1000}$（L 为曲线长）

偏角法是一种测设精度较高、灵活性较大的常用方法，适用于地势起伏，视野开阔的地区。它既能在三个主点上测设曲线，又能在曲线任一点测设曲线，但其缺点是测点有误差的积累，所以宜在由起点、终点两端向中间测设或在曲线中点分别向两端测设。对于小于 100m 的曲线，由于弦长与相应的弧长相差较大，不宜采用偏角法。

【例 7-4】 已知圆曲线 $R = 200$m，转角 $\alpha = 25°30'$，交点的里程 $1+314.50$m，起点桩 ZY 桩号为 $1+269.24$，中点桩 QZ 桩号为 $1+313.75$，终点桩 YZ 桩号为 $1+358.26$，试用偏角法进行圆曲线的详细测设，计算出各段弧长采用 20m 的测设数据？

解： 由于起点桩号为 $1+269.24$，其前面最近整数里程桩应为 $1+280$，其首段弧长 $l_A = (1+280) - (1+269.24) = 10.76$m，而终点桩号为 $1+358.26$，其后面最近的整数里程桩应为 $1+340$，其尾段弧长 $l_B = (1+358.26) - (1+340) = 18.26$m，中间各段弧长均为 $l = 20$m。应用公式可计算出各段弧长相应的偏角为：

$$\Delta_A = \frac{90°}{\pi} \cdot \frac{l_A}{R} = \frac{90°}{\pi} \cdot \frac{10.76}{200} = 1°32'29''$$

$$\Delta_B = \frac{90°}{\pi} \cdot \frac{l_B}{R} = \frac{90°}{\pi} \cdot \frac{18.26}{200} = 2°36'56''$$

$$\Delta = \frac{90°}{\pi} \cdot \frac{l}{R} = \frac{90°}{\pi} \cdot \frac{20}{200} = 2°51'53''$$

再应用公式计算出各段弧长所对的弦长为：

$$C_A = 2R\sin\Delta_A = 2\times200\times\sin1°32'29'' = 2\times200\times0.026899 = 10.76\text{m}$$

$$C_B = 2R\sin\Delta_B = 2\times200\times\sin2°36'56'' = 2\times200\times0.0456342 = 18.25\text{m}$$

$$C = 2R\sin\Delta = 2\times200\times\sin2°51'53'' = 2\times200\times0.049978 = 19.99\text{m}$$

为便于测设，将计算成果的各段偏角、弦长及各辅点的桩号列表 7-2。

表 7-2

号点	曲线里程桩号	偏角 Δ_i	弦长 C_i
起点 ZY	1+269.24	$\Delta_{ZY}=0°00'00''$	
1	1+280	$\Delta_1=\Delta_A=1°32'39''$	10.76m
2	1+300	$\Delta_2=\Delta_A+\Delta=4°24'22''$	19.99m
3	1+320	$\Delta_3=\Delta_A+2\Delta=7°16'15''$	19.99m
4	1+340	$\Delta_4=\Delta_A+3\Delta=10°08'08''$	19.99m
终点 YZ	1+358.26	$\Delta_{ZY}=\Delta_A+3\Delta+\Delta_B=12°45'04''$	18.25m

计算校核：$\Delta_{YZ}=\frac{1}{2}\alpha=\frac{1}{2}$（25°30′）= 12°45′00″

误差为 4″符合要求

二、切线支距法

切线支距法又称直角坐标法。它是根据直角坐标定位原理，用两个相互垂直的距离 x、y 来确定某一点的位置。也就是以曲线起点 ZY 或终点 YZ 为坐标原点，以切线为 X 轴，以过原点的半径为 Y 轴，根据坐标 x、y 来设置曲线上各点。

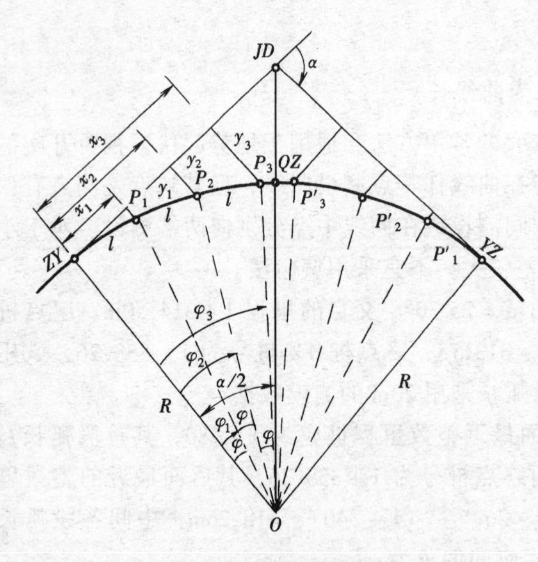

图 7-9　切线支距法测设曲线

如图 7-9 所示，P_1、P_2、P_3 点为曲线欲设置的辅点，其弧长为 l，所对的圆心角为 φ，按照几何关系，可得到各点的坐标值为

$$x_1 = R\cdot\sin\varphi_1$$

$$y_1 = R - R\cdot\cos\varphi_1 = R\,(1-\cos\varphi_1) = 2R\sin^2\frac{\varphi_1}{2}$$

$$x_2 = R\cdot\sin\varphi_2 = R\cdot\sin2\varphi_1$$

（假设弧长相同）

$$y_2 = 2R\,\sin^2\frac{\varphi_2}{2} = 2R\,\sin^2\varphi_1$$

同理，可知 x_3、y_3 的坐标值。式中 R 为曲线半径，$\varphi=\frac{l}{R}\cdot\frac{180°}{\pi}$为圆心角，因此不同的曲线长就有不同的 φ 值，同样也就有相应的 x、y 值。

在实际测设中，上述的数据可用电子计算器算得；亦可以半径 R、曲线长 l 为引数，直接查取《曲线测设用表》中《切线支距表》的相应 x、y 值。

具体测设步骤如下：

(1) 校对在中线测量时已桩钉的圆曲线的三个主点 ZY、QZ、YZ，若有差错，应重新测设主点。

(2) 用钢尺或皮尺从 ZY 开始，沿切线方向量取 x_1、x_2、x_3 等点，并作标记。

(3) 在 x_1、x_2、x_3 等点用十字架（方向架）作垂线，并量出 y_1、y_2、y_3 等点，用测针标记，即得出曲线上 1、2、3 等点。

(4) 丈量所定各点的弦长作为校核。若无误，即可固定桩位、注明相应的里程桩。

用切线支距法测设曲线，由于各曲线点是独立测设的，其测角及量边的误差都不累积，所以在支距不太长的情况下，具有精度高、操作较简便的优点，故应用也较广泛，适用于地势平坦，便于量距的地区。但它不能自行闭合，自行检核，所以对已测设的曲线点，要实量其相邻两点间距离，以便检核。

【例 7-5】 已知曲线半径 80m，曲线每隔 10m 桩钉一桩，试求其中 1、2 点的坐标值。

解： $\varphi = \frac{l}{R} \cdot \frac{180°}{\pi} = \frac{180}{\pi} \cdot \frac{10}{80} = 7°09'43''$

$x_1 = R \cdot \sin\varphi = 80 \times \sin 7°09'43'' = 80 \times 0.1246742 = 9.97\text{m}$

$y_1 = 2R\sin^2\frac{\varphi}{2} = 2 \times 80 \times (\sin 3°34'52'')^2 = 2 \times 80 \times (0.062459)^2 = 0.62\text{m}$

$x_2 = R \cdot \sin 2\varphi = 80 \times \sin 2 \times 7°09'43'' = 80 \times \sin 14°19'26''$

$= 80 \times 0.247403 = 17.97\text{m}$

$y_2 = 2R \cdot \sin^2\varphi = 2 \times 80 \times (\sin 7°09'43'')^2$

$= 2 \times 80 \times (0.1246742)^2 = 2.49\text{m}$

三、弦线偏距法

弦线偏距法又称延长弦线法，它是用皮尺交会测设曲线加桩的一种方法。如图 7-10 所示，先用切线支距法测设圆曲线上 P_1 点，即根据 x_1、y_1 坐标值桩定 P_1 点，其余点 P_2、P_3 可用距离交会法标定。为了标定 P_2 点，将 $ZY-1$ 弦线延长至 P'_2 点，使 P_1-P_2 的长度等于弦长 c，并在 P'_2 点插上测针。然后在 P'_2 点以偏距 d（$d=2y_1$）、在 P_1 点以弦长 c 作距离交会定出 P_2 点。同法依次标定其他各点。

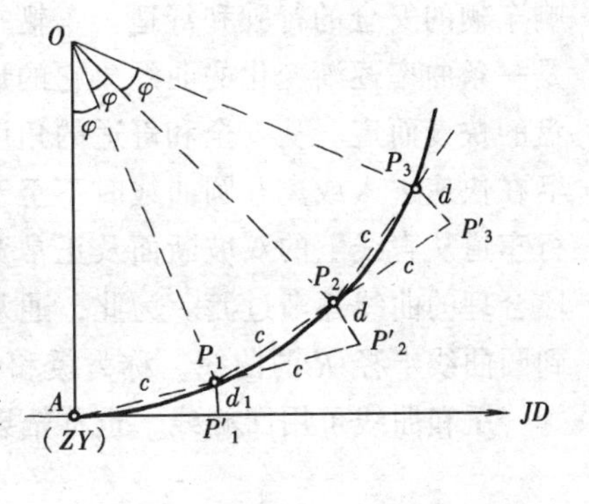

图 7-10 弦线偏距法测设圆曲线

从图 7-10 中可看出，三角形 P_1P_2O 与三角形 $P'_2P_2P_1$ 相似，即

$$\frac{c}{R} = \frac{d}{c}$$

故
$$d = \frac{c^2}{R} = \frac{\left(2R\sin\frac{\varphi}{2}\right)^2}{R} = 4R\sin^2\frac{\varphi}{2}$$

又知
$$y_1 = 2R\sin^2\frac{\varphi}{2},\quad C = 2R \cdot \sin\frac{\varphi}{2}$$

故 $d = 2y_1$

【例 7-6】 已知圆曲线半径为 80m，曲线每隔 10m 桩钉一桩，试求其中 1、2、3 点测

设值？

解：先用切线支距法测设圆曲线上1点，其测设数值为

$$\varphi=\frac{l}{R}\cdot\frac{180°}{\pi}=\frac{10}{80}\cdot\frac{180°}{\pi}=7°09'43''$$

$$x_1=R\cdot\sin\varphi=80\times\sin7°09'43''=9.97\text{m}$$

$$y_1=2R\sin^2\frac{\varphi}{2}=2\times80\times\ (\sin3°34'52'')^2=0.62\text{m}$$

再计算2、3点测设数据为：

$$d=2y_1=2\times0.62=1.24\text{m}$$

$$c=2R\cdot\sin\frac{\varphi}{2}=2\times80\times\sin3°34'52''=9.99\text{m}$$

弦线偏距法在施测过程中，其定位弦线是紧随着曲线的延伸而变位，而且偏距又不大，所以该法适用于密林、沟槽、狭窄街巷、隧道的施工放样测量以及在半成路基上恢复中线的测量。另外该法计算也较简便，测设速度也较快。其缺点是量距和延长弦线方向均有误差的累积。为减少其影响，如遇到曲线较长或外距较大时，可采用切线支距法与弦线偏距法联合施测，即先用支距法，后用偏距法。

第四节　缓和曲线测设

车辆在曲线上行驶，会产生离心力。由于离心力的作用，车辆将向曲线外侧倾倒，影响车辆的安全的行驶和舒适。车辆在由直线进入圆曲线或由圆曲线进入直线时的运动轨迹是一条曲率逐渐变化的曲线，它的形式和长度以车辆行驶速度、曲线半径和司机转动方向盘的快慢而定。从安全和舒适的角度出发，必须设计一条使驾驶者易于遵循的路线，使车辆在快速进入或离开圆曲线时不至于侵入邻近的车道，同时使离心力有渐变的过程。另外行车道从直线上的双坡断面及正常宽度过渡到圆曲线上的单坡断面及加宽宽度，也需有一段合理的曲线逐渐过渡。为此，通常在直线与圆曲线之间插入一段半径由无穷大逐渐变化到圆曲线半径 R 的曲线，称为缓和曲线。

缓和曲线可用回旋线，也称辐射螺旋线、三次抛物线、双扭线等线型来设置。目前我国道路设计中，多采用回旋线作为缓和曲线。

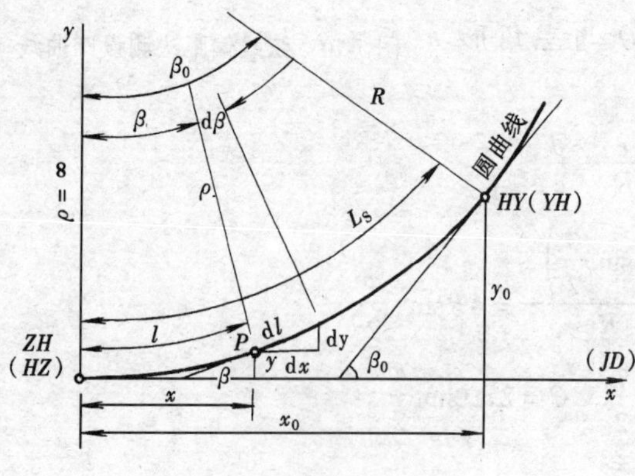

图7-11　回旋线作为缓和曲线

一、缓和曲线公式

（一）基本公式

如图7-11所示，回旋线是曲率半径随曲线长度的增大而成反比地均匀减少的曲线，也就是在回旋线上任一点的曲率半径 ρ 与曲线的长度 l 成反比，这是回旋线应具有的特征。图中 ZH 点为第一缓和曲线起点，简称直缓点，HY 点为第一缓和曲线的终点，简

称缓圆点，YH 为第二缓和曲线起点，简称圆缓点，HZ 为第二缓和曲线终点，简称缓直点。P 点为曲线上任一点，其半径为 ρ，该点至起点的曲线长为 l，则回旋线的基本公式为：

$$\rho = \frac{C}{l}$$

或者

$$\rho \cdot l = C$$

式中，C 为常数，表示缓和曲线半径的变化率。C 值可按以下方法确定，在缓和曲线终点即 HY 点（或 YH 点）的曲率半径等于圆曲线半径，即 $\rho = R$，该点的曲线长度即为缓和曲线的全长 l_s，即 $l = l_s$，故 $C = R \cdot l_s$。

C 值与车速有关，目前我国道路采用

$$C = 0.035V^3$$

式中 V 为计算行车的速度，以 km/h 为单位。

缓和曲线全长：

$$l_s = 0.035\frac{V^3}{R}$$

根据《公路工程技术标准》规定：缓和曲线应采用回旋曲线，其最小长度高速公路在平原微丘地区不小于 100m，一级公路不小于 85m，二级公路不小于 70m，三级公路不小于 50m，四级公路不小于 35m。

（二）切线角公式

如图 7-11 所示，回旋曲线上任一点 P 处的切线与起点 ZH（或 HZ）切线的交角为 β，称为切线角。其计算公式为

$$\beta = \frac{l^2}{2Rl_s} \cdot \frac{180°}{\pi}$$

当 $l = l_s$ 时，缓和曲线全长 l_s 所对的中心角即为切线角 β_0，其计算公式为

$$\beta_0 = \frac{l_s}{2R} \cdot \frac{180°}{\pi}$$

亦称缓和曲线角。

（三）缓和曲线的参数方程

如图 7-11 所示，设缓和曲线起点为原点，过该点的切线为 x 轴，其半径为 y 轴。任其一点 p 的坐标为 x、y，则缓和曲线参数方程为：

$$x = l - \frac{l^5}{40R^2 l_s^2}$$

$$y = \frac{l^3}{6Rl_s}$$

当 $l = l_s$ 时，则缓和曲线终点（缓和曲线与圆曲线连接点）的坐标为

$$x_0 = l_s - \frac{l_s^3}{40R^2}$$

$$y_0 = \frac{l_s^2}{6R}$$

【例 7-7】 已知某缓和曲线某一点 $l = 10$m，$l_s = 85$m，圆曲线半径 $R = 300$m，试求半

径 ρ 值、切线角 β 与 β_0，坐标值 x、y、x_0、y_0？

解： $C = R \cdot l_s = 300 \times 85 = 25500\text{m}^2$

$$\therefore \rho = \frac{c}{l} = \frac{25500}{10} = 2550\text{m}$$

$$\beta = \frac{l^2}{2Rl_s} \cdot \frac{180°}{\pi} = \frac{10^2}{2 \times 300 \times 85} \times \frac{180°}{\pi} = 0°06'44''$$

$$\beta_0 = \frac{l_s}{2R} \cdot \frac{180°}{\pi} = \frac{85}{2 \times 300} \times \frac{180°}{\pi} = 8°07'01''$$

$$x = l - \frac{l^5}{40R^2 l_s^2} = 10 - \frac{10^5}{40 \times 300^2 \times 85^2} = 10 - \frac{100000}{40 \times 90000 \times 7225}$$

$$= 10 - 0.000003844 = 10\text{m}$$

$$y = \frac{l^3}{6Rl_s} = \frac{10^3}{6 \times 300 \times 85} = 0.0065\text{m}$$

$$x_0 = l_s - \frac{l_s^3}{40R^2} = 85 - \frac{85^3}{40 \times 300^2} = 85 - \frac{614125}{40 \times 90000}$$

$$= 85 - 0.171 = 84.829\text{m}$$

$$y_0 = \frac{l_s^2}{6R} = \frac{85^2}{6 \times 300} = \frac{7225}{1800} = 4.014\text{m}$$

二、带有缓和曲线的圆曲线要素计算及主点的测设

（一）内移值 P、切线增值 q 的计算

如图 7-12 所示，在直线和圆曲线之间插入缓和曲线段时，必须将原有的圆曲线向内移一段距离 P，才能使缓和曲线的起点位于直线方向上，与直线衔接，这时切线增长 q 值。在道路勘测中，一般是采用圆心不动的平行移动的方法，也就是在未设缓和曲线时的圆曲线 FG（其半径为 $R+P$）中，插入两段缓和曲线 AC 和 BD 后，圆曲线向内移，其保留部分为 $\overset{\frown}{CMD}$，半径为 R，所对圆心角为（$\alpha - 2\beta_0$）。测设时必须满足的条件为：$2\beta_0 \leqslant \alpha$，否则，应缩短缓和曲线长度或加大圆曲线半径，直至满足条件。

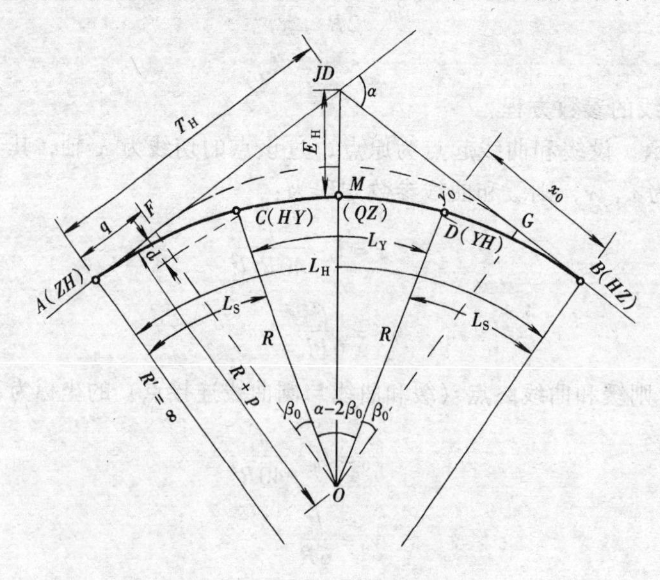

图 7-12　带有缓和曲线的圆曲线

内移值 p 与切线增值 q 计算公式为

$$p = \frac{l_s^2}{24R}$$

$$q = \frac{l_s}{2} - \frac{l_s^3}{240R^2}$$

一般来说，内移值 p 等于缓和曲线中点纵坐标 y 的两倍；切线增值约为缓和曲线长度的一半，缓和曲线的位置大致是一半占用直线部分，另一半占用原圆曲线部分。

（二）曲线测设元素的计算

当测得转角 α，圆曲线半径 R 和缓和曲线 l_s 确定后，可按公式计算出切线角 β_0、内移值 p 和切线增值 q，在此基础上可计算曲线测设元素。

【例 7-8】 已知 $\alpha_{右} = 38°38'30''$，圆曲线半径 $R = 300m$，缓和曲线长 l_s 采用 70m，试计算出切线角 β_0、内移值 p 和切线增值 q？

解：

$$\beta_0 = \frac{l_s}{2R} \cdot \frac{180°}{\pi} = \frac{70}{2 \times 300} \times \frac{180°}{\pi} = 6°41'04''$$

$$p = \frac{l_s^2}{24R} = \frac{70^2}{24 \times 300} = 0.680m$$

$$q = \frac{l_s}{2} - \frac{l_s^3}{240R^2} = \frac{70}{2} - \frac{(70)^3}{240 \times 300^2}$$

$$= 35 - 0.016 = 34.984m$$

如图 7-12 所示，曲线测设元素可按下列公式计算：

切线长 $T_H = (R + p)\tan\frac{\alpha}{2} + q$

曲线长 $L_H = R(\alpha - 2\beta_0)\frac{\pi}{180°} + 2l_s$

或者 $L_H = R \cdot \frac{\pi}{180°} + l_s$

其中圆曲线长 $L_Y = R(\alpha - 2\beta_0)\frac{\pi}{180°}$

外距 $E_H = (R + p)\sec\frac{\alpha}{2} - R$

切曲差（超距） $D_H = 2T_H - L_H$

【例 7-9】 已知 $\alpha_{右} = 38°38'30''$，$R = 300m$，$l_s = 70m$，$\beta_0 = 6°41'04''$，$P = 0.680m$，$q = 34.984m$，试计算该曲线的测设元素？

解： 切线长 $T_H = (R + p)\tan\frac{\alpha}{2} + q = (300 + 0.680)\tan 19°19'15'' + 34.984$

$$= 153.219 + 34.984 = 188.203m$$

曲线长 $L_H = R(\alpha - 2\beta_0)\frac{\pi}{180°} + 2l_s$

$$= 300(38°38'30'' - 2 \times 6°41'04'')\frac{\pi}{180°} + 2 \times 70$$

$$= 132.328 + 140 = 272.328m$$

或者 $L_H = R \cdot \alpha\frac{\pi}{180°} + l_s = 300 \times 38°38'30'' \times \frac{\pi}{180°} + 70$

$$= 202.37 + 70 = 272.327\text{m}$$

其中圆曲线长 $L_Y = R(\alpha - 2\beta_0)\frac{\pi}{180°} = 300(38°38'30'' - 2 \times 6°41'04'')\frac{\pi}{180°}$

$$= 132.328\text{m}$$

外距 $E_H = (R + p)\sec\frac{\alpha}{2} - R = (300 + 0.680)\cdot\sec 19°19'15'' - 300$

$$= 318.625 - 300 = 18.625\text{m}$$

切曲差(超距) $D_H = 2T_H - L_H = 20 \times 188.203 - 272.328 = 104.078\text{m}$

(三) 曲线主点测设

根据交点的里程和曲线测设元素，计算曲线主点的里程为：

直缓点 ZH 里程 = 交点 JD 里程 − 切线长 T_H

缓圆点 HY 里程 = ZH 里程 + 缓和曲线长 l_s

圆缓点 YH 里程 = HY 里程 + 圆曲线长 L_Y

缓直点 HZ 里程 = YH 里程 + 缓和曲线长 l_s

曲中点 QZ 里程 = HZ 里程 − 1/2 曲线长 L_H

校核：交点里程 = 曲中点里程 + 1/2 切曲差 D_H

【例 7-10】 已知交点的里程桩号为 $K12 + 888.88\text{m}$，$T_H = 188.203\text{m}$，$L_H = 272.328\text{m}$，$L_Y = 132.328\text{m}$，$E_H = 18.625\text{m}$，$D_H = 104.078\text{m}$，$l_s = 70\text{m}$，试计算曲线主点的里程并检核，以及计算缓和曲线终点 X_0、Y_0 值？

解： 直缓点 ZH 里程 = $K12 + 888.88 - 188.203 = K12 + 700.685$

缓圆点 HY 里程 = $K12 + 700.685 + 70 = K12 + 770.685$

圆缓点 YH 里程 = $K12 + 770.685 + 132.328 = K12 + 903.013$

缓直点 HZ 里程 = $K12 + 903.013 + 70 = K12 + 973.013$

曲中点 QZ 里程 = $K12 + 973.013 - 136.164 = K12 + 836.849$

校核交点的里程 = $K12 + 836.849 + 52.039 = K12 + 888.888$

缓和曲线终点坐标：

$$x_0 = l_s - \frac{l_s^3}{40R^2} = 70 - \frac{70^3}{40 \times 300^2} = 70 - 0.095 = 69.905\text{m}$$

$$y_0 = \frac{l_s^2}{6R} = \frac{70^2}{6 \times 300} = 2.722\text{m}$$

曲线主点 ZH、HZ、QZ 的测设方法，与圆曲线主点测设相同。即将经纬仪置于交点 JD 上，望远镜照准后一个交点或此方向上的转点，量取切线长 T_H，得 ZH 点，再将望远镜照准前一个交点或此方向上的转点，量取切线长 T_H，得 HZ 点；最后，沿测定路线转折角时所定的分角线方向，量取外距 E_H，得 QZ 点。至于 HY 和 YH 点，可根据计算出缓和曲线终点的坐标 X_0、Y_0 值，用切线支距法（直角坐标法）来测设。

三、带有缓和曲线的详细测设

(一) 切线支距法

切线支距法又称直角坐标法。它是以直缓点 ZH 为坐标原点，而下半曲线则以缓直点 HZ 为坐标原点，以过原点的切线为 X 轴，过原点的半径为 Y 轴。它是利用缓和曲线段和圆曲线段上各待定点的 X、Y 坐标值来设置曲线，如图 7-13 所示。

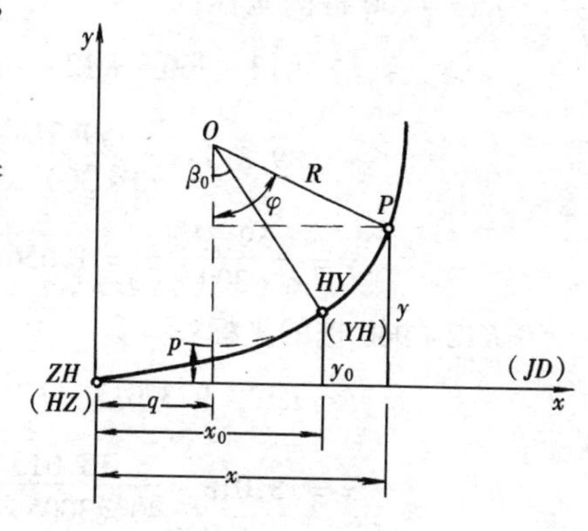

图 7-13 切线支距法测设带有缓和曲线的圆曲线

1. 缓和曲线段

缓和曲线段上各待定点的坐标可按缓和曲线参数方程式计算，即

$$x = l - \frac{l^5}{40R^2 l_s^2}$$

$$y = \frac{l^3}{6Rl_s}$$

式中 l—ZH 或 HZ 点至待定点的曲线长。在计算 l 值时要注意，若待定点位于 $ZH \sim HY$ 之间时，l = 待定点的桩号 - ZH 点的桩号；若待定点位于 $YH \sim HZ$ 之间时，$l = HZ$ 桩号 - 待定点的桩号。

2. 圆曲线段

圆曲线段上各待定点的坐标的计算公式可根据图 7-13 写出

$$\varphi = \frac{l'}{R} \cdot \frac{180^\circ}{\pi} + \beta_0$$

$$x = R \cdot \sin\varphi + q$$

$$y = R\ (1 - \cos\varphi)\ + p$$

式中 l'—HY 或 YH 点至待定点的圆弧长。在计算 l' 值时要注意，若待定点位于 $HY \sim QZ$ 之间时，l' = 待定点的桩号 - HY 点桩号；若待定点位于 $QZ \sim YH$ 之间时，$l' = YH$ 点的桩号 - 待定点的桩号。

在算出缓和曲线和圆曲线上各点的坐标后，即可按圆曲线切线支距法进行详细测设。

【例 7-11】 已知 $R = 300$mm，$l_s = 70$m，$\beta_0 = 6°41'04''$，$P = 0.680$m，$q = 34.984$m，ZH 点里程为 $K12 + 700.685$，HY 点里程为 $K12 + 770.685$，YH 点里程为 $K12 + 903.013$，HZ 点里程为 $K12 + 973.013$m，QZ 点里程为 $K12 + 836.849$，试采用切线支距法按整桩号（桩距为 20m）详细测设，试计算各桩的坐标？

解：缓和曲线段上整桩号点为 $K12 + 720$、740、760、960、940、920 桩。

$K12 + 720$ 桩的坐标：

$$l = K12 + 720 - K12 + 700.685 = 19.315\text{m}$$

$$x = 19.315 - \frac{19.315^5}{40 \times 300^2 \times 70^2} = 19.315 - 0.0002 = 19.3148 = 19.315\text{m}$$

$$y = \frac{19.315^3}{6 \times 300 \times 70} = 0.057\text{m}$$

$K12 + 740$ 桩的坐标：

$$l = K12 + 740 - K12 + 700.685 = 39.315\text{m}$$

$$x = 39.315 - \frac{39.315^5}{40 \times 300^2 \times 70^2} = 39.315 - 0.005 = 39.310\text{m}$$

$$y = \frac{39.315^3}{6 \times 300 \times 70} = 0.482\text{m}$$

$K12+760$ 桩的坐标：

$$l = K12+760 - K12+700.685 = 59.315\text{m}$$

$$x = 39.315 - \frac{59.315^5}{40\times300^2\times70^2} = 59.315 - 0.0042 = 59.273\text{m}$$

$$y = \frac{59.315^3}{6\times300\times70} = 1.656\text{m}$$

$K12+960$ 桩的坐标：

$$l = K12+973.013 - K12+960 = 13.013\text{m}$$

$$x = 13.013 - \frac{13.013^5}{40\times300^2\times70^2} = 13.013 - 0.00002 = 13.013\text{m}$$

$$y = \frac{13.013^3}{6\times300\times70} = 0.017\text{m}$$

$K12+940$ 桩的坐标：

$$l = K12+973.013 - K12+940 = 33.013\text{m}$$

$$x = 33.013 - \frac{33.013^5}{40\times300^2\times70^2} = 33.013 - 0.002 = 33.011\text{m}$$

$$y = \frac{33.013^3}{6\times300\times70} = 0.286\text{m}$$

$K12+920$ 的坐标：

$$l = K12+973.013 - K12+920 = 53.013\text{m}$$

$$x = 53.013 - \frac{53.013^5}{40\times300^2\times70^2} = 53.013 - 0.024 = 52.989\text{m}$$

$$y = \frac{53.013^3}{6\times300\times70} = 1.182\text{m}$$

圆曲线段上整桩号点为 $K12+780$、800、820、840、860、880、900 桩。

$K12+780$ 桩点坐标：

$$l' = K12+780 - K12+770.685 = 9.315\text{m}$$

$$\varphi = \frac{9.315}{300}\cdot\frac{180^\circ}{\pi} + 6^\circ41'04'' = 1^\circ46'44'' + 6^\circ41'04'' = 8^\circ27'48''$$

$$x = 300\times\sin 8^\circ27'48'' + 34.984 = 43.176 + 34.984 = 78.160\text{m}$$

$$y = 300\ (1-\cos 8^\circ27'48'')\ + 0.680 = 3.267 + 0.680 = 3.947\text{m}$$

$K12+800$ 桩点坐标：

$$l' = K12+800 - K12+770.685 = 29.315\text{m}$$

$$\varphi = \frac{29.315}{300}\cdot\frac{180^\circ}{\pi} + 6^\circ41'04'' = 5^\circ35'56'' + 6^\circ41'04'' = 12^\circ17'00''$$

$$x = 300\times\sin 12^\circ17'00'' + 34.984 = 63.824 + 34.984 = 98.808\text{m}$$

$$y = 300\ (1-\cos 12^\circ17'00'')\ + 0.680 = 6.868 + 0.680 = 7.548\text{m}$$

$K12+820$ 桩点坐标：

$$l' = K12+820 - K12+770.685 = 49.315\text{m}$$

$$\varphi=\frac{49.315}{300}\times\frac{180^\circ}{\pi}+6^\circ41'04''=9^\circ25'06''+6^\circ41'04''=16^\circ06'10''$$

$$x=300\times\sin 16^\circ06'10''+34.984=83.209+34.984=118.193\text{m}$$

$$y=300\ (1-\cos16^\circ06'10'')\ +0.680=11.770+0.680=12.450\text{m}$$

$K12+900$ 桩点坐标：

$$l'=K12+903.013-K12+900=3.013\text{m}$$

$$\varphi=\frac{3.013}{300}\cdot\frac{180^\circ}{\pi}+6^\circ41'04''=0^\circ34'32''+6^\circ41'04''=7^\circ15'36''$$

$$x=300\times\sin 7^\circ15'36''+34.984=37.911+34.984=72.895\text{m}$$

$$y=300\ (1-\cos7^\circ15'36'')\ +0.680=2.405+0.680=3.085\text{m}$$

$K12+880$ 桩点坐标：

$$l'=K12+903.013-K12+880=23.013\text{m}$$

$$\varphi=\frac{23.013}{300}\cdot\frac{180^\circ}{\pi}+6^\circ41'04''=4^\circ23'42''+6^\circ41'04''=11^\circ04'46''$$

$$x=300\times\sin 11^\circ04'46''+34.984=57.652+34.984=92.636\text{m}$$

$$y=300\ (1-\cos11^\circ04'46'')\ +0.680=5.591+0.680=6.271\text{m}$$

$K12+860$ 桩点坐标：

$$l'=K12+903.013-K12+860=43.013\text{m}$$

$$\varphi=\frac{43.013}{300}\cdot\frac{180^\circ}{\pi}+6^\circ41'04''=8^\circ12'54''+6^\circ41'04''=14^\circ53'58''$$

$$x=300\times\sin 14^\circ53'58''+34.984=77.136+34.984=112.120\text{m}$$

$$y=300\ (1-\cos14^\circ53'58'')\ +0.680=10.086+0.680=10.766\text{m}$$

$K12+840$ 桩点坐标：

$$l'=K12+903.013-K12+840=63.013\text{m}$$

$$\varphi=\frac{63.013}{300}\cdot\frac{180^\circ}{\pi}+6^\circ41'04''=12^\circ02'04''+6^\circ41'04''=18^\circ43'08''$$

$$x=300\times\sin 18^\circ43'08''+34.984=96.278+34.984=131.262\text{m}$$

$$y=300\ (1-\cos18^\circ43'08'')\ +0.680=15.869+0.680=16.549\text{m}$$

（二）偏角法

1. 缓和曲线段

如图 7-14 所示，设缓和曲线上任一点 P 到 ZH 或 HZ 点的曲线长为 l，偏角为 δ，其弦长 c 近似与曲线长相等，亦为 l，由直角三角形可得

$$\sin\delta=\frac{y}{l}$$

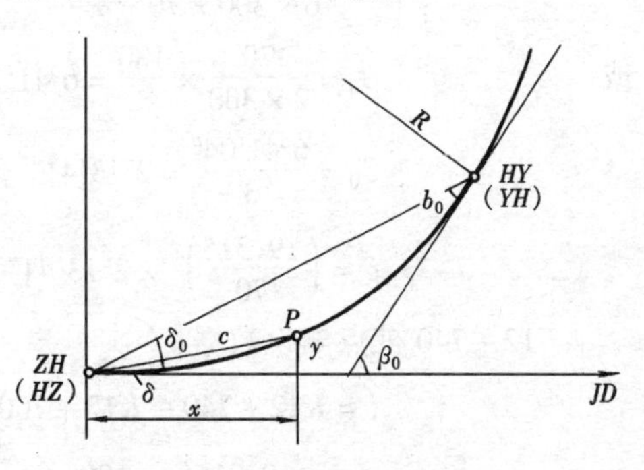

图 7-14　偏角法测设带有缓和曲线的圆曲线

因 δ 很小，则 $\sin\delta\approx\delta$，顾及 $y=\dfrac{l^3}{6Rl_s}$，则

$$\delta = \frac{l^2}{6R \cdot l_s} \frac{180°}{\pi}$$

HY 或 *YH* 点的偏角 δ_0 称为缓和曲线的总偏角。将 $l = l_s$ 代入上式可得

$$\delta_0 = \frac{l_s}{6R} \cdot \frac{180°}{\pi}$$

顾及 $$\beta_0 = \frac{l_s}{2R} \cdot \frac{180°}{\pi}，则$$

$$\delta_0 = \frac{\beta_0}{3}$$

将 δ 与 δ_0 公式相比，又可得

$$\delta = \left(\frac{l}{l_s}\right)^2 \delta_0$$

缓和曲线上任一点的偏角，与该点至缓和曲线起点的曲线长的平方成正比。在按公式计算出缓和曲线上各点的偏角后，可将仪器置于 *ZH* 或 *HZ* 点上，与偏角法测设圆曲线一样进行测设。由于缓和曲线上弦长 $c = l - \frac{l^5}{90R^2 \cdot l_s^2}$，近似等于相对应的曲线长，因而在测设时，弦长一般以弧长代替。弧长 l 的计算方法同支距法。

2. 圆曲线段

圆曲线上各点的测设需将仪器迁至 *HY* 或 *YH* 点上进行。这时只要定出 *HY* 或 *YH* 点的切线方向，就和前面所讲的无缓和曲线的圆曲线一样测设。关键是计算出 b_0 值，在图7-14中，不难看出：$b_0 = \beta_0 - \delta_0 = 3\delta_0 - \delta_0 = 2\delta_0$，将仪器置于 *HY* 点上，瞄准 *ZH* 点，使水平度盘配置在 b_0（当曲线右转时，配置在 $360° - b_0$）。旋转照准部使水平度盘读数为0°00′00″并倒镜，此时视线方向即为 *HY* 点的切线方向。

【例 7-12】 已知条件和例 7-11 相同，在钉出主点后，试采用偏角法按整桩号详细测设，试计算测设所需要的数据？

解： 缓和曲线段上整桩号为 *K*12 + 720、740、760、960、940、920 桩点。

*K*12 + 720 桩点测设数据：

$$l = K12 + 720 - K12 + 700.685 = 19.315\text{m}$$

$$\delta = \frac{19.315^2}{6 \times 300 \times 70} \cdot \frac{180°}{\pi} = 0°10'11''$$

或 $$\beta_0 = \frac{70}{2 \times 300} \times \frac{180}{\pi} = 6°41'04''$$

$$\delta_0 = \frac{6°41'04''}{3} = 2°13'41''$$

∴ $$\delta = \left(\frac{19.315}{70}\right)^2 \times 2°13'41'' = 0°10'11''$$

*K*12 + 740 桩点测设数据：

$$l = K12 + 740 - K12 + 700.685 = 39.315\text{m}$$

$$\delta = \frac{39.315^2}{6 \times 300 \times 70} \cdot \frac{180°}{\pi} = 0°42'10''$$

*K*12 + 760 桩点测设数据：

$$l = K12 + 760 - K12 + 700.685 = 59.315\text{m}$$

$$\delta = \frac{59.315^2}{6 \times 300 \times 70} \cdot \frac{180°}{\pi} = 1°35'59''$$

$K12 + 960$ 桩点测设数据：

$$l = K12 + 973.013 - K12 + 960 = 13.013\text{m}$$

$$\delta = \frac{13.013^2}{6 \times 300 \times 70} \cdot \frac{180°}{\pi} = 0°04'37''$$

$K12 + 940$ 桩点测设数据：

$$l = K12 + 973.013 - K12 + 940 = 33.013\text{m}$$

$$\delta = \frac{33.013^2}{6 \times 300 \times 70} \cdot \frac{180°}{\pi} = 0°29'44''$$

$K12 + 920$ 桩点测设数据：

$$l = K12 + 973.013 - K12 + 920 = 53.013\text{m}$$

$$\delta = \frac{53.013^2}{6 \times 300 \times 70} \cdot \frac{180°}{\pi} = 1°16'41''$$

圆曲线段上的整桩号为：$K12 + 780$、800、820、840、860、880、900 桩点。

$K12 + 780$ 桩点的测设数据：

$$l = K12 + 780 - K12 + 770.685 = 9.315\text{m}$$

$$\Delta = \frac{9.315}{300} \times \frac{90°}{\pi} = 0°53'22''$$

$$C = 2 \times 300 \times \sin 0°53'22'' = 9.315\text{m}$$

$K12 + 800$ 桩点的测设数据：

$$l = K12 + 800 - K12 + 770.685 = 29.315\text{m}$$

$$\Delta = \frac{29.315}{300} \times \frac{90°}{\pi} = 2°47'58''$$

$$C = 2 \times 300 \times \sin 2°47'58'' = 29.303\text{m}$$

$K12 + 820$ 桩点的测设数据：

$$l = K12 + 820 - K12 + 770.685 = 49.315\text{m}$$

$$\Delta = \frac{49.315}{300} \times \frac{90°}{\pi} = 4°42'33''$$

$$C = 2 \times 300 \times \sin 4°42'33'' = 49.259\text{m}$$

$K12 + 900$ 桩点的测设数据：

$$l = K12 + 903.013 - K12 + 900 = 3.013\text{m}$$

$$\Delta = \frac{3.013}{300} \times \frac{90°}{\pi} = 0°17'16''$$

$$C = 2 \times 300 \times \sin 0°17'16'' = 3.013\text{m}$$

$K12 + 880$ 桩点的测设数据：

$$l = K12 + 903.013 - K12 + 880 = 23.013\text{m}$$

$$\Delta = \frac{23.013}{300} \times \frac{90°}{\pi} = 2°11'51''$$

$$C = 2 \times 300 \times \sin 2°11'51'' = 23.007\text{m}$$

$K12 + 860$ 桩点的测设数据：

$$l = K12 + 903.013 - K12 + 860 = 43.013\text{m}$$

$$\Delta = \frac{43.013}{300} \times \frac{90°}{\pi} = 4°06'27''$$

$$C = 2 \times 300 \times \sin 4°06'27'' = 42.976\text{m}$$

$K12 + 840$ 桩点的测设数据：

$$l = K12 + 903.013 - K12 + 840 = 63.013\text{m}$$

$$\Delta = \frac{63.013}{300} \times \frac{90°}{\pi} = 6°01'02''$$

$$C = 2 \times 300 \times \sin 6°01'02'' = 62.897\text{m}$$

（三）极坐标法

由于红外测距仪在通路工程中的广泛使用，极坐标法已成为曲线测设的一种简便、迅速、精确的方法。

如图 7-15 所示，用极坐标法测设曲线时，首要是设定一个直角坐标系：以 ZH 或 HZ 为坐标原点，以其切线方向为 X 轴，并且正向朝向交点 JD，自 X 轴正向顺时针旋转 90°为 Y 轴正向。曲线上各点坐标 x_P、y_P 可按公式计算，如点在缓和曲线段上，则

$$x_p = l - \frac{l^5}{40R^2 l_s^2},\ y_p = \frac{l^3}{6Rl_s}$$

如点在图曲线段上，则 $x = R \cdot \sin\varphi + q$，$y = R(1 - \cos\varphi) + P$。在计算时要注意，当曲线位于 X 轴正向左侧时，y_P 应为负值。

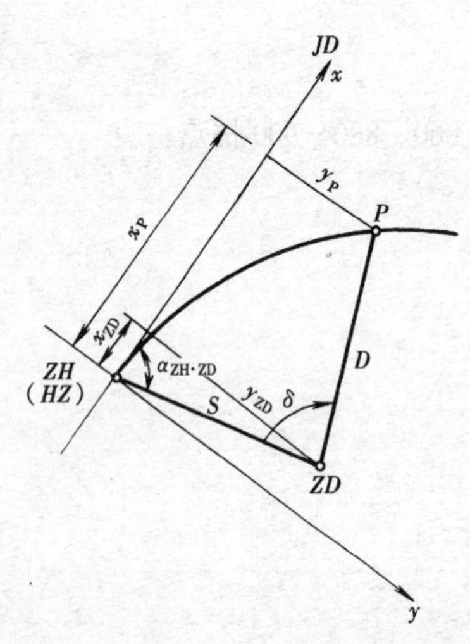

图 7-15 极坐标法

如图 7-15，在曲线附近选一转点 ZD，将仪器置于 ZH 或 HZ 点上，测定 ZH 至 ZD 的距离 S 和 X 轴正向顺时针至 ZD 的角度 $\alpha_{ZH\cdot ZD}$，它即为 $ZH - ZD$ 直线在该坐标系中的方位角，则转点 ZD 的坐标为

$$x_{ZD} = S \cdot \cos\alpha_{ZH\cdot ZD}$$

$$y_{ZD} = S \cdot \sin\alpha_{ZH\cdot ZD}$$

直线 $ZD—ZH$ 和 $ZD—P$ 的方位角为

$$\alpha_{ZD\cdot ZH} = \alpha_{ZH\cdot ZD} \pm 180°$$

$$\alpha_{ZD\cdot P} = \tan^{-1}\frac{y_P - y_{ZD}}{x_P - x_{ZD}}$$

于是

$$\delta = \alpha_{ZD\cdot P} - \alpha_{ZD\cdot ZH}$$

$$D = \sqrt{(x_P - x_{ZD})^2 + (y_P - y_{ZD})^2}$$

在按上述公式计算出曲线上各点的测设角 δ（$0° \leqslant \delta \leqslant 360°$）和距离 D 后，将仪器置

于转点 ZD 上，后视 ZH 或 HZ 点，水平度盘读整配置在 0°00′00″，转动照准部拨角 δ 得到至 P 点的方向，沿此方向测设距离 D，即得 P 点位置。如此可将曲线上各点逐个设置。

【例 7-13】 已知条件和例 7-11 相同，在钉出主点后，已计算出各桩点坐标，若前半曲线改用极坐标法测设。在曲线附近先选定一转点 ZD 点，将仪器置于 ZD 点上，测得 ZH 点至 ZD 点的距离 $S=18.888\text{m}$，切线正向顺时针与 S 直线的夹角 $\alpha=18°46'18''$，试计算各桩的测设角度和距离？

解： 前半曲线上应设置桩号点为：$K12+720$、740、760、780、800、820 桩。

计算 $K12+720$ 桩点的测设数据，已知：$x_{720}=19.315\text{m}$，$y_{720}=0.057\text{m}$

$$x_{ZD}=18.888\times\cos 18°46'18''=17.883\text{m}$$

$$y_{ZD}=18.888\times\sin 18°46'18''=6.078\text{m}$$

$$\alpha_{ZD\cdot ZH}=18°46'18''+180°=198°46'18''$$

$$\alpha_{ZD\cdot 720}=\tan^{-1}\frac{0.057-6.078}{19.315-17.883}=\tan^{-1}\frac{-6.021}{+1.432}=283°22'42''$$

$$\delta=283°22'42''-198°46'18''=84°36'42''$$

$$D=\sqrt{(1.432)^2+(-6.021)^2}=6.189\text{m}$$

计算 $K12+740$ 桩点的测设数据，已知：$x_{740}=39.310\text{m}$，$y_{740}=0.482\text{m}$

$$\alpha_{ZD\cdot 740}=\tan^{-1}\frac{0.482-6.078}{39.310-17.883}=\tan^{-1}\frac{-5.596}{21.427}=345°21'48''$$

$$\delta=345°21'48''-198°46'18''=146°35'30''$$

$$D=\sqrt{(21.427)^2+(-5.596)^2}=22.146\text{m}$$

计算 $K12+760$ 桩点的测设数据，已知：$x=59.273\text{m}$，$y=1.656\text{m}$

$$\alpha_{ZD\cdot 760}=\tan^{-1}\frac{1.656-6.078}{59.273-17.883}=\tan^{-1}\frac{-4.422}{41.390}=353°54'06''$$

$$\delta=353°54'06''-198°46'18''=155°07'48''$$

$$D=\sqrt{(41.390)^2+(-4.422)^2}=41.626\text{m}$$

计算 $K12+780$ 桩点的测设数据，已知：$x=78.160\text{m}$，$y=3.947\text{m}$

$$\alpha_{ZD\cdot 780}=\tan^{-1}\frac{3.947-6.078}{78.160-17.883}=\tan^{-1}\frac{-2.131}{60.277}=357°58'31''$$

$$\delta=357°58'31''-198°46'18''=159°12'13''$$

$$D=\sqrt{(60.277)^2+(-2.131)^2}=60.315\text{m}$$

计算 $K12+800$ 桩点的测设数据，已知：$x=98.808\text{m}$，$y=7.548\text{m}$

$$\alpha_{ZD\cdot 800}=\tan^{-1}\frac{7.548-6.078}{98.808-17.883}=\tan^{-1}\frac{1.470}{80.925}=1°02'26''$$

$$\delta=360°-(198°46'18''-1°02'26'')=360°-197°43'52''=162°16'08''$$

$$D=\sqrt{(80.925)^2+1.470^2}=80.938\text{m}$$

计算 $K12+820$ 桩点的测设数据，已知：$x=118.193\text{m}$，$y=12.450\text{m}$

$$\alpha_{ZD\cdot 820}=\tan^{-1}\frac{12.450-6.078}{118.193-17.883}=\tan^{-1}\frac{6.372}{100.310}=3°38'05''$$

$$\delta=360°-(198°46'18''-3°38'05'')=360°-195°08'13''=164°51'47''$$

$$D=\sqrt{(100.310)^2+6.372^2}=100.512\text{m}$$

第五节　路线纵横断面测量

一、路线纵断面测量

路线纵断面测量，又称中线水准测量。它的主要任务是根据附近水准点测出道路中线各里程桩的地面高程，并根据测得高程和相应的里程桩绘制纵断面图。它为设计路线纵向坡度，计算填挖土方量提供重要的资料。

纵断面测量一般分为两步进行。一是沿路线方向设置水准点，并测量其高程建立路线的高程控制，称为基平测量，俗称“基平”，二是根据水准点的高程，分段进行中桩的水准测量，称为中平测量，俗称“中平”。

（一）基平测量

1. 水准点的设置

水准点是路线高程的控制点，在勘测、施工阶段均要使用。因此，在布设水准点时，应根据需要和用途，可设置永久性水准点和临时性水准点。水准点之间的间隔，一般每1~2km埋设一个永久性水准点，每300~500m埋设一个临时性水准点。水准点应布设在离中线30~50m附近，不受施工影响、使用方便和易于保存的地方，可以利用不易风化的基岩、房屋基台、台阶、桥台等处。水准点应按顺序编号，用红漆标明BM编号、测量单位、年月等。为便于查找，要作点之记。

2. 基平测量方法

首先应将起始水准点与附近国家水准点进行连测，以获得绝对高程。如果线路附近没有国家水准点，可以采用假定高程。

基平测量方法是按照第二章水准测量讲过的水准测量方法进行。通常采用一台水准仪往返测或两台水准仪同向施测，测定出各水准点的高程。

基平测量的精度要求，往返测或两台仪器所测高差的不符值不得超过下列容许值：

$$f_{h容}=\pm 30\sqrt{L}\text{mm}$$

或

$$f_{h容}=\pm 9\sqrt{n}\text{mm}$$

式中　L——水准路线长度，km；

n——测站数。

高差闭合差在容许范围内时，取平均值作为两水准点间高差，否则需重测。最后由起始水准点高程和调整后高差，计算出各水准点的高程。

【例7-14】　基平测量 $BM1$ 到 $BM2$ 一段，往测的高差 $h_{往}=+22.555\text{m}$，返测高差 $h_{返}=-22.530\text{m}$，该段长度为1500m，水准点1的高程40.123m，试检核该段基平测量是否合格，如合格，计算出水准点2的高程。

解： $$f_{h测} = h_{往} + h_{返} = 22.555 - 22.530 = 0.025m = 25mm$$

$$f_{h容} = \pm 30\sqrt{L} = \pm 30\sqrt{1.5} = \pm 37mm$$

因 $$f_{h测} < f_{h容}$$

故该段基平测量合格。

取平均值 $$h_{平均} = \frac{22.555 + 22.530}{2} = 22.542m$$

水准点 2 的高程 $H_2 = H_1 + h_{平均} = 40.123 + 22.542 = 62.665m$

（二）中平测量

中平测量又称中桩抄平，一般采用单程法，即以相邻两个水准点为一测段，从一个水准点出发，逐个施测中桩地面高程，闭合在下一个水准点上。一测段测量闭合后，再测下一个测段。所谓某一测段闭合，就是指从一个水准点开始，测得到下一个水准点的高程应等于它的已知高程或在容许误差之内。测段的闭合差不得超过下列容许值：

$$f_{h容} = \pm 50\sqrt{L}mm$$

式中 L——测段长度，km。

中平测量的方法与第二章中水准测量方法基本相同，但也有特殊性。由于中桩较多，且各桩间距一般均较小，因此可相隔若干个桩安置一次仪器。转点可传递高程，应先观测转点，读数到毫米，视线长度一般不应超过 150m。两转点之间所观测的中桩称为中间点或插点，其读数至厘米，视线长度也可适当放长。

中平测量的施测步骤如图 7-16 和表 7-3 所示，其具体施测步骤如下。

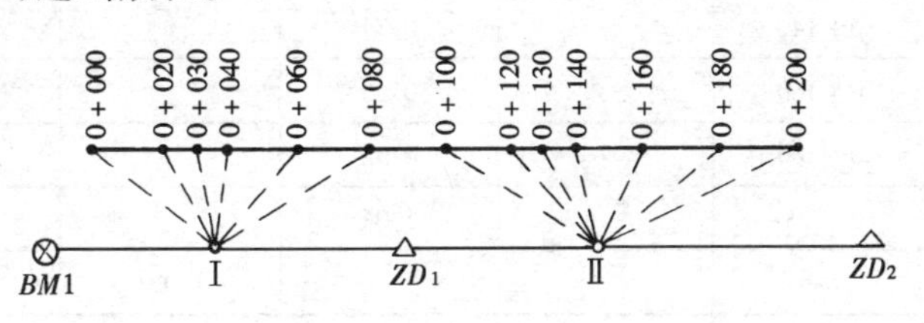

图 7-16 中平测量

（1）将水准仪置于Ⅰ站，调平后，后视水准点 $BM1$，读数为 2.384，前视转点 ZD_1，读数为 0.444，并将其读数记入表 7-3 中后视与前视栏内。

（2）沿路线中线桩 0+000、0+020、……0+080 等逐点立尺并依次观测读数为 1.02、1.40……0.62，将其读数记入 7-3 中的中视栏内。

（3）仪器搬至Ⅱ站，先观测转点 ZD_1，为后视读数 3.876，再观测转点 ZD_2 为前视读数 1.021，分别记入表 7-3 中后视与前视栏内。

（4）沿路线中线桩 0+100、0+120……0+200 等逐点立尺并依次观测读数为 0.50、0.55……1.04，并将其读数记入表 7-3 中的中视栏内。

（5）继续按上述步骤向前观测，直至闭合到水准点 $BM2$ 上，完成了一个测段的观测工作。

（6）计算测段的闭合差，即中平测段高差与该测段两水准点高差之差。如果在容许误差的范围内，可按下式计算高程，否则重测。

视线高程 = 后视点的高程 + 后视读数

转点高程 = 视线高程 - 前视读数

中桩高程 = 视线高程 - 中视读数

并将计算成果分别记入表 7-3 相应的栏内。

中平测量记录手簿 表 7-3

工程名称 *BM*1 ~ *BM*2　　日　期 2003.3.1　　观　测 李　明

仪器型号 DS_3-012　　天　气 阴　　记　录 张　立

测　点	水准尺读数（m）			视线高 (m)	高　程 (m)	备　注
	后视	中视	前视			
BM1	2.384			42.507	40.123	绝对高程
0+000		1.02			41.49	
0+020		1.40			41.11	
0+030		0.35			42.16	
0+040		1.91			40.60	
0+060		0.88			41.63	
0+080		0.62			41.89	
ZD_1	3.876		0.444	45.939	42.063	
0+100		0.50			45.44	
0+120		0.55			45.39	
0+130		0.68			45.26	
0+140		0.74			45.20	
0+160		0.86			45.08	
0+180		0.92			45.02	
0+200		1.04			44.90	
ZD_2			1.021		44.918	

（三）纵断面图的绘制

路线纵断面图是沿道路中线竖向剖面图，它是根据路线水准测量的资料绘制在透明的厘米方格纸上的，它表示道路中线上地面高低起伏的变化状态。纵断面图采用直角坐标，横坐标表示里程，纵坐标表示高程。通常横坐标采用 1:2000，纵坐标采用 1:200，能比较明显地表示地面起伏变化。

纵断面图的形式内容，如图 7-17 所示。图的上部有地势起伏的地面线，用细的折线表示，它是根据中平测量的中桩高程绘制的；纵坡设计线，用粗的折线表示，它是经技术、经济等多方面考虑而设计的；此外还有竖曲线元素示意图；水准点位置、编号及其高程；桥涵类型、孔径、跨数、长度、里程桩等。在图的下部注明各种资料，其主要内容是：

（1）直线和曲线栏表示中线示意图，中线的直线段画水平线，曲线部分用直角的折线表示，上凸的表示向右转弯，下凸的表示向左转弯，并注明平曲线资料，一般只注交点编号和曲线半径。不设曲线的交点位置用锐角折线表示。

（2）里程栏　按横坐标比例尺准确标注里程桩号。为了便于阅读，一般只标明百米桩和公里桩。

（3）地面高程栏　根据中平测量成果填写各里程桩的地面高程。依照中桩的里程和地

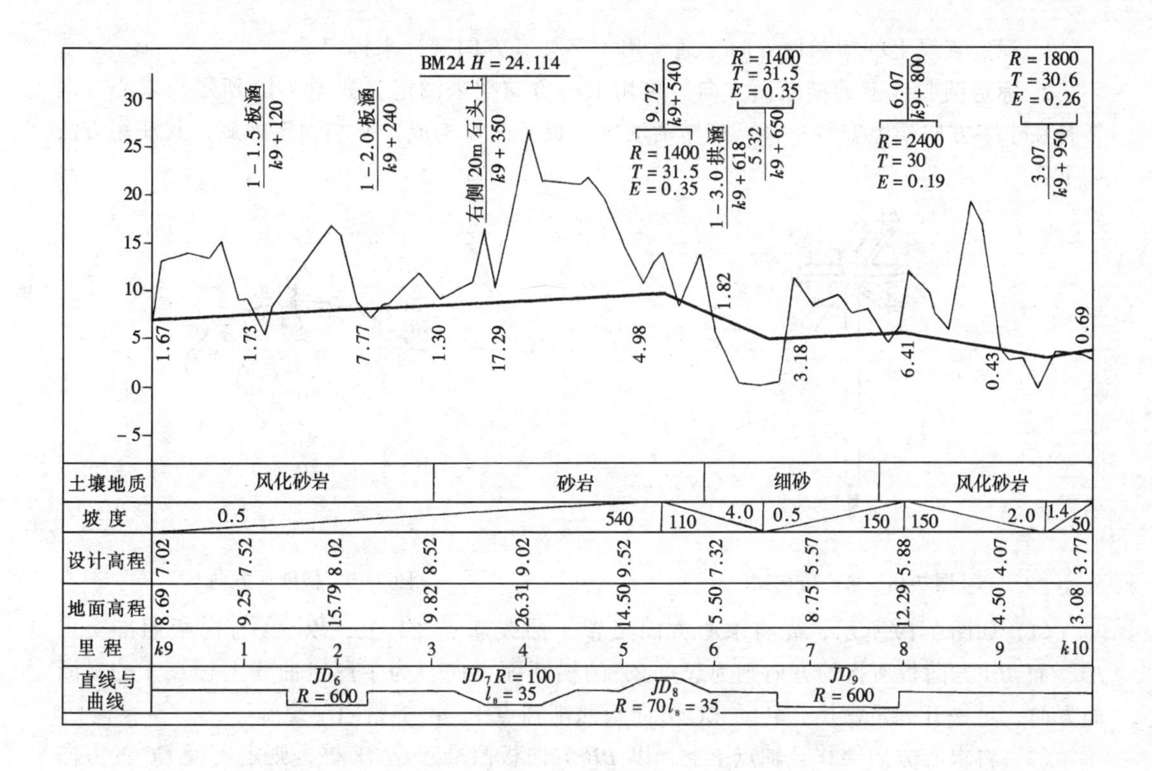

图 7-17　纵断面图

面高程，在图的上部按比例尺依次画出各中桩的地面位置，并将相邻点用直线连接便得出地面纵断面线。

（4）设计高程栏　根据使用经济、合理的要求，定出分段设计坡度并计算出纵坡坡度变化点的设计高程，以及地面相应点的设计高程。并在图的上部将设计点用直线连接而得出设计纵断面线。

（5）坡度栏　表示道路的设计纵坡度，即设计线的斜率，标明纵坡值和坡长，水平线表示平坡、斜线表示斜坡，从左至右向上斜的表示上坡，向下斜的表示下坡，斜线上面数值为坡度值，通常以百分比表示，斜线下面数值表示坡长。在设计线的变坡点处，通常设置竖曲线。

（6）土壤地质栏　标明路段的土壤地质情况。

二、横断面测量

横断面测量是测定中桩两侧垂直于中线方向的地面高程，并绘制出横断面图。它为路基设计、计算路基土石方量、布置人工构筑物以及施工放样而提供依据。

横断面测量的主要内容有标定横断面方向、测量中桩两侧横断面方向地形变化点的距离和高差、绘制横断面图等三个方面。

横断面测量的宽度，应视中桩填挖高度、路基宽度、边坡大小以及工程要求而确定，一般要求在中线两则各侧 15～30m。

（一）标定横断面方向

标定横断面方向会遇到两种情况，其一是测点在直线上，它的横断面方向是和直线相垂直；其二是测点在圆曲线上，它的横断面方向是和该点切线相垂直，即为该点半径方向。

1. 标定直线上的横断面方向　通常用十字架（方向架）来标定。

2. 标定圆曲线上的横断面方向　可用求心方向架来测定，如图 7-18 所示。求心方向架是在十字方向架上安装一根可旋转活动定向板 *C—C* 构成，并加固定螺旋，其使用方法如下：

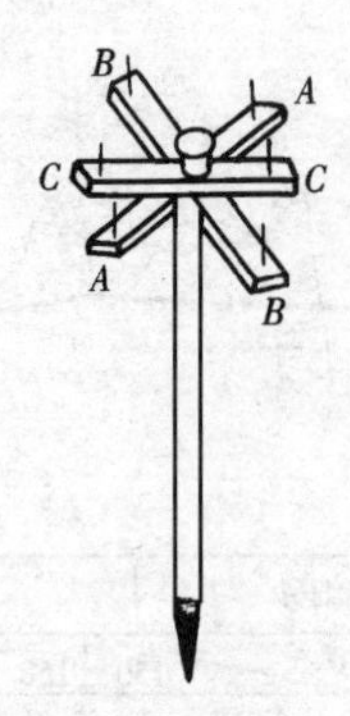

图 7-18　求心方向架

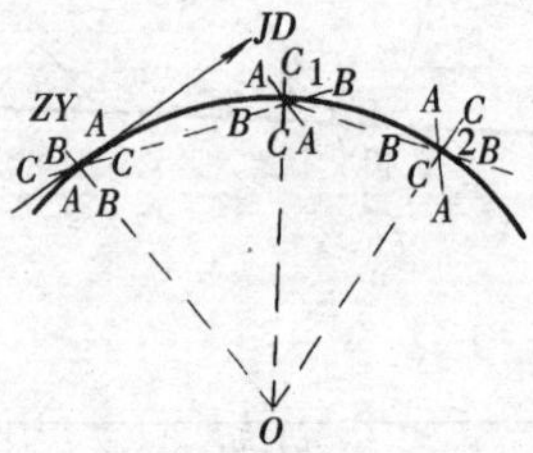

图 7-19　横断面方向

(1) 如图 7-19 所示，先将求心方向架置于曲线起点 *ZY* 上，以 *AA* 方向板照准交点 *JD*，而 *BB* 方向板所指的方向则为起点 *ZY* 的横断面方向。为了测定曲线上辅点 1 的横断面方向，可松开固定螺旋，转动 *CC* 方向板照准辅点 1，再旋紧固定螺旋。

(2) 将求心方向架移至辅点 1 上，以 *BB* 方向板照准起点 *ZY* 桩，则定向板 *CC* 的方向即为 1 点横断面方向。从图 7-19 中可明显看出 *BB* 与 *CC* 的夹角不变，因此 *CC* 即为半径方向。为了求辅点 2 的横断面方向，在 1 点以 *BB* 方向板照准 1 点横断面方向，再松开固定螺旋，转动 *CC* 定向板照准 2 点，旋紧固定螺旋。

(3) 再将求心方向架移到 2 点上，以 *BB* 方向板照准 1 点木桩，则定向板 *CC* 的方向即为 2 点横断面方向。

(4) 重复上述步骤，就可求出曲线上各点横断面方向。

（二）横断面的施测方法

横断面的施测方法很多，主要应根据地形条件来选用施测工具和方法。由于横断面图一般用于路基的断面设计和土方计算，对地面点距离和高差的测定，只需精确至 0.1m 即可。因此，横断面测量常采用简易的测量工具和方法进行。下面介绍几种常用的方法。

1. 水准仪法

当横断面宽度较宽、精度要求较高时，可采用水准仪测出各横断面上各点之高程，如图 7-20 所示。先后视里程桩 0+000 读取后视读数，然后将各横断面各点作为前视点观测，读取前视读数，最后计算出各种横断面上各点的高程。

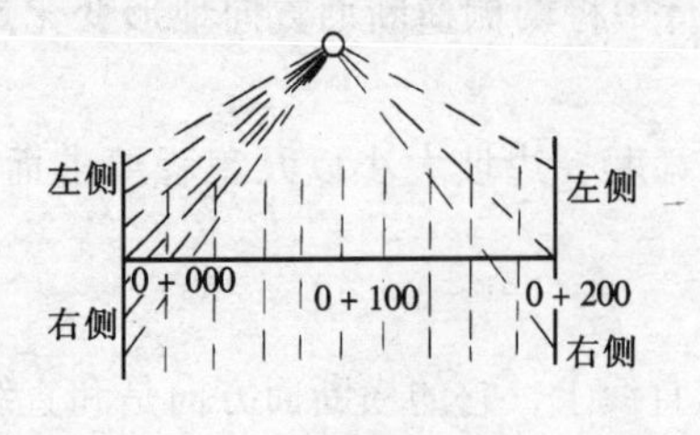

图 7-20　水准仪法

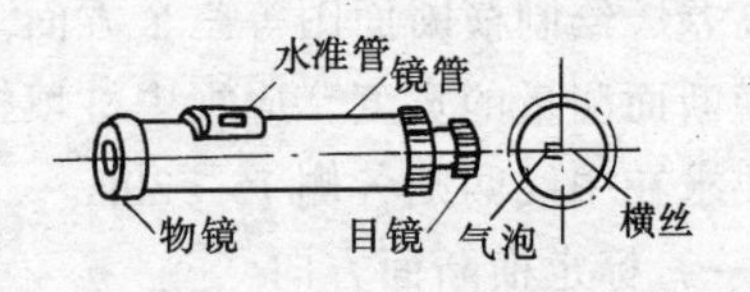

图 7-21　手水准仪

2. 手水准仪法

手水准仪如图 7-21 所示，它是概略地测定地面两点间高差的轻便仪器，其精度能满足道路工程要求，是横断面测量常用的方法，手水准仪构造简单，它是长约 15cm 的圆形或方形的金属筒，筒上装有水准管。通过三棱镜折射的气泡的影像可在目镜筒内观察，当水准气泡被横丝平分时，表示气泡居中，则视线水平。

手水准仪测高差的具体操作方法如下：

将手水准仪架设于木杆上部的凹槽中，如图 7-22 所示，并将嵌有手水准仪的木杆立于里程桩上，如 0 + 000，量出手水准仪架设高度 $i = 1.5$m，然后以手准仪瞄准横断面上左侧 1、2、3、4 各立尺点，测出各立尺点的前视读数，同法读取右侧 1′、2′、3′、4′各立尺点的前视读数，并用皮尺量出各点间的距离。根据手水准的高度与各立尺点读数之差，即可求得中桩与各点的高差。如高差为正，表明该点比中桩点高；高差为负，表明该点比中桩点低，将其记录记入表 7-4 中。在图 7-22 中，中桩 0 + 000 与左侧 1 点间高差 $h_{01} = 1.5 - 2.0 = -0.5$m；中桩 0 + 000 与左侧 2 点间高差为 $h_{02} = 1.5 - 1.0 = +0.5$m，而左侧 1、2 点间高差为 $h_{12} = 0.5 + 0.5 = 1.0$m，记录格式如表 7-4，分子表示两相邻点间高差；分母表示两相邻点距离。有的记录格式，分子表示中桩点与各点的高差；分母表示中桩点与各点的距离，在使用记录时尤为注意。在施测时，横向地形起伏较大，当手准仪安设在中桩点测出 1 点后，再将手水准仪移至 1 点测出 1、2 点间高差，直至测到所需横断面宽度为止。

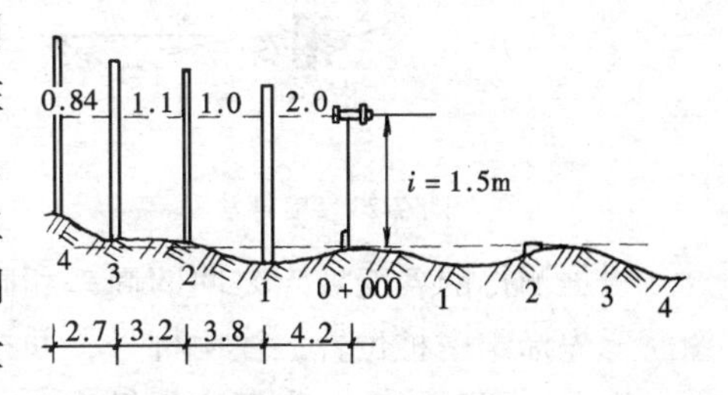

图 7-22　手水准仪法

横断面测量记录手簿　　**表 7-4**

$\frac{高差}{间距}$ 左　侧	桩　号	右　侧 $\frac{高差}{间距}$
$\frac{+0.26}{2.7}$　$\frac{-0.1}{3.2}$　$\frac{+1.0}{3.8}$　$\frac{-0.5}{4.2}$	0 + 000	$\frac{-0.8}{5.7}$　$\frac{+0.6}{3.6}$　$\frac{+0.2}{3.4}$　$\frac{-1.2}{4.5}$

用手水准测量横断面，简易、迅速，能满足横断面测量精度要求，当地面起伏较大时经常用这种方法。

3. 抬杆法

抬杆法是利用两根标杆（花杆）一平一竖地从中桩分别向两侧丈量，依次量出各地面变化点之间的水平距离和高差，如图 7-23 所示。为使横杆抬平，最好在杆上装以水准管。当水平距离用皮尺拉出时，称为标杆皮尺法。当高差用标杆系上皮尺来量取时，称为钓鱼法。

该法简易、轻便、迅速，多用于山区横坡变化较大的地段，其测量精度较低。

4. 经纬仪法

在地形复杂、山坡较陡的地段宜采用经纬仪施测。将经纬仪安置在中桩上，用视距测量方法测出横断面方向各变坡点至中桩的水平距离和高差。

（三）横断面图的绘制

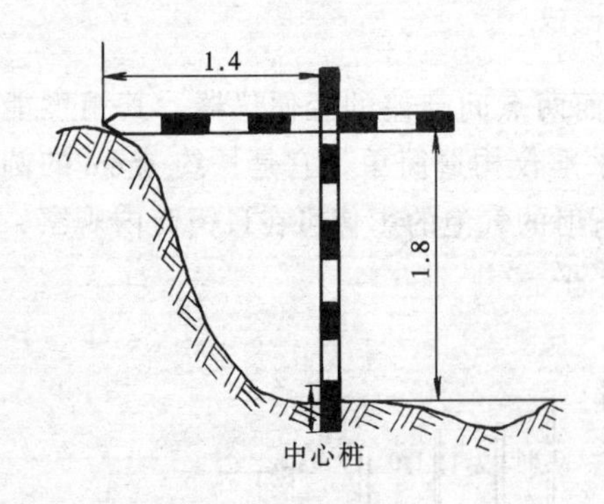

图 7-23　抬杆法

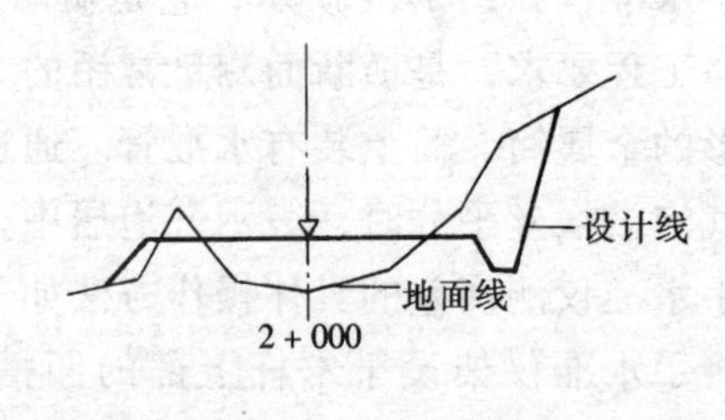

图 7-24　横断面图绘制

根据测得的各变坡点之间的高差和间距，在厘米方格纸上画出各中桩的横断面图。绘图时，先标定中桩位置，注明桩号，并按排列次序依次绘出。为了计算面积方便，应使纵向、横向比例尺一致，常用比例尺为 1∶100 或 1∶200。由中桩位置开始，逐一将变坡点标定在图上，再用直线把相邻点连接起来，即可得到地面线，如图 7-24 所示，其细实线部分即为地面线。经过路基设计，再绘出路基断面的设计线，如图中粗实线部分。取后就可以计算横断面面积及土方数量。

横断面图绘制方法简单，但工作量很大。为提高工效，常在现场边测边绘，并能及时核对、修正，保证图的正确性。

第六节　路线地形图的测绘

路线地形图测绘的主要任务是测绘全线带状地形图和某些局部地区的专用地形图。在实测地形图上可进行路线方案比较，图上定线以及人工构筑物的布局等。

一、路线带状地形图

路线带状地形图是直接以道路中线或导线作为测图的控制，沿路线两侧一定的范围内而测绘的带状地形图。它表示了路线的布设情况并反映出路线中线与两则地貌、地物的关系。

路线带状地形图的比例尺、等高距和施测宽度一般规定如下：

1. 平原微丘区

地形图的比例尺常用 1∶5000，等高距为 5m，施测宽度为中线两侧在图上各不少于 3cm，在实地两侧各不少于 150m。

2. 山岭重丘区

地形图比例尺常用 1∶2000，等高距为 2m，施测宽度为中线两侧在图上各不少于 5cm，在实地两侧各不少于 100m。

3. 城市道路

地形图比例尺常用 1∶500～1∶2000，施测宽度为中线两侧在实地各不少于 50m。

二、局部地区专用地形图

局部地区专用地形图是指大中型桥梁、隧道、渡口、改河工程、不良地质防治地段、大型防护工程、重要的交叉口、停车场、广场等处特殊工程的地形图，它为特殊工程的设计、平面布置及工程量的计算提供依据。其比例尺一般多用1:500或1:200。局部地区专用地形图测绘时，一般均以道路中线为测图的基本控制，其施测范围依设计要求而定，一般应测至施工范围以外30~100m。有时为了保证测图的精度，专用地形图应单独建立与路线有联系的测量控制网，如导线网或三角网等。

三、导线的展绘

道路地形图常以道路中线作为测图导线，在测绘地形图前，要将导线展绘在图纸上，以便测图。城镇街道应具有坐标，其中线图可按交点 JD 的坐标展绘，其展绘方法详见第五章第一节经纬仪导线的展绘。一般道路常根据交点间距和转角用正切法展绘，其展绘方法如下：

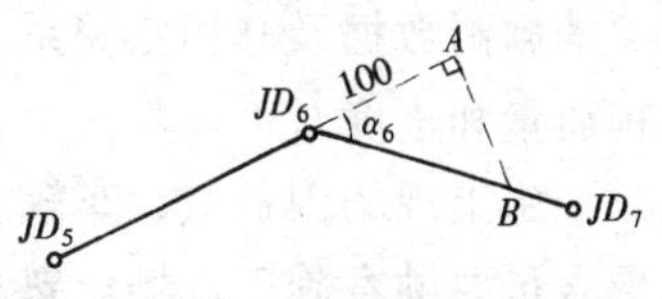

图7-25　正切法展绘点

(1) 先利用草图在图纸上合理地布置图位，一般选一个较长的导线边作起始边，按测图比例尺绘出，如图7-25中的 JD_5 至 JD_6。

(2) 将 JD_5 至 JD_6 延长100mm至 A 点，根据转角的转向准确地绘出过 A 的垂线。

(3) 计算出 $AB = 100 \cdot \tan\alpha_6$ 之数值，按比例尺在 A 点的垂线上量取 AB 长得 B 点，连 JD_6 至 B 即得 JD_6 至 JD_7 的方向。

(4) 用量角器校对转角 α_6 值无误后，由 JD_6 按交点间距离定出 JD_7。

(5) 同法展绘其他各边。然后绘制弯道曲线、里程桩、转点桩等，并标注高程。

四、测图的方法

测图就是以交点桩、转点桩、里程桩等作为测图的测站，采用地形测量的方法，测绘道路中线两侧的碎部点的位置而成图。

地形测量的方法已在第五章第三节讲述过。在平坦地区小面积测图，采用小平板仪法比较适宜、简单轻便、技术易掌握，但精度较差。对于地形较复杂的大面积测图，采用小平板仪与经纬仪合测法比较适宜，边测边绘边核对，工作紧凑、效率高，目前在道路工程测量中一般采用此法测图。

在已有地形图的地区需测绘带状地形图时，可将道路中线展绘在原有的地形图上，然后再根据现状的地形修测原图，以节省人力、物力和时间。

在山区、林区由于通视不良，不便采用上述方法测图，可用横断面测图法比较有利。该法是根据中线图上纵横断面的高程，先在室内按内插法勾绘出等高线图，然后再到现场校核并补测地物，这也是一种节省外业时间的常用方法。但该法一般很少单独采用，通常在局部地区作为辅助手段配合其他方法共同完成测图工作。

第七节　道路施工测量

道路施工测量的主要任务是根据工程进度的需要，按照设计的要求，及时恢复道路中线和测设高程标志以及细部测设和放线等，作为施工人员掌握道路平面位置和高程的依据，以保证按图施工。其内容有施工前的测量工作和施工过程中的测量工作。

一、施工前的测量工作

施工前的测量工作的主要内容有熟悉设计图纸和现场情况、复恢中线、加设施工控制桩、增设施工水准点、纵横断面的加密与复测、工程用地测量等。

(一) 熟悉设计图纸和现场情况

道路设计图纸主要有路线平面图，纵、横断面图，标准横断面图和附属构筑物图等。接到施工任务后，测量人员首先要熟悉道路设计图纸。通过熟悉图纸，在了解设计意图和对工程测量精度要求的基础上，熟悉道路的中线位置和各种的附属构筑物的位置，掌握有关的施测数据及其相互关系。同时要认真校核各部位尺寸，发现问题及时处理，以确保工程质量和进度。

施工现场因机械、车辆、材料堆放等原因，各种测量标志易被碰动或损坏，因此，测量人员要勘察施工现场。熟悉施工现场时，除了解工程及地形的情况外，应在实地找出中线桩、水准点的位置，必要时应实测校核，以便及时发现被碰动破坏的桩点，并避免用错点位。

(二) 恢复中线

工程设计阶段所测定的中线桩至开始施工时，往往有一部分桩点被碰动或丢失的现象。为保证工程施工中线位置准确可靠，在施工前根据原定线的条件进行复核，并将丢失的交点桩和里程桩等恢复校正好。此项工作往往是由施工单位会同设计、规划勘测部门共同校正恢复。

对于部分改线地段，则应重新定线并测绘相应的纵、横断面图。恢复中线时，一般应将附属构筑物如涵洞、挡土墙、检修井等的位置一并定出。

(三) 加设施工控制桩

经校正恢复的中线位置桩，在施工中往往要被挖掉或掩盖，很难保留。因此，为了在施工中准确控制工程的中线位置，应在施工前根据施工现场的条件和可能，选择不受施工干扰、便于使用、易于保存桩位的地方，测设施工控制桩。其测设方法有平行线法、延长线法和交会法等。

1. 平行线法

该法是在路线边 1m 以外，以中线桩为准测设两排平行中线的施工控制桩，如图 7-26 所示。适用于地势平坦、直线段较长的路线上。控制桩间距一般取 10～20m，用它既控制中线位置，又控制高程。

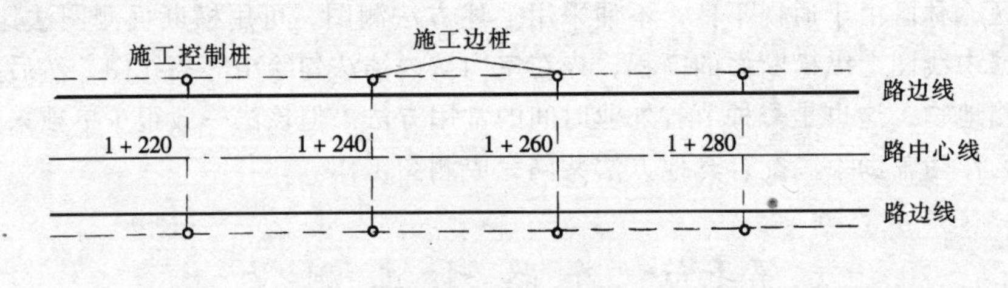

图 7-26　平行线法

2. 延长线法

该法是在中线延长线上测设方向控制桩，当转角很小时可在中线的垂直方向测设控制桩，如图 7-27 所示。此法适用于地势起伏大、直线段较短的路段上。

3. 交会法

该法是在中线的一侧或两侧选择适当位置设置控制桩或选择明显固定地物，如电杆、房屋的墙角等作为控制，如图 7-28 所示。此法适用于地势较开阔、便于距离交会的路段

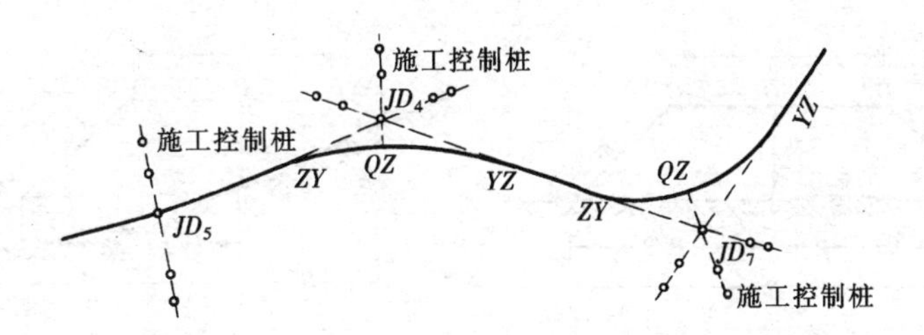

图 7-27　延长线法

上。

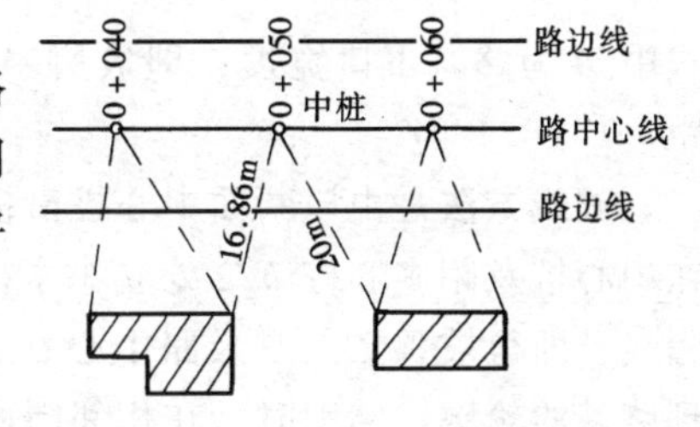

图 7-28　交会法

上述三种方法无论在城镇区、郊区或山区的道路施工中均应根据实际情况互相配合使用。但无论使用哪种方法测设控制桩，均要绘出示意图、量距并做好记录，以便查用。

（四）增设施工水准点

为了在施工中引测高程方便，应在原有水准点之间加设临时施工水准点，其间距一般为 100～300m。对加密的施工水准点，应设置在稳固、可靠、使用方便的地方。其引测精度应根据工程的性质、要求不同而不同。引测的方法按照水准测量的方法进行。

（五）纵、横断面的加密与复测

当工程设计定测后至施工前一段时间较长时，线路上可能出现局部变化，如挖土、堆土等，同时为了核实土方工程量，亦需核实纵、横断面资料，因此，一般在施工前要对纵、横断面进行加密与复测。

（六）工程用地测量

工程用地是指工程在施工和使用中所占用的土地。工程用地测量的任务是根据设计图上确定的用地界线，按桩号和用地范围，在实地上标定出工程用地边界桩，并绘制工程用地平面图，也可以利用设计平面图圈绘。此外，还应编制用地划界表并附文字说明，作为向当地政府及有关单位申请征用或租用土地、办理拆迁、补偿的依据。

二、施工过程中的测量工作

施工过程中的测量工作又俗称施工测量放线，它的主要内容有路基放线、施工边桩的测设、竖曲线的测设、路面放线和道牙与人行道的测量放线等。

（一）路基放线

路基的形式基本上可分为路堤和路堑两种。路堤如图 7-29 所示，路堑如图 9-31 所示。路基放线是根据设计横断面图和各桩的填、挖高度，测设出坡脚、坡顶和路中心等，构成路基的轮廓，作为填土或挖土的依据。

1. 路堤放线

如图 7-29（a）所示为平坦地面路堤放线情况。路基上口 b 和边坡 $1:m$ 均为设计数值，填方高度 h 可从纵断面图上查得，由图中可得出：

$$B = b + 2mh$$

或

$$B/2 = b/2 + mh$$

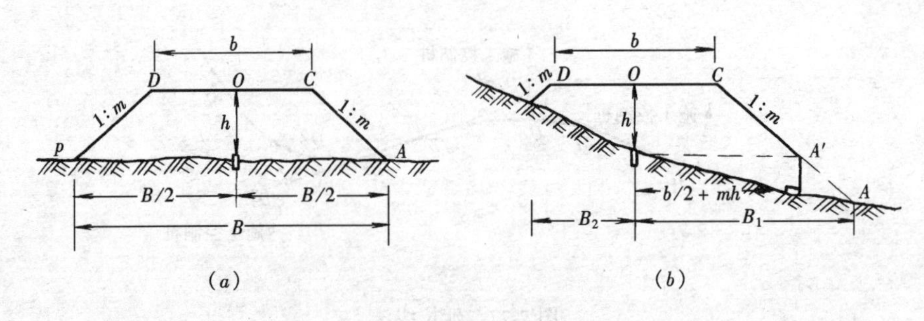

图 7-29　路堤路基放线

式中 B 为路基下口宽度，即坡脚 A、p 之距；$B/2$ 为路基下口半宽，即坡脚 A、p 的半距。

放线方法是由该断面中心桩沿横断面方向向两侧各量 $B/2$ 钉桩，即得出坡脚 A 和 p。在中心桩及距中心桩 $b/2$ 处立小木杆（或竹杆），用水准仪在杆上测设出该断面的设计高程线，即得坡顶 C、D 及路中心 O 三点，最后用小线将 A、C、O、D、P 点连起，即得到路基的轮廓。施工时，在相邻断面坡脚的连线上撒出白灰线作为填方的边界。

图 7-29（b）所示为地面坡度较大时路堤放线情况。由于坡脚 A、P 距中心桩的距离与 A、P 地面高低有关，故不能直接用上述公式算出，通常采用坡度尺定点法和横断面图解法。

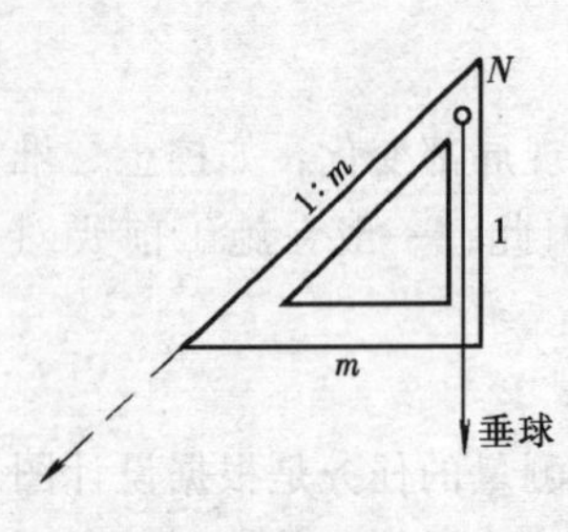

图 7-30　坡度尺

坡度尺定点法是先做一个符合设计边坡 $1:m$ 的坡度尺，如图 7-30 所示，当竖向转动坡度尺使直立边平行于垂球线时，其斜边即为设计坡度。

用坡度尺测设坡脚的方法是先用前一方法测出坡顶 C 和 D，然后将坡度尺的顶点 N 分别对在 C 和 D，用小线顺着坡度尺斜边延长至地面，即分别得到坡脚 A 和 P。当填方高度 h 较大时，由 C 点测设 A 点有困难，可用前一方法测设出与中桩在同一水平线上的边坡点 A'，再在 A' 点用坡度尺测设出坡脚 A。

横断面图解法是用比例尺在已设计好的横断面上（俗称已戴好帽子的横断面），量得坡脚距中心的水平距离，即可在实地相应的断面上测设出坡脚位置。

2. 路堑放线

如图 7-31（a）所示为平坦地面上路堑放线情况。其原理与路堤放线基本相同，但计

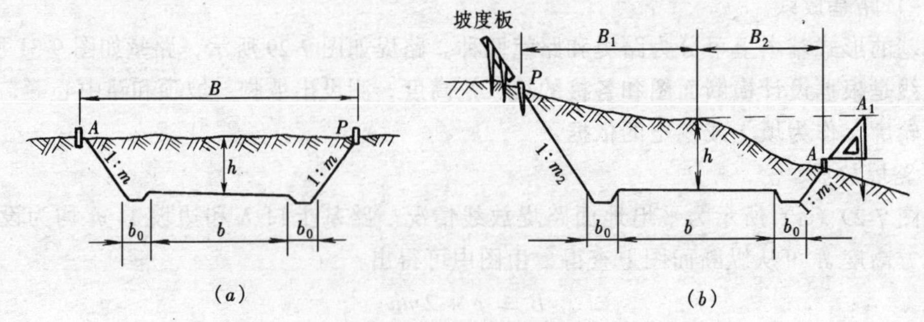

图 7-31　路堑路基放线

算坡顶宽度 B 时，应考虑排水边沟的宽度 b_0，

即
$$B = b + 2(b_0 + mh)$$
$$B/2 = b/2 + b_0 + mh$$

图 7-31（b）所示为地面坡度较大时的路堑放线情况。其关键是找出坡顶 A 和 P，按前法或横断面图解法找出 P、A（或 A_1）。当挖深较大时，为方便施工，可制作坡度尺或测设坡度板，作为施工时掌握边坡的依据。

3. 半填半挖的路基放线

在修筑山区道路时，为减少土石方量，路基常采用半填半挖形式，如图 7-32 所示。这种路基放线时，除按上述方法定出填方坡脚 A 和挖方坡顶 P 外，还要测设出不填不挖的零点 O'。其测设方法是用水准仪直接在横断面上找出等于路基设计高程的地面点，即为零点 O'。

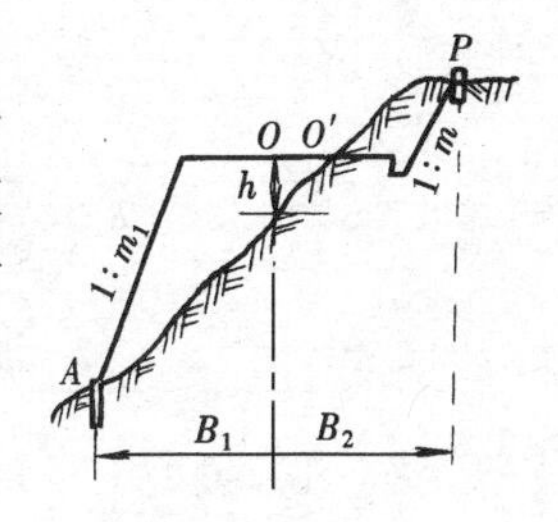

图 7-32 半填半挖路基放线

（二）施工边桩的测设

由于路基的施工致使中线上所设置的各桩被毁掉或填埋，因此，为了简便施工测量工作，可用平行线加设边桩，即在距路面边线为 0.5~1.0m 以外，各钉一排平行中线的施工边桩，作为路面施工的依据，用它来控制路面高程和中线位置。

施工边桩一般是以施工前测定的施工控制桩为准测设的，其间距 10~30m 为宜。当边桩钉置好后，可按测设已知高程点的方法，在边桩测设出该桩的道路中线的设计高程钉，并将中线两侧相邻边桩上的高程钉用小线连起，使得到两条与路面设计高程一致的坡度线。为了防止观测和计算错误，在每测完一段应附合到另一水准点上校核。

如施工地段两侧邻近有建筑物时，可不钉边桩，利用建筑物标记里程桩号，并测出高程，计算出各桩号路面设计高的改正数，在实地标注清楚，作为施工的依据。

如果施工现场已有平行中线的施工控制桩，并且间距符合施工要求，则可一桩两用不再另行测设边桩。

（三）竖曲线的测设

在道路路线纵坡变化处，为了保证行车的安全和舒顺，按规范规定，应以圆曲线连接起来，这种曲线称为竖曲线，竖曲线有凹形和凸形两种，如图 7-33 所示。

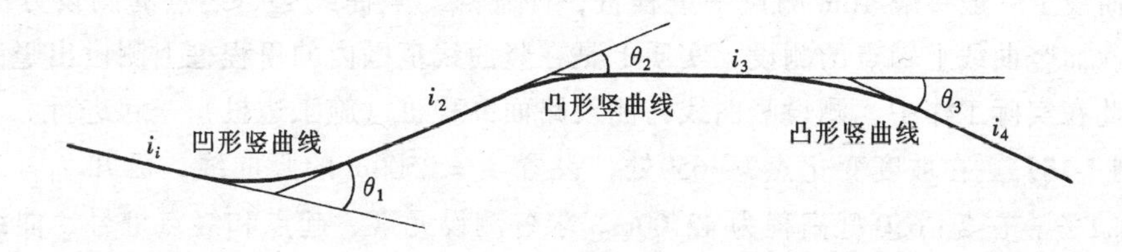

图 7-33 竖曲线

竖曲线一般采用圆曲线，这是因为在一般情况下，相邻坡度差都很小，而选用的竖曲线半径都很大，因此即使采用二次抛物线等其他曲线，所得结果是相同的。

测设竖曲线是根据路线纵断面设计中给定的半径 R 和两坡道的坡度 i_1 和 i_2 进行的。测设前应首先计算出测设元素，即曲线长 L、切线长 T 和外距 E。由图 7-34 可得：

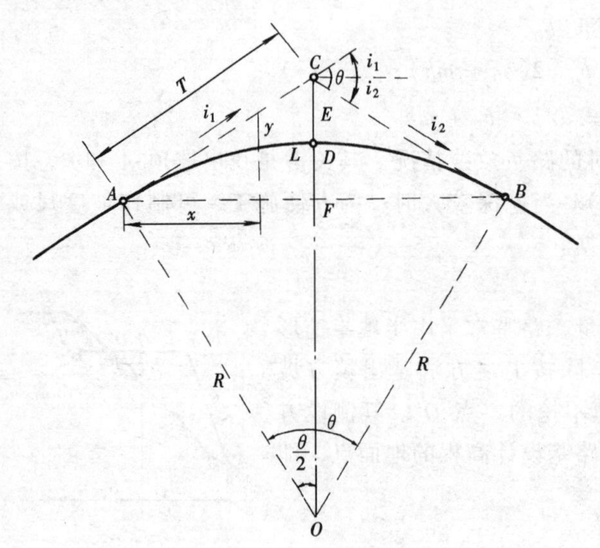

图 7-34 竖曲线测设元素

$$L = R \cdot \theta$$

式中 θ 是竖向转折角，其值一般都很小，故可用两坡度值 i_1、i_2 的代数差代替即：

$$\theta = i_1 - i_2$$

$$则 L = R \cdot \theta = R(i_1 - i_2)$$

$$T = R \cdot \tan\frac{\theta}{2}$$

由于 θ 值很小 $\therefore \tan = \frac{\theta}{2} = \frac{\theta}{2}$

则 $T = R \cdot \frac{\theta}{2} = \frac{L}{2} = \frac{1}{2}R\ (i_1 - i_2)$

由图 7-34，不难证明，外距 E 计算式为

$$E = \frac{T^2}{2R}$$

T 值求出后，由变坡点 C 沿路中线向两边量 T 值，即可钉出竖曲线的起点 A 和终点 B。竖曲线中间各点按直角坐标法测定 y_i 值，即竖曲线上的标高改正值。

其计算式为 $$y_i = \frac{x_i^2}{2R}$$

式中　y 在凹形竖曲线中为正号，在凸形竖曲线中为负号；x 为竖曲线上任一点至竖曲线起点或终点的水平距离。

当曲线中间各点的标高改正数 y_i 求出后，并与坡道上各点的坡道高程 H'_i 相加，即得到竖曲线上各点的设计高程 H_i，即

$$H_i = H'_i + y_i$$

曲线上各里程桩的设计高程求出后，就可用测设已知高程点之方法在各桩上测设出设计高程线，即得到竖曲线上各点之位置。

在实际测设中，同样可查《竖曲线测设表》，以取得相应的曲线测设元素和标高改正数。

竖曲线上一般每隔 10m 测设一里程桩，即辅点。竖曲线起、终点的测设方法与圆曲线相同，而竖曲线上辅点的测设，实质上是在竖曲线范围内的里程桩上测设出竖曲线的高程。因此在实际工作中，测设竖曲线与测设路面高程桩（施工边桩）一起进行。

【例 7-15】　在坡度变化点2+650处，设置 $R = 2500$m 的竖曲线，已知 $i_1 = +2.5\%$、$i_2 = -1.1\%$、在 2+650 处高程为 42.00m，求各测设元素、起点和终点桩号、曲线上每隔 10m 间隔的里程桩的标高改正数和设计高程。

解：
$$L = R(i_1 - i_2) = 2500 \times (2.5\% + 1.1\%) = 90.00\text{m}$$

$$T = \frac{1}{2}L = \frac{1}{2} \times 90.00 = 45.00\text{m}$$

$$E = \frac{T^2}{2R} = \frac{(45.00)^2}{2 \times 2500} = 0.40\text{m}$$

竖曲线起点桩号 = （2 + 650） − 45.00 = 2 + 605

竖曲线终点桩号 = （2 + 650） + 45.00 = 2 + 695

竖曲线起点坡道高程 = 42.00 − 45 × 2.5% = 40.875m

竖曲线终点坡道高程 = 42.00 − 45 × 1.1% = 41.505m

每隔 10m 钉一加桩，故 $x_1 = 10m$、$x_2 = 20m$、$x_3 = 30m$、$x_4 = 40m$、$x_5 = 45m$（坡度变化点），按公式计算出各标高改正数 y 值：

$$y_1 = -\frac{x_1^2}{2R} = -\frac{(10)^2}{2 \times 2500} = -0.02$$

$$y_2 = -\frac{x_2^2}{2R} = -\frac{(20)^2}{2 \times 2500} = -0.08$$

$$y_3 = -\frac{x_3^2}{2R} = -\frac{(30)^2}{2 \times 2500} = -0.18$$

$$y_4 = -\frac{x_4^2}{2R} = -\frac{(40)^2}{2 \times 2500} = -0.32$$

$$y_5 = E = -0.40$$

由于该竖曲线是凸形竖曲线，因此 y 值为负值。

计算各点的坡道高程，如 2 + 615 桩号的高程 $H'_1 = 40.875 + 10 \times 2.5\% = 41.125$m，2 + 625 桩号的高程 $H_2 = 41.125 + 10 \times 2.5\% = 41.375$m，同理可计算出其余各点之坡道高程。

计算竖曲线高程，如 2 − 615 桩号的高程为 $H_1 = 41.125 - 0.02 = 41.105$m，2 + 625 桩号的高程为 $H_2 = 41.375 - 0.08 = 41.295$m，同理计算出其余各点之竖曲线高程，即路面设计高程。其计算高程表格如表 7-5 所示。

表 7-5

桩号	至起点、终点距离	标高改正数 y	坡道高程	竖曲线高程	备　注
2 + 605		0.00	40.875	40.875	竖曲线起点
2 + 615	$x_1 = 10$	$y_1 = -0.02$	41.125	41.105	
2 + 625	$x_2 = 20$	$y_2 = -0.08$	41.375	41.295	$i_1 = +2.5\%$
2 + 635	$x_3 = 30$	$y_3 = -0.18$	41.625	41.445	
2 + 645	$x_4 = 40$	$y_4 = -0.32$	41.875	41.555	
2 + 650	$x_5 = 45$	$E = -0.40$	42.000	41.600	坡度变化点
2 + 655	$x_4 = 40$	$y_4 = -0.32$	41.945	41.625	
2 + 665	$x_3 = 30$	$y_3 = -0.18$	41.835	41.655	
2 + 675	$x_2 = 20$	$y_2 = -0.08$	41.725	41.645	$i_2 = -1.1\%$
2 + 685	$x_1 = 10$	$y_1 = -0.02$	41.615	41.595	
2 + 695		0.00	41.505	41.505	竖曲线终点

（四）路面放线

路面放线的任务是根据路肩上测设的施工边桩的位置和桩顶高程及路拱曲线大样图、路面结构大样图、标准横断面图，测设出侧石（俗称道牙）的位置并给出控制路面各结构层路拱的标志，以指导施工。

1. 侧石边线桩和路面中心桩的测定

如图 7-35 所示，根据两侧的施工边桩，按照控制边桩钉桩的记录和设计路面宽度，推算出边桩距侧石边线和路面中心的距离，然后自边桩沿横断方向分别量出至侧石和道路中心的距离，即可钉出侧石内侧边线桩和道路中心桩。同时可按路面设计宽度尺寸复测侧石至路中心的距离，以便校核。

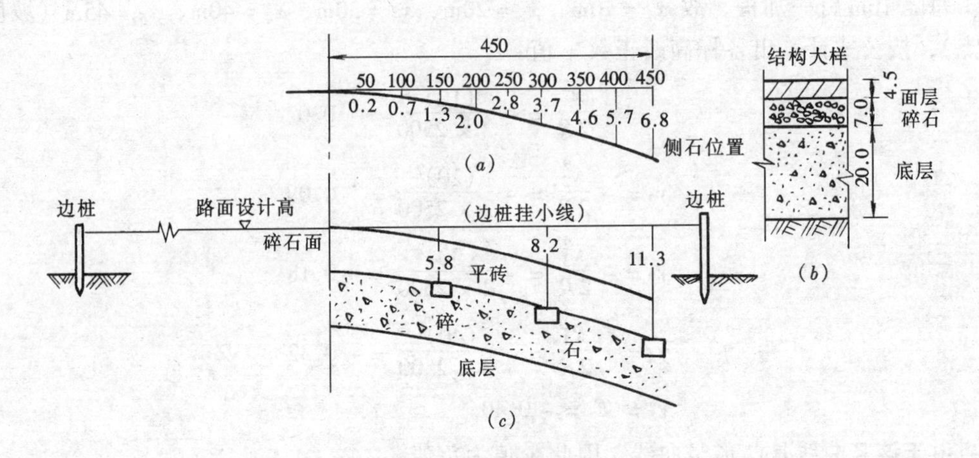

图 7-35　路面放线

2. 路面放线

(1) 直线型路拱的路面放线　如图 7-36 所示，B 为路面宽度；h 为路拱中心高出路面边缘的高度，称为路拱矢高，其数值 $h=\frac{B}{2}\cdot i$；i 为设计路面横向坡度（%）；x 为横距、y 为纵距、O 为原点（路面中心点）。其路拱计算公式为

$$y = x \cdot i$$

其放线步骤如下：

1）计算中桩填、挖值，即中桩桩顶实测高程与路面各层设计高程之差。

2）计算侧石边线桩填挖值，即边线桩桩顶实测高程与路面各层设计高程之差。

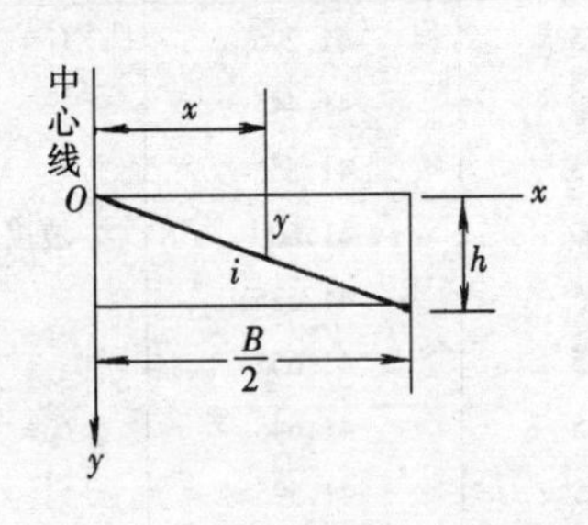

图 7-36　直线型路拱路面放线

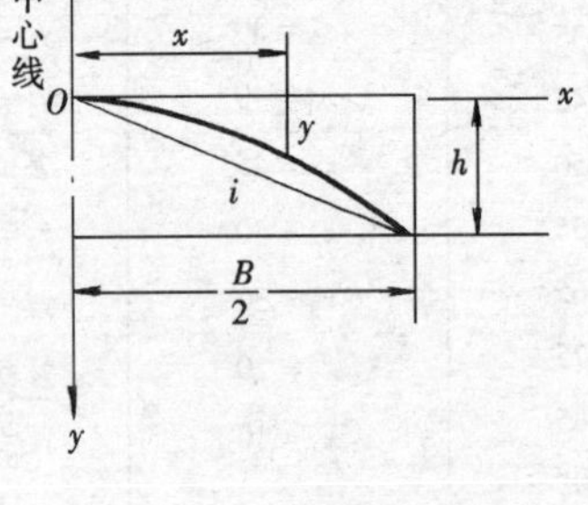

图 7-37　抛物线型路拱路面放线

3）根据计算成果，分别在中、边桩上标定挂线，即得到路面各层的横向坡度线。如果路面较宽可在中间加点。

施工时，为了使用方便，应预先将各桩号断面的填挖值计算好，以表格形式列出，称为平单，供放线时直接使用。

(2) 抛物线型路拱的路面放线

对于路拱较大的柔性路面，其路面横向宜采用抛物线型，如图 7-37 所示。B 为路面宽度；h 为路拱矢高，即 $h=\frac{B}{2}\cdot i$；i 为直线型路拱坡度；x 为横距，是路拱的路面中心点的切线位置；y 为纵距；O 为原点，是路面中心点。其路拱计算公式为

$$y=\frac{4h}{B^2}\cdot x^2$$

其放线步骤如下：

1）根据施工需要、精度要求选定横距 x 值，如图 7-35（a）所示，50、100、150、200、250、300、350、400、450cm，按路拱公式计算出相应的纵距 y 值 0.2、0.7……5.7、6.8cm。

2）在边线桩上定出路面各层中心设计高，并在路两侧挂线，此线就是各层路面中心高程线。

3）自路中心向左、右分虽量取 x 值，自路中心标高水平线向下量取相应的 y 值，就可得到横断方向路面结构层的高程控制点。

施工时，可采用“平砖”法控制路拱形状。即在边桩上依路中心高程挂线后，按路拱曲线大样图所注的尺寸，如图 7-35（a），以及路面结构大样图，如图 7-35（b），在路中心两侧一定距离处，如图 7-35（c）中在距路中心 150、300 和 450cm 处分别下向量 5.8、8.2、11.3cm，放置平砖，并使平砖顶面正处在拱面高度，铺撒碎石时，以平砖为标志就可找出设计的拱形。

铺筑其他结构层，重复采用此法放线。

在曲线部分测设侧石和下平砖时，应根据设计图纸做好内侧路面加宽和外侧路拱超高的放线工作。

关于交叉口和广场的路面施工的放线，要根据设计图纸先加钉方格桩，其桩间距为 5 ~20m，再在各桩上测设设计高程线，然后依据路面结构层挂线或设“平砖”，以便分块施工。

(3) 变方抛物线型路面

由于抛物线型路拱的坡度其拱顶部分过于平缓，不利于排水；边缘部分过陡，不利于行车。为改善此种状况，以二次抛物线公式为基础，采用变方抛物线计算，以适应各种宽度。其路拱计算公式为：

$$y=\frac{2^n\cdot h}{B^n}\cdot x^n=\frac{2^{n-1}\cdot i}{B^{n-1}}\cdot x^n$$

式中 B——路面宽度，cm；

h——路拱矢高，$h=\frac{B\cdot i}{2}$，cm；

i——设计横坡，%；

x——横距，cm；

y——纵距，cm；

n——抛物线方次，根据不同的路宽和设计横坡分别选用 $n=1.25$、1.5、1.75、2.00。

在一般道路设计图纸上均绘有路拱大样图和给定的路拱计算公式。

（五）道牙（侧石）与人行道的测量放线

道牙（侧石）是为了行人和交通安全，将人行道与路面分开的一种设置。人行道一般高出路面 8～20cm。

道牙（侧石）的放线，一般和路面放线同时进行，也可与人行道放线同时进行。道牙（侧石）与人行道测量放线方法如下：

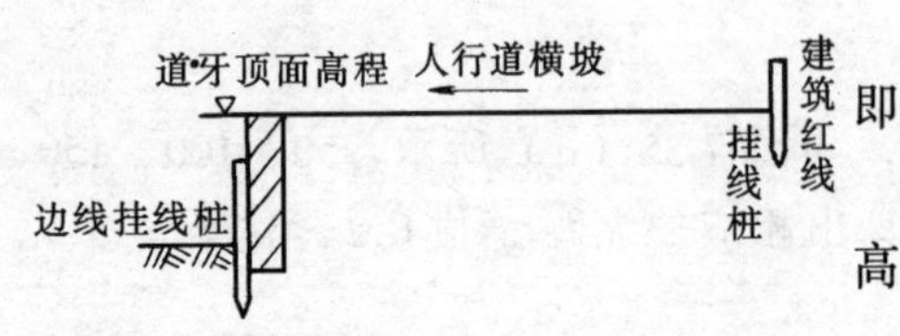

图 7-38　道牙与人行道测量放线

(1) 根据边线控制桩，测设出路面边线挂线桩，即道牙的内侧线，如图 7-38 所示。

(2) 由边线控制桩的高程引测出路面面层设计高程，标注在边线挂线桩上。

(3) 根据设计图纸要求，求出道牙的顶面高程。

(4) 由各桩号分段将道牙顶面高程挂线，安砌道牙。

(5) 以道牙为准，按照人行道辅设宽度设置人行道外缘挂线桩。再根据人行道宽度和设计横坡，推算人行道外缘设计高程，然后用水准测量方法将设计高程引测到人行道外缘挂线桩上，并作出标志。用线绳与道牙连接，即为人行道铺装顶面控制线。

思考题与习题

1. 道路工程测量的主要内容有哪些？

2. 道路中线测量的主要内容是什么？

3. 何谓转折角？中线的主点？圆曲线测设元素？圆曲线的主点？基平测量？中平测量？竖曲线？

4. 道路施工测量有哪些主要内容？

5. 已知转折角 $\alpha=25°05'$，圆曲线半径 $R=50$m，试利用公式和查表法求测设元素？

6. 已知 JD_5 里程桩号为 2+113.28，转角 $\alpha=25°05'$，$R=50$m，试求圆曲线主点的桩号？并计算校核？

7. 已知 JD_3 里程桩号为 1+337.65，转角 $\alpha=27°45'$，半径 $R=200$m，试求圆曲线主点的桩号？并计算校核？

8. 何谓缓和曲线？目前我国公路和铁路部门，多采用什么作为缓和曲线？

9. 什么是转点？转点如何测设？

10. 什么是交点？交点应如何测设？

11. 已测出道路路线的右角 JD_1：$\beta_1=210°42'30''$；JD_2：$\beta_2=162°06'18''$，试计算路线转角值？并说明是左转角，还是右转角？

12. 已知交点桩号为 K4+300.18，测得转角 $\alpha_{左}=17°30'18''$，圆曲线半径 $R=500$m，若采用切线支距法，并按整桩号设桩，试计算各桩的坐标？

13. 某道路基平测量水准路线为 $BMA-BM1-BM2-BM3-BMB$，$H_A=204.286$m，$H_B=208.579$m，$l_{A1}=1.6$km，$h_{A1}=5.331$m；$l_{12}=2.1$km，$h_{12}=+1.813$m；$l_{23}=1.7$km，$h_{23}=-4.244$m，$l_{3B}=2.0$km，$h_{3B}=+1.430$m，$f_{h容}=\pm30\sqrt{L}$，试计算 1、2、3 点的高程？

14. 试计算下表中的中平测量的成果。

测　点	水准尺读数			视线高程	高　程	备　注
	后视	中视	前视			
$BM1$	1.485				895.846	已知高程
转点 1	2.416		2.113			
0+000		1.85				
转点 2	2.520		1.035			
0+100		2.11				
0+165		2.59				
转点 3	2.913		2.183			
0+200		1.74				
0+260		1.60				
转点 4 0+300			2.145			

15. 在坡度变化点 1+670 处，设置 $R=5000$m 的竖曲线，已知：$i_1=-1.114\%$，$i_2=+0.154\%$，1+670 处高程为 48.60m，试求各测设元素？起点、终点的桩号及起终点坡道的高程？

16. 已知交点的里程桩号为 $K3+182.76$，测得转角 $\alpha_{右}=25°48'10''$，选定圆曲线半径为 $R=300$m，采用偏角法按整桩号设桩，试计算各桩的偏角和弦长？

17. 已知交点的里程桩号为 $K21+476.21$，转角 $\alpha_{右}=37°16'00''$，圆曲线半径 $R=300$m，缓和曲线长 $l_s=60$m，试计算该曲线的测设元素、主点的里程？并说明主点的测设方法？

18. 第 16 题在钉出主点后，若采用切线支距法按整桩号详细测设，试计算各桩的坐标？

19. 第 17 题在钉出主点后，若采用偏角法按整桩号详细测设，试计算测设的数据？

20. 第 17 题在算出各桩点坐标后，前半曲线改用极坐标法测设。在曲线附近选一转点 ZD，测得 ZH 点至 ZD 点的距离 $S=15.670$m，切线正向顺时针与 S 直线的夹角 $\alpha=15°10'12''$，试计算各桩的测设角度和距离？

21. 已知某道路路线交点 JD_2 的坐标：$X_{JD2}=2588711.270$m，$Y_{JD2}=20478702.880$m；JD_3 的坐标：$X_{JD3}=2591069.056$m，$Y_{JD3}=20478662.850$m；JD_4 的坐标：$X_{JD4}=2594145.875$m，$Y_{JD4}=20481070.750$m；JD_3 的里程桩号为 K6+790.306，圆曲线半径 $R=2000$m，缓和曲线长 $l_S=100$m。试计算：(1) 路线的转角 α；(2) 计算曲线测设元素：β_0、P、q、T_H、L_H、L_Y、E_H、D_H；(3) 计算曲线主点的里程？

第八章　管道工程测量

在城镇建设中要敷设给水、排水、煤气、电力、电信、热力、输油等各种管道，管道工程测量是为各种管道设计和施工服务的。它主要包括管道中线测设，管道纵、横断面测量，带状地形图测量，管道施工测量和管道竣工测量等。

管道工程测量多属地下构筑物，在较大的城镇街道及厂矿地区，管道互相上下穿插，纵横交错。在测量、设计或施工中如果出现差错，往往会造成很大损失，所以，测量工作必须采用城镇或厂矿的统一坐标和高程系统，按照“从整体到局部，先控制后碎部”的工作程序和步步有校核的工作方法进行，为设计和施工提供可靠的测量资料的标志。

管道工程测量与道路测量的方法有许多共同之处，有关内容可参考第七章。

第一节　管道中线测量

管道中线测量的任务是将设计的管道中线位置测设于实地并标记出来。其主要工作内容是测设管道的主点（起点、终点和转折点）、钉设里程桩和加桩等。

一、管线主点的测设

1. 根据控制点测设管线主点

当管道规划设计图上已给出管线起点、转折点和终点的设计坐标与附近控制的坐标时，可计算出测设数据，然后用极坐标法或交会法进行测设。

2. 根据地面上已有建筑物测设管线主点

在城镇中，管线一般与道路中心线或永久建筑物的轴线平行或垂直。主点测设数据可由设计时给定或根据给定坐标计算，然后用直角坐标法进行测设；当管道规划设计图的比例尺较大，管线是直接在大比例尺地形图上设计时，往往不给出坐标值，可根据与现场已有的地物（如道路、建筑物）之间的关系采用图解法来求得测设数据。如图 8-1 所示，*AB* 是原有管道，1、2 点是设计管道主点。欲在实地定出 1、2 等主点，可根据比例尺在图上量取长度 *D*、*a*、*b*，即得测设数据，然后用直角坐标法测设 2 点。

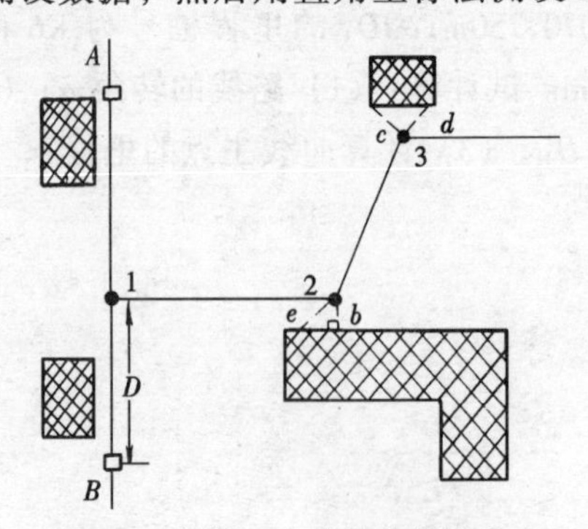

图 8-1　根据已有建筑物测设主点

主点测设好以后，应丈量主点间距离和测量管线的转折角，并与附近的测量控制点连测，以检查中线测量的成果。

为了便于施工时查找主点位置，一般还要做好点的记号。

二、钉（设）里程桩和加桩

为了测定管线长度和测绘纵、横断面图，沿管道中心线自起点每 50m 钉一里程桩。在 50m 之间地势变化处要钉加桩，在新建管线与旧管线、道路、桥梁、房屋等交叉处也要钉加桩。

里程桩和加桩的里程桩号以该桩到管线起点的中线距离来确定。管线的起点，给水管道以水源作为起点；排水管道以下游出水口作为起点；煤气、热力管道以供气方向作为起点。

为了给设计和施工提供资料，中线定好后应将中线展绘到现状地形图上。图上应反映出点的位置和桩号，管线与主要地物、地下管线交叉的位置和桩号，各主点的坐标、转折角等。如果敷设管道的地区没有大比例尺地形图，或在沿线地形变化较大的情况下，还需测出管道两侧各 20m 的带状地形图；如通过建筑物密集地区，需测绘至两测建筑物处，并用统一的图式表示。

第二节　管道纵、横断面测量

一、管道纵断面测量

管道纵断面测量是根据管线附近的水准点，用水准测量方法测出管道中线上各里程桩和加桩点的高程，绘制纵断面图，为设计管道埋深、坡度和计算土方量提供资料。

为了保证管道全线各桩点高程测量精度，应沿管道中线方向上每隔 1 ~ 2km 设一固定水准点，300m 左右设置一临时水准点，作为纵断面水准测量分段闭合和施工引测高程的依据。

纵断面水准测量可从一个水准点出发，逐段施测中线上各里程桩和加桩的地面高程，然后附合到邻近的水准点上，以便校核，允许高差闭合差为 $\pm 12\sqrt{n}$mm。

绘制纵断面图的方法可参看第七章有关内容。如图 8-2 所示，其不同点为：

一是管道纵断面图上部，要把本管线和旧管线相连结处以及交叉处的高程和管径按比例画在图上；二是图的下部格式没有中线栏，但有说明栏。

二、管道横断面测量

管道横断面测量是测定各里程桩和加桩处垂直于中线两则地面特征点到中线的距离和各点与桩点间的高差，据此绘制横断面图，供管线设计时计算土石方量和施工时确定开挖边界之用。

横断面测量施测的宽度由管道的直径和埋深来确定，一般每侧为 10 ~ 20m。横断面测量方法与道路横断面测量相同。

当横断面方向较宽、地面起伏变化较大时，可用经纬仪视距测量的方法测得距离和高程并绘制横断面图。如果管道两侧平坦、工程面窄、管径较小、埋深较浅时，一般不做横断面测量，可根据纵断面图和开槽的宽度来估算土（石）方量。

绘制横断面图的方法可参看第七章有关内容。

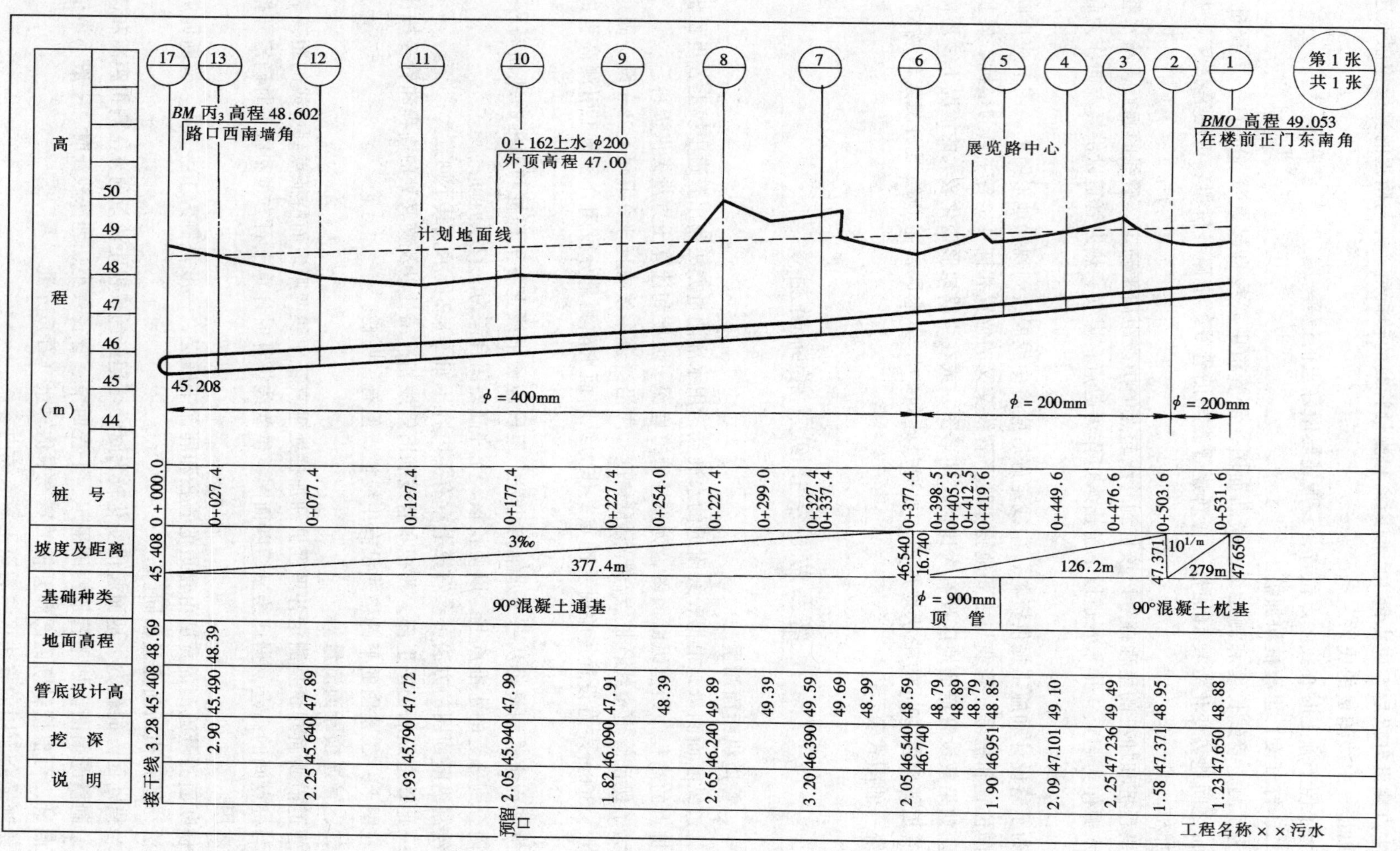

第1张
共1张
17
13
12
11
10
9
8
7
6
5
4
3
2
1
BM 丙$_3$ 高程 48.602
路口西南墙角
0 + 162上水 ϕ200
外顶高程 47.00
展览路中心
BMO 高程 49.053
在楼前正门东南角
计划地面线
高
程
(m)
50
49
48
47
46
45
44
45.208
ϕ = 400mm
ϕ = 200mm
ϕ = 200mm
桩号
坡度及距离
基础种类
地面高程
管底设计高
挖深
说明
0 + 000.0
0+027.4
0+077.4
0+127.4
0+177.4
0+227.4
0+254.0
0+227.4
0+299.0
0+327.4
0+337.4
0+377.4
0+398.5
0+405.5
0+412.5
0+419.6
0+449.6
0+476.6
0+503.6
0+531.6
3‰
377.4m
45.408
46.540
16.740
126.2m
47.371
10 1/m
279m
47.650
90°混凝土通基
ϕ = 900mm
顶管
90°混凝土枕基
48.69
48.39
47.89
47.72
47.99
47.91
48.39
49.89
49.39
49.59
49.69
48.99
48.59
48.79
48.89
48.79
48.85
49.10
49.49
48.95
48.88
45.408
45.490
45.640
45.790
45.940
46.090
46.240
46.390
46.540
46.740
46.951
47.101
47.236
47.371
47.650
3.28
2.90
2.25
1.93
2.05
1.82
2.65
3.20
2.05
1.90
2.09
2.25
1.58
1.23
接干线
预留口
工程名称××污水

图 8-2 纵断面图

第三节 管道施工测量

管道施工测量的主要任务是根据工程进度要求，为施工测设各种标志，使施工技术人员便于随时掌握中线方向及高程位置。施工测量的主要内容为施工前的测量工作和施工过程中的测量工作。

一、施工前的测量工作

1. 熟悉图纸和现场情况

应熟悉施工图纸、精度要求、现场情况，找出各主点桩、里程桩和水准点位置并加以检测。拟定测设方案，计算并校核有关测设数据，注意对设计图纸的校核。

2. 恢复中线和施工控制桩的测设

在施工时中桩要被挖掉，为了在施工时控制中线位置，应在不受施工干扰、引测方便、易于保存桩位的地方测设施工控制桩。施工控制桩分中线控制桩和位置控制桩。

(1) 中线控制桩的测设　一般是在中线的延长线上钉设木桩并做好标记，如图 8-3 所示。

(2) 附属构筑物位置控制桩的测设　一般是在垂直于中线方向上钉两个木桩。控制桩要钉在槽口外 0.5m 左右，与中线的距离最好是整分米数。恢复构筑物时，将两桩用小线连起，则小线与中线的交点即为其中心位置。

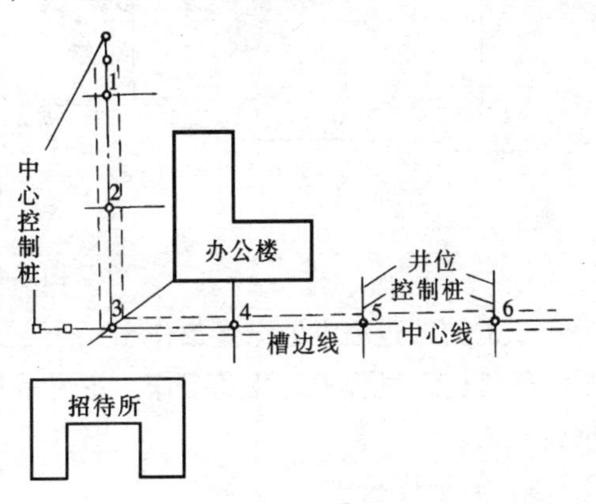

图 8-3　中线控制桩

当管道直线较长时，可在中线一侧测设一条与其平行的轴线，利用该轴线表示恢复中线和构筑物的位置。

3. 加密水准点

为了在施工中引测高程方便，应在原有水准点之间每 100 ~ 150m 增设临时施工水准点。精度要求根据工程性质和有关规范规定。

4. 槽口放线

槽口放线的任务是根据设计要求埋深和土质情况、管径大小等计算出开槽宽度，并在地面上定出槽边线位置，作为开槽边界的依据。

(1) 当地面平坦时，如图 8-4 (a)，槽口宽度 B 的计算方法为：

$$B = b + 2mh \tag{8-1}$$

(2) 当地面坡度较大，管槽深在 2.5m 以内时中线两则槽口宽度不相等，如图 8-4 (b)。

$$\left.\begin{aligned} B_1 &= b/2 + m \cdot h_1 \\ B_2 &= b/2 + m \cdot h_2 \end{aligned}\right\} \tag{8-2}$$

(3) 当槽深在 2.5m 以上时，如图 8-4 (c)。

$$\left.\begin{aligned} B_1 &= b/2 + m_1 h_1 + m_3 h_3 + C \\ B_2 &= b/2 + m_2 h_2 + m_3 h_3 + C \end{aligned}\right\} \tag{8-3}$$

以上三式中　b——管槽开挖宽度；

m_i——槽壁坡度系数（由设计或规范给定）；

h_i——管槽左或右侧开挖深度；

B_i——中线左或右侧槽开挖宽度；

C——槽肩宽度。

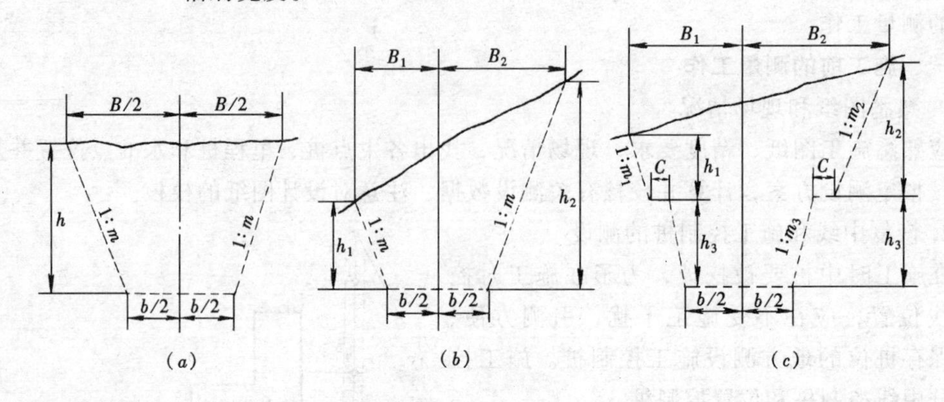

图 8-4　槽口放线

二、施工过程中的测量工作

管道施工过程中的测量工作，主要是控制管道中线和高程。一般采用坡度板法和平行轴腰桩法。

（一）坡度板法

1. 埋设坡度板

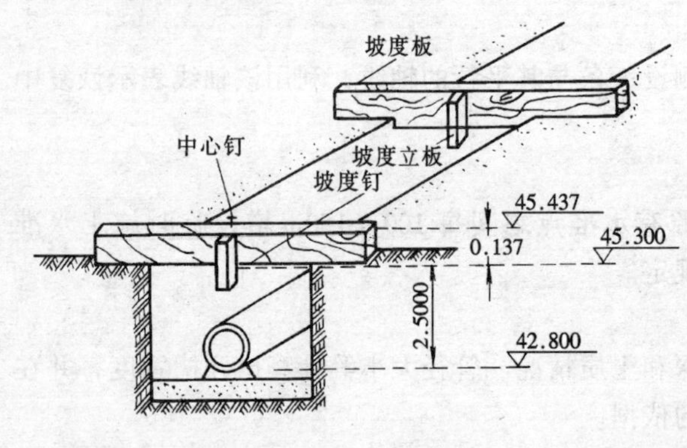

图 8-5　坡度板法

坡度板应根据工程进度要求及时埋设，其间距一般为 10～15m，如遇检查井、支线等构筑物时应增设坡度板。当槽深在 2.5m 以上时，应待挖至距槽底 2.0m 左右时，再在槽内埋设坡度板。坡度板要埋设牢固，不得露出地面，应使其顶面近于水平。用机械开挖时，坡度板应在机械挖完土方后及时埋设。如图 8-5 所示。

2. 测设中线钉

坡度板埋好后，将经纬仪安置在中线控制桩上将管道中心线投测在坡度板上并钉中线钉，中线钉的连线即为管道中线，挂垂线可将中线投测到槽底定出管道平面位置。

3. 测设坡度钉

为了控制管道符合设计要求，在各坡度板上中线钉的一侧钉一坡度立板，在坡度立板侧面钉一个无头钉或扁头钉，称为坡度钉，使各坡度钉的连线平行管道设计坡度线，并距管底设计高程为一整分米数，称为下返数。利用这条线来控制管道的坡度、高程和管槽深度。

为此按下式计算出每一坡度板顶向上或向下量的调整数，使下反数为预先确定的一个整数。

调整数 = 预先确定的下反数 - （板顶高程 - 管底设计高程）

调整数为负值时，坡度板顶向下量；反之则向上量。

例如，根据水准点，用水准仪测得 0 + 000 坡度板中心线处的板顶高程为 45.437m，管底的设计高程为 42.800m，那么，从板顶往下量 45.437m - 42.800m = 2.637m，即为管底高程，如图 8-5 所示。现根据各坡底板的板顶高程和管底高程情况，选定一个统一的整分米数 2.5m 作为下反数，如表 8-1，只要从板顶向下量 0.137m，并用小钉在坡度立板上标明这一点的位置，则由这一点向下量 2.5m 即为管底高程。坡度钉钉好后，应该对坡度钉高程进行检测。

坡度钉测设手簿 **表 8-1**

板号	距离	坡度	管底高程	板顶高程	板一管高差	下反数	调整数	坡度钉高程
1	2	3	4	5	6	7	8	9
0 + 000			42.800	45.437	2.637		- 0.137	45.300
	10							
0 + 010			42.770	45.383	2.613		- 0.113	45.270
	10							
0 + 020		- 3‰	42.740	45.364	2.624	2.500	- 0.124	45.240
	10							
0 + 030			42.710	45.315	2.605		- 0.105	45.210
	10							
0 + 040			42.680	45.310	2.630		- 0.130	45.180
	10							
0 + 050			42.650	45.246	2.596		- 0.093	45.150

用同样方法在这一段管线的其他各坡度板上也定出下反数为 2.5m 的高程点，这些点的连线则与管底的坡度线平行。

（二）平行轴腰桩法

当现场条件不便采用龙门板时，对精度要求较低或现场不便采用坡度板法时可用平行轴腰桩法测设施工控制标志。

开工之前，在管道中线一侧或两则设置一排或两排平行于管道中线的轴线桩，桩位应落在开挖槽边线以外，如图 8-6 所示。平行轴线离管道中线为 a，各桩间距以 15 ~ 20m 为宜，在检查井处的轴线桩应与井位相对应。

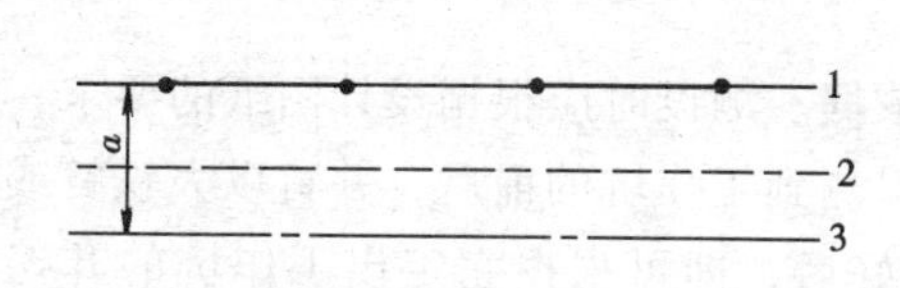

图 8-6

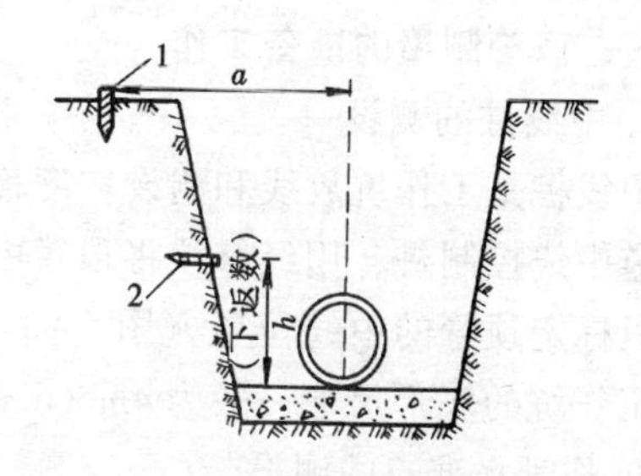

图 8-7 平行轴腰桩法

1—平行轴线桩；2—腰桩

为了控制管底高程，在槽沟坡上（距槽底约 1m 左右），测设一排与平行轴线桩相对应的桩，这排桩称为腰桩（又称水平桩），作为挖槽深度，修平槽底和打基础垫层的依据。如图 8-7 所示。在腰桩上钉一小钉，使小钉的连线平行管道设计坡度线，并距管底设计高程为一整分米数，即为下反数。

三、架空管道的施工测量

1. 管架基础施工测量

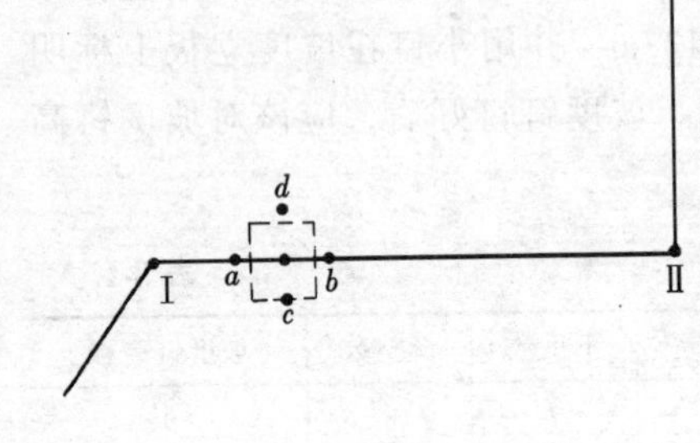

图 8-8 管架基础测量

架空管道基础各工序的施工测量方法与桥梁明挖基础相同，不同点主要是架空管道有支架（或立杆）及其相应基础的测量工作。管架基础控制桩应根据中心桩测定。

管线上每个支架的中心桩在开挖基础时将被挖掉，需将其位置引测到互相垂直的四个控制桩上，如图 8-8 所示。引测时，将经纬仪安置在主点上，在ⅠⅡ方向上钉出 a、b 两控制桩，然后将经纬仪安置在支架中心点 1，在垂直于管线方向上标定 c、d 两控制桩。根据控制桩可恢复支架中心 1 的位置及确定开挖边线，进行基础施工。

2. 支架安装测量

架空管道系安装在钢筋混凝土支架或钢支架上。安装管道支架时，应配合施工进行柱子垂直校正等测量工作，其测量方法、精度要求均与厂房柱子安装测量相同。管道安装前，应在支架上测设中心线和标高。中心线投点和标高测量容许误差均不得超过 ±3mm。

第四节 顶 管 施 工 测 量

在管道穿越铁路、公路、河流或建筑物时，由于不能或不允许开槽施工，常采用顶管施工方法。另外，为了克服雨季和严冬对施工的影响，减轻劳动强度和改善劳动条件等也常采用顶管方法施工。顶管施工技术随着机械化程度的提高而不断发展和广泛采用，是管道施工中的一项新技术。

顶管施工时，应在放顶管的两端先挖好工作坑，在工作坑内安装导轨（铁轨或方木），并将管材放置在导轨上，用顶镐将管材沿管线方向顶进土中，然后将管内土方挖出来。顶管施工测量的主要任务是掌握控制好顶管中线方向、高程和坡度。

一、顶管测量的准备工作

1. 中线桩的测设

中线桩是工作坑放线和测设坡度板中钱钉的依据。测设时应根据设计图纸的要求，根据管道中线控制桩，用经纬仪将顶管中线桩分别引测到工作坑的前后，并钉以大铁钉或木桩，以标定顶管的中线位置（图 8-9）。中线桩钉好后，即可根据它定出工作坑的开挖边界，工作坑的底部尺寸一般为 4m × 6m。

2. 临时水准点的测设

为了控制管道按设计高程和坡度顶进，应在工作坑内设置临时水准点。一般在坑内顶进起点的一侧钉设一大木桩，使桩顶或桩一侧的小钉的高程与顶管起点管内底设计高程相同。

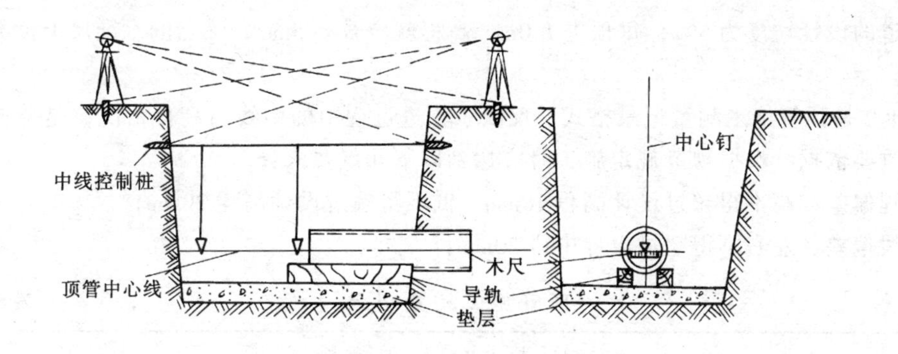

图 8-9　中线桩测设

3. 导轨的安装

导轨一般安装在土基础或混凝土基础上。基础面的高程及纵坡都应当符合设计要求(中线处高程应稍低，以利于排水和防止摩擦管壁)。根据导轨宽度安装导轨，根据顶管中线桩及临时水准点检查中心线及高程，检查无误后，将导轨固定。

二、顶进过程中的测量工作

1. 中线测量

如图 8-10，通过顶管的两个中线桩拉一条细线，并在细线上挂两个垂球，然后贴靠两垂球线再拉紧一水平细线，这根水平细线即标明了顶管的中线方向。为了保证中线测量的精度，两垂球间的距离尽可能远些。这时在管内前端横放一水平尺，其上有刻划和中心钉，尺长等于或略小于管径。顶管时用水准器将尺找平。通过拉入管内的小线与水平尺上的中心钉比较，可知管中心是否有偏差，尺上中心钉偏向哪一侧，就说明管道也偏向哪个方向。为了及时发现顶进时中线是否有偏差，中线测量以每顶进 0.5～1.0m 量一次为宜。其偏差值可直接在水平尺上读出，若左右偏差超过 1.5cm，则需要进行中线校正。

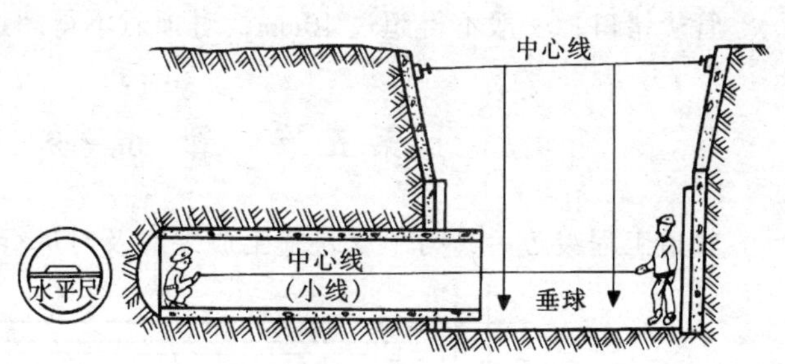

图 8-10　中线测量

这种方法在短距离顶管是可行的，当距离超过 50m 时，应分段施工，可在管线上每隔 100m 设一工作坑，采用对顶施工方法。在顶管施工过程中，可采用激光经纬仪和激光水准仪进行导向，从而可保证施工质量，加快施工进度。

2. 高程测量

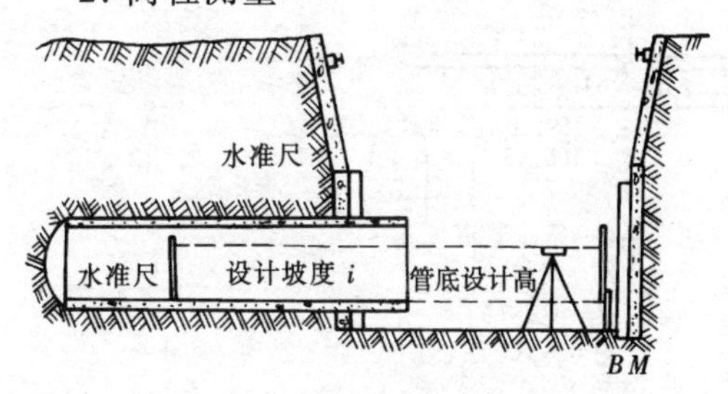

图 8-11　高程测量

如图 8-11，将水准仪安置在工作坑内，后视临时水准点，前视顶管内待测点，在管内使用一根小于管径的标尺，即可测得待测点的高程。将测得的管底高程与管底设计高程进行比较，即可知道校正顶管坡度的数值了。但为了工作方便，一般以工作坑内水准点为依据，按设计纵坡用比高法检验。例如，管道的设计坡度为5‰，每顶进1.0m，高程就应升高5mm，该点的水准尺上读数就应小5mm。

表8-2是顶管施工测量记录格式，反映了顶进过程中的中线与高程情况，是分析施工质量的重要依据。根据规范规定施工时应达到以下几点要求：

高程偏差：高不得超过设计高程10mm，低不得超过设计高程20mm；

中线偏差：左右不得超过设计中线30mm；

顶管施工测量记录 **表8-2**

井号	里程	中心偏差(m)	水准点尺上读数(m)	该点尺上应读数(m)	该点尺上实读数(m)	高程误差(m)	备注
#8	0+180.0	0.000	0.742	0.736	0.735	−0.001	水准点高程为：12.558m $i = +5‰$ 0+管底高程为：12.564m
	0+180.5	左0.004	0.864	0.856	0.853	−0.003	
	0+181.0	右0.005	0.769	0.758	0.760	+0.002	
	……	……	……	……	……	……	
	0+200.0	右0.006	0.814	0.869	0.683	−0.006	

管子错口：一般不得超过10mm，对顶时不得超过30mm。

第五节 管道竣工测量

管道工程竣工后，为了反映施工成果应及时进行竣工测量，整理并编绘全面的竣工资

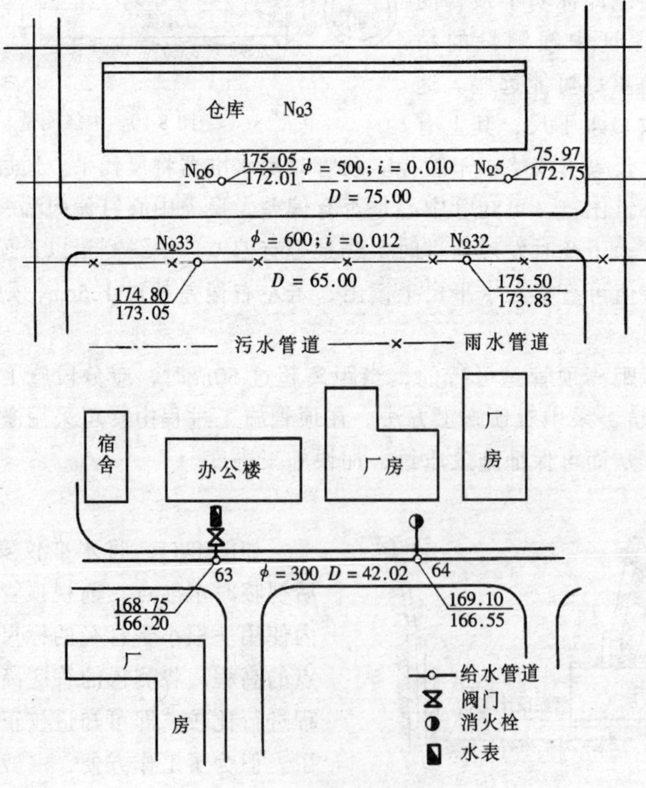

图8-12 竣工测量

料和竣工图。竣工图是管道建成后进行管理、维修和扩建时不可缺少的依据。

管道竣工图有两个内容；一是管道竣工平面图：二是管道竣工断面图。

竣工平面图应能全面地反映管道及其附属构筑物的平面位置。测绘的主要内容有：管道的主点、检查井位置以及附属构筑物施工后的实际平面位置和高程。图上还应标有：检查井编号、井口顶高程和管底高程，以及井间的距离、管径等。对于给水管道中的阀门、消火栓、排气装置等，应用符号标明。如图 8-12 是管道竣工平面图示例。

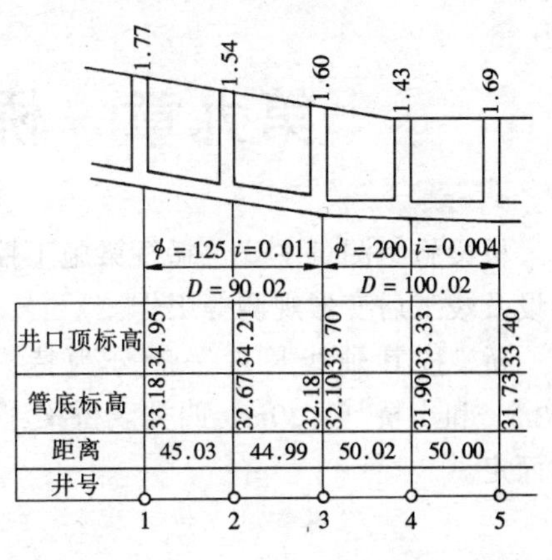

图 8-13　竣工平面图

管道竣工平面图的测绘，可利用施工控制网测绘竣工平面图。当已有实测详细的平面图时，可以利用已测定的永久性的建筑物来测绘管道及其构筑物的位置。

管道竣工纵断面图应能全面地反映管道及其附属构筑物的高程。一定要在回填土以前测定检查井口和管顶的高程。管底高程由管顶高程和管径、管壁厚度计算求得，井间距离用钢尺丈量。如果管道互相穿越，在断面图上应表示出管道的相互位置，并注明尺寸。图 8-13 是管道竣工断面图示例。

思 考 题 与 习 题

1. 管道工程测量的主要内容有哪些？

2. 管道有哪三主点？主点的测设方法有哪两种？

3. 管道施工测量采用坡度板法如何控制管道中线和高程？

4. 如下表中数据，计算出各坡度板处的管底设计高程，再根据选定的下反数计算出各坡度板顶高程调整数。

坡 度 钉 测 手 簿

板　号	距离	坡度	管底高程	板顶高程	板一管高差	下反数	调整数	坡度钉高程
1	2	3	4	5	6	7	8	9
0+000			32.680	34.969				
0+020				34.756				
0+040				34.564		2.100		
0+060		$i = -10‰$		34.059				
0+080				34.148				
0+100				33.655				

5. 顶管施工测量如何控制顶管中线方向、高程和坡度？

第九章　桥 梁 施 工 测 量

桥梁施工测量主要包括桥梁施工控制测量、桥梁墩台定位、墩台施工细部放样、梁的架设及竣工后变形观测等工作。

桥梁按其轴线长度一般分为特大桥（>500m）、大桥（100~500m）、中桥（30~100m）和小桥（<30m）四类。桥梁施工测量的方法及精度要求随桥梁轴线长度、桥梁结构而定。

第一节　桥梁施工控制测量

桥梁施工控制的主要任务是布设平面控制网、布设施工临时水准点网、控制桥轴线、按照规定精度求出桥轴线的长度。根据桥梁的大小、桥址地形和河流水流情况，桥轴线桩的控制方法有直接丈量法和间接丈量法两种。

一、平面控制测量

（一）直接丈量法

当桥跨较小、河流浅水时，可采用直接丈量法测定桥梁轴线长度。如图 9-1 所示，A、B 为桥梁墩台的控制桩。直接丈量可用测距仪或经过检定的钢尺按精密量距法进行。首先用经纬仪定线，把尺段点标定在地面上，设立点位桩并在点位桩的中心钉一小钉。丈量桥位间的距离时，需往返丈量两次以上，并对尺长、温度、倾斜和拉力进行计算。桥轴线丈量的精度要求应不低于表 9-1 的规定。

桥轴线丈量精度要求　　**表 9-1**

桥轴线长度（m）	<200	200~500	>500
精度不应低于	1/5000	1/10000	1/20000

上述丈量精度按下式计算

$$E = \frac{M}{D}$$

$$M = \sqrt{\Sigma V^2 / n(n-1)}$$

式中　D——丈量全长的算术平均值；

M——算术平均值中误差；

ΣV^2——各次丈量值与算术平均值差的平方和；

n——丈量次数。

【例 9-1】　某桥桥位放样，采用直接丈量，丈量总长度时，第一次丈量 L_1 = 233.556m，第二次丈量 L_2 = 233.538m，问丈量是否满足精度要求？

解： $D = \frac{233.556 + 233.538}{2} = 233.547\text{m}$

$$\Sigma V^2 = (233.556 - 233.547)^2 + (233.538 - 233.547)^2 = 0.000162$$

$$M = \sqrt{\frac{0.000162}{2(2-1)}} = 0.0127$$

$$\text{精度 } E = \frac{M}{D} = \frac{0.0127}{233.547} = 0.00005 = \frac{1}{20000} < \frac{1}{10000}$$

满足精度要求。

（二）间接丈量法

当桥跨较大、水深流急而无法直接丈量时，可采用三角网法间接丈量桥轴线长。

1. 桥梁三角网布设要求

（1）各三角点应相互通视、不受施工干扰和易于永久保存处。如图 9-1 所示。

（2）基线不少于 2 条，基线一端应与桥轴线连接，并尽量近于垂直，其长度宜为桥轴线长度的 0.7 ~ 1.0 倍。

（3）三角网中所有角度应布设在 30° ~ 120°之间。

2. 桥梁三角网的测量方法

用检定过的钢尺按精密量距法丈量基线 AC 和 AD 长度，并使其满足丈量基线精度要求，用经纬仪精确测出两三角形的内角 α_1、α_2、β_1、β_2、γ_1、γ_2，并调整闭合差，以调整后的角度与基线用正弦定理按下式算得 AB。

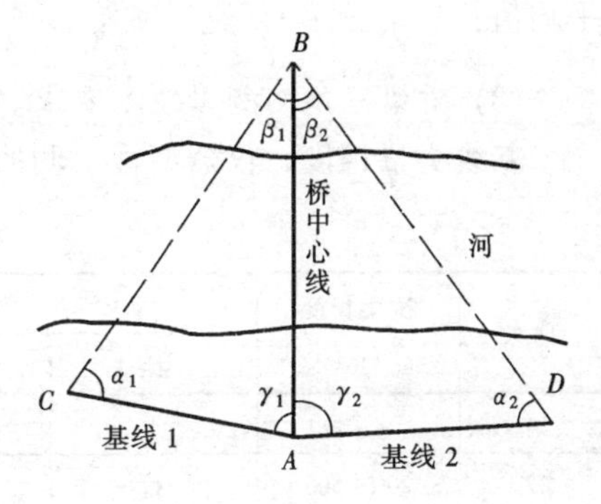

图 9-1 桥梁三角网

$$S_{1AB} = \frac{AC \cdot \sin\alpha_1}{\sin\beta_1}$$

$$S_{2AB} = \frac{AD \cdot \sin\alpha_2}{\sin\beta_2}$$

精度：
$$K = \frac{\Delta S}{S_{AB}} = \frac{S_{1AB} - S_{2AB}}{\frac{S_{1AB} + S_{2AB}}{2}}$$

平均值：
$$S_{AB} = \frac{S_{1AB} + S_{2AB}}{2}$$

【例 9-2】 如图 9-1 所示之三角网，基线边长 $AC = 143.217\text{m}$，$AD = 156.102\text{m}$，观测角值列于表 9-2 中，试计算桥位控制桩 AB 之距离。

解：（1）角度闭合差的计算与调整方法见表 9-2。

角度闭合差调整表 **表 9-2**

三角内角	观测值	改正值	调整值	三角形内角	观测值	改正值	调整值
α_1	52°33′08″	+2″	52°33′10″	α_2	48°23′23″	-3″	48°23′20″
β_1	40°55′34″	+1″	40°55′35″	β_2	42°15′07″	-2″	42°15′05″
γ_1	86°31′12″	+3″	86°31′15″	γ_2	89°21′38″	-3″	89°21′35″
Σ	179°59′54″	+3″	180°00′00″	Σ	180°00′08″	-8″	180°00′00″

（2）计算 AB 距离，根据正弦定理可得：

$$S_{1AB} = \frac{AC \cdot \sin\alpha_1}{\sin\beta_1} = \frac{143.217 \times \sin52°33'10''}{\sin40°55'35''} = 173.567\text{m}$$

$$S_{2AB} = \frac{AD \cdot \sin\alpha_2}{\sin\beta_2} = \frac{1156.102 \times \sin48°23'20''}{\sin42°15'05''} = 173.580\text{m}$$

$$\Delta S = |S_{1AB} - S_{2AB}| = 0.013\text{m}$$

精度：
$$K = \frac{\Delta S}{S_{AB}} = \frac{\Delta S}{\frac{S_{1AB} + S_{2AB}}{2}} = \frac{0.013}{173.574} = \frac{1}{13300} < \frac{1}{10000}(\text{合格})$$

平均值：
$$S_{AB} = \frac{1}{2}(S_{1AB} + S_{2AB}) = 173.574\text{m}$$

(3) 桥梁三角网测量技术要求。

基线丈量精度、仪器型号、测回数和内角容许最大闭合差见表9-3。

桥轴线丈量精度要求 表9-3

项次	桥梁长度（m）	测回数			基线丈量精度	容许最大闭合差
		DJ_6	DJ_2	DJ_1		
1	<200	3	1		1/10000	30″
2	200～500	6	2		1/25000	15″
3	>500		6	4	1/50000	9″

二、高程控制测量

桥梁施工需在两岸布设若干个水准点，桥长在200m以上时，每岸至少设两个；桥长在200m以下时，每岸至少设一个；小桥可只设一个。水准点应设在地基稳固、使用方便、不受水淹且不易破坏处，根据地形条件、使用期限和精度要求，可分别埋设混凝土标石、钢管标石、管柱标石或钻孔标石。并尽可能接近施工场地，以便只安置一次仪器就可将高程传递到所需要的部位上去。

布设水准点可由国家水准点引入，经复测后使用。其容许误差不得超过$\pm 20\sqrt{K}$（mm）；对跨径大于40m的T形刚构、连续梁和斜张桥等不得超过$\pm 10\sqrt{K}$（mm）。式中K为两水准点间距离，以km计。其施测精度一般采用四等水准测量精度。

第二节　桥梁墩台中心测设

桥梁墩台中心测设是根据桥梁设计里程桩号以桥位控制桩为基准进行的。方法有直接丈量法和方向交会法。

一、直接丈量法

根据桥轴线控制桩及其与墩台之间的设计长度，用测距仪或经检定过的钢尺精密测设出各墩台的中心位置并桩钉出点位，在桩顶钉一小钉精确标志其点位。然后在墩台的中心位置上安置经纬仪，以桥梁主轴线为基准放出墩台的纵、横轴线。并测设出桥台和桥墩控制桩位，每侧要有两个控制桩，以便在桥梁施工中恢复其墩台中心位置。如图9-2所示。

二、方向交会法

对于大中型桥的水中桥墩及其基础的中心位置测设，采用方向交会法。这是由于水中

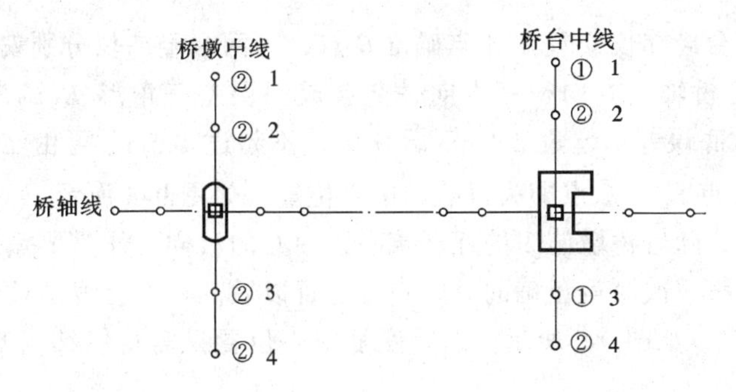

图 9-2　直接丈量法

桥墩基础一般采用浮运法施工，目标处于浮动中的不稳定状态，在其上无法使测量仪器稳定。可根据已建立的桥梁三角网，在三个三角点上（其中一个为桥轴线控制点）安置经纬仪，以三个方向交会定出，如图 9-3 所示。

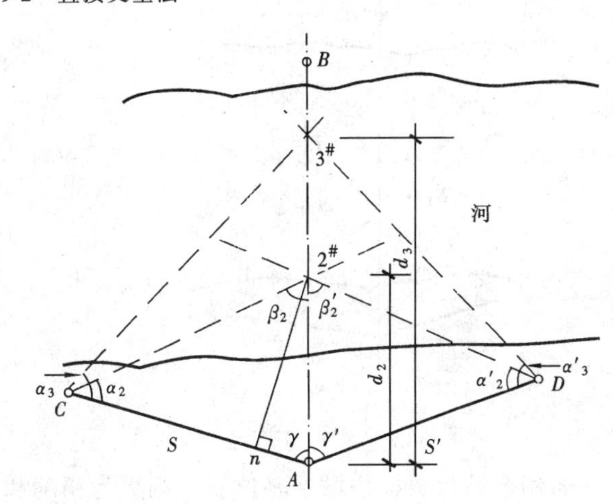

图 9-3　方向交会法

交会角 α_2 和 α'_2 的数值，可用三角公式计算。经 2 号墩中心 $2^{\#}$ 向基线 AC 作垂线 $2n$，则

$$\alpha_2 = \arctan\left(\frac{d_2 \cdot \sin\gamma}{S - d_2 \cdot \cos\gamma}\right)$$

$$\alpha'_2 = \arctan\left(\frac{d_2 \cdot \sin\gamma'}{S' - d_2 \cdot \cos\gamma'}\right)$$

【例 9-3】　如图 9-3 所示，若已知 $d_2 = 32.021\text{m}$，$\gamma = 87°31'08''$，$\gamma' = 89°41'34''$，$s = 48.683\text{m}$，$s' = 52.310\text{m}$，试计算交会角 α_2 和 α'_2。

解： $\alpha_2 = \arctan\left(\frac{d_2 \cdot \sin\gamma}{S - d_2 \cdot \cos\gamma}\right) = \arctan = \frac{32.021 \times \sin 87°31'08''}{48.638 - 32.021 \times \cos 87°31'08''}$

$$= \arctan\frac{31.991}{48.638 - 1.386} = 34°5'57''$$

$$\alpha'_2 = \arctan\left(\frac{d_2 \cdot \sin\gamma'}{S - d_2 \cdot \cos\gamma'}\right) = \arctan = \frac{32.021 \times \sin 89°41'34''}{52.310 - 32.021 \times \cos 89°41'3''}$$

$$= \arctan\frac{32.020}{52.310 - 0.172} = 31°33'21''$$

为校核 α_2、α'_2 计算结果，同上法可计算出 β_2 和 β'_2 为

$$\beta_2 = \arctan\left(\frac{S_2 \cdot \sin\gamma'}{d_2 \cdot \cos\gamma}\right)$$

$$\beta'_2 = \arctan\left(\frac{S_2 \cdot \sin\gamma'}{d_2 \cdot S'\cos\gamma}\right)$$

则检核式为

$$\alpha_2 + \beta_2 + \gamma = 180°$$

$$\alpha'_2 + \beta'_2 + \gamma' = 180°$$

测设时，将一台经纬仪安置在 A 点瞄准 B 点，另两台经纬仪分别安置在 C、D，分别拨 α、α'_2 角及标定桥轴线方向得三方向并交会成一误差三角形 $E_1E_2E_3$，其交会误差为 E_2E_3。放样时，墩底误差不超过 2.5m；墩顶误差不超过 1.5m，可由 E_1 点向桥轴线作垂线交于轴线上的 E 点，则 E 点即为桥墩的中心位置，如图 9-4 所示。

在桥墩施工中，随着桥墩施工的逐渐筑高，中心的放样工作需要重复进行，且要求迅速准确。为此，在第一次测得正确的桥墩中心位置以后，将交会线延长到对岸，设立固定的瞄准标志 C' 和 D'，如图 9-5 所示。以后恢复中心位置只需将经纬仪安置于 C 和 D，瞄准 C' 和 D' 点即可。

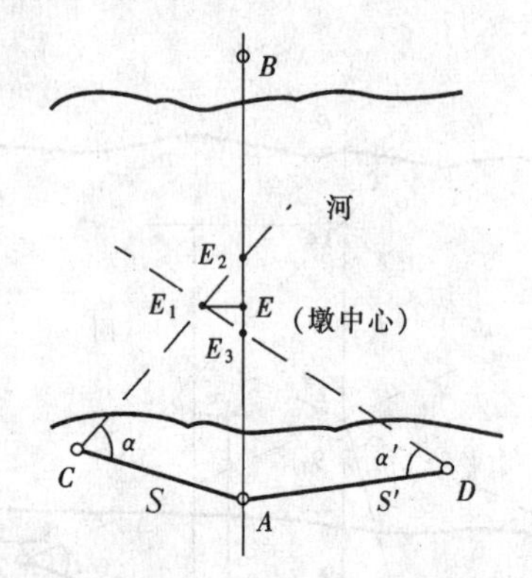

图 9-4　误差三角形

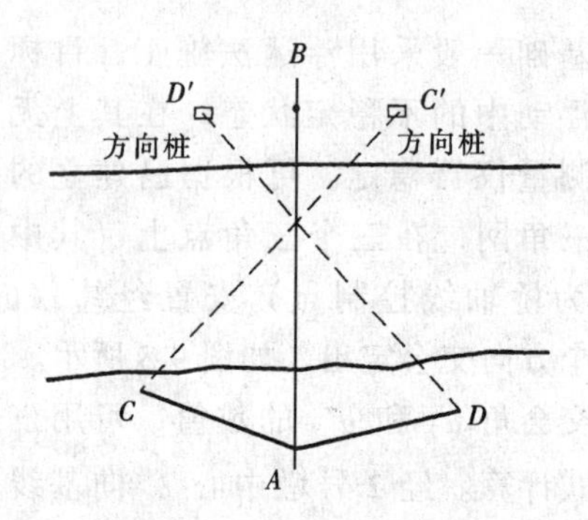

图 9-5　方向桩

若用全站仪放样桥墩中心位置，则更为精确和方便。测设时将仪器安置于桥轴线点 A 或 B 上，瞄准另一轴线点作为定向，然后指挥棱镜安置在该方向上测设出桥墩中心位置。

第三节　桥梁施工测量

桥梁工程施工测量就是将图纸上的结构物尺寸和高程测设到实地上。其内容包括基础施工测量，墩、台身施工测量，墩、台顶部施工测量和上部结构安装测量。现以中小型桥梁为例介绍如下。

一、基础施工测量

1. 明挖基础

根据桥台和桥墩的中心线定出基坑开挖边界线，基坑上口尺寸应根据挖深、坡度、土质情况及施工方法而定。

施测方法与路堑放线基本相同。当基坑开挖到一定深度后，应根据水准点高程在坑壁上测设距基底设计面为一定高差（如 1m）的水平桩，作为控制挖深及基础施工中掌握高程的依据。当基坑开挖到设计标高以后，应进行基底平整或基底处理，再在基底上放出墩台中心及其纵横轴线，作为安装模板、浇筑混凝土基础的依据。

基础完工后，应根据桥位控制桩和墩台控制桩用经纬仪在基础面上测设出桥台、桥墩中心线，并弹墨线作为砌筑桥台、桥墩的依据。

基础或承台模板中心偏离墩台中心不得大于 ±2cm，墩身模板中心偏离不得大于 ±1cm；墩台模板限差为 ±2cm，模板上同一高程的限差为 ±1cm。

2. 桩基础

桩基础测量工作有测设桩基础的纵横轴线，测设各桩的中心位置，测定桩的倾斜度和深度，以及承台模板的放样等。

桩基础纵横轴线可按前面所述的方法测设。各桩中心位置的放样是以基础的纵横轴线为坐标轴，用支距法测设，其限差为±2cm。如果全桥采用统一的大地坐标系计算出每个桩中心的大地坐标，在桥位控制桩上安置全站仪，按直角坐标法或极坐标法放样出每个桩的中心位置。放出的桩位经复核后方可进行基础施工。

每个钻孔桩或挖孔桩的深度用不小于4kg的重锤及测绳测定，打入桩的打入深度根据桩的长度推算。在钻孔过程中测定钻孔导杆的倾斜度，用以测定孔的倾斜度。

桩顶上做承台按控制的标高进行，先在桩顶面上弹出轴线作为支承台模板的依据，安装模板时，使模板中心线与轴线重合。

二、墩、台身施工测量

为了保证墩、台身的垂直度以及轴线的正确传递，可利用基础面上的纵、横轴线用线锤法或经纬仪投测到墩、台身上。

1. 吊锤线法

用一重垂球悬吊在砌筑到一定高度的墩、台身顶边缘各侧，当垂球尖对准基础面上的轴线时，垂球线在墩、台身边缘的位置即为轴线位置，画短线作标记；经检查尺寸合格后方可施工。当有风或砌筑高度较大时，使用吊锤线法满足不了投测精度要求，应用经纬仪投测。

2. 经纬仪投测法

将经纬仪安置在纵、横轴线控制桩上，仪器距墩、台的水平距离应大于墩、台的高度。仪器严格整平后，瞄准基础面上的轴线，用正倒镜分中的方法，将轴线投测到墩、台身并作标志。

对于斜坡墩台可用规板控制其位置。

三、墩、台顶部的施工测量

桥墩、桥台砌筑至一定高度时，应根据水准点在墩、台身每侧测设一条距顶部为一定高差（1m）的水平线，以控制砌筑高度。墩帽、台帽施工时，应根据水准点用水准仪控制其高程（误差应在-10mm以内），再依中线桩用经纬仪控制两个方向的中线位置（偏差应在±10mm以内），墩台间距要用钢尺检查，精度应高于1/5000。

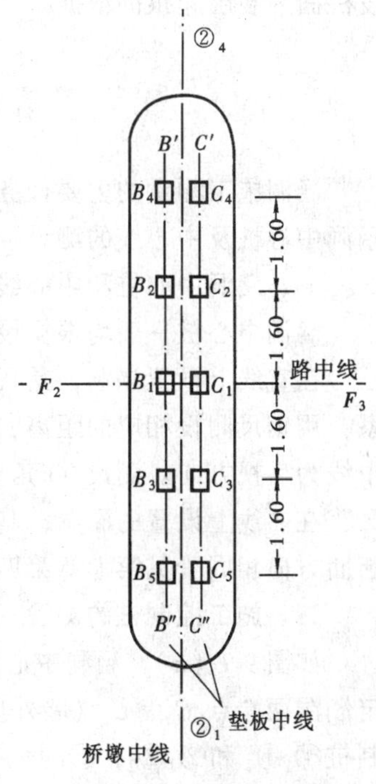

图 9-6 支座钢垫板

根据定出并校核后的墩、台中心线，在墩台上定出T形梁支座钢垫板的位置，如图9-6。测设时，先根据桥墩中心线$②_1$、$②_4$定出两排钢垫板中心线$B'B''$、$C'C''$，再根据路中心线F_2F_3和$B'B''$、$C'C''$，定出路中线上的两块钢垫板的中心位置B_1和C_1。然后根据设计图纸上的相应尺寸用钢尺分别自B_1和C_1沿$B'B''$和$C'C''$方向量出T形梁间距，即可得到B_2、B_3、B_4、B_5和C_2、C_3、C_4、C_5等垫板中心位置，桥台的钢垫板位置可按同法定出，最后用钢尺校对钢垫板的间距，其偏差应在±2mm以内。

钢垫板的高程应用水准仪校测，其偏差应在-5mm以内（钢垫板略低于设计高程，安装T形梁时可加垫薄钢板找平）。上述工作校测完后，即可浇筑墩、台顶面的混凝土。

四、上部结构安装的测量

架梁是桥梁施工的最后一道工序。桥梁梁部结构较复杂，要求对墩台方向、距离和高程用较高的精度测定，作为加梁的依据。

墩台施工时是以各个墩台为单元进行的。架梁需要将相邻墩台联系起来，要求中心点间的方向距离和高差符合设计要求。因此在上部结构安装前应对墩、台上支座钢垫板的位置、对梁的全长和支座间距进行检测。

梁体就位时，其支座中心线应对准钢垫板中心线，初步就位后，用水准仪检查梁两端的高程，偏差应在±5mm以内。

大跨度钢桁架或连续梁采用悬臂安装架设，拼装前应在横梁顶部和底部分中点作出标志，用以测量架梁时钢梁中心线与桥梁中心线的偏差值。如果梁的拼装自两端悬臂、跨中合拢，则应重点测量两端悬臂的相对关系，如中心线方向偏差、最近节点距离和高程差是否符合设计和施工要求。

对于预制安装的箱梁、板梁、T形梁等，测量的主要工作是控制平面位置；对于支架现浇的梁体结构，测量的主要工作是控制高程，测得弹性变形，消除塑性变形，同时根据设计保留一定的预拱度；对于悬臂挂篮施工的梁体结构，测量的主要工作是控制高程与预拱度。

梁体和护栏全部安装完成后，即可用水准仪在护栏上测设出桥面中心高程线，作为铺设桥面铺装层起拱的依据。

第四节　涵洞施工测量

涵洞施工测量的主要任务是控制涵洞的中心位置及涵底的高程与坡度。其测设内容有涵洞中心桩及中心线的测设、施工控制桩的测设和涵洞坡度钉的测设。

一、涵洞中心桩和中心线的测设

涵洞中心桩一般均根据设计给定的涵洞位置（桩号），以其邻近的里程桩为准测设。

在直线上设置涵洞，是用经纬仪标定路中线方向，根据涵洞与其邻近的里程桩的关系，用钢尺测设相应的距离，即可钉出涵洞中心桩。将经纬仪安置在涵洞中心桩上，以路中线为后视方向。测设90°角（斜涵应按设计角度测设），即得涵洞的中线方向。

在曲线上设置的涵洞，其中线应垂直于曲线（即通过圆心）。测设方法与曲线上定横断面方向相同（见第七章第四节），当精度要求较高时，应用经纬仪施测。

二、施工控制桩的测设

如图9-7（a），涵洞中心桩1+507和中线 C_1C_2 定出后，即可依涵洞长度（如18m）定涵洞两端点 C_1、C_2（墙外皮中心），为了在基础开挖后控制端墙位置，还应加钉施工控制桩①$_1$①$_2$和②$_1$②$_2$；①$_1$①$_2$、②$_1$②$_2$均垂直于 C_1C_2，其相距可为1整米数，以控制端墙施工；其他各翼墙控制桩则均照图钉出。

三、涵洞坡度钉的测设

如图 9-7（b），基槽开挖后，为控制开挖深度、基础厚度及涵洞的高程与坡度，需要在涵洞中线桩 C_1 及 C_2 上测设涵洞坡度钉，使两钉的连线恰与涵洞流水面的设计位置一致。

测设方法一般是在钉中线桩 C_1、C_2 时，使 $C_1c_1=C_2c_2=$ 整米数（如4m），在木桩侧面定出坡度钉。坡度钉的高程根据涵洞两端设计高程与涵洞坡度推算得到。两坡度钉的连线即为涵洞流水面的设计坡度及高程。

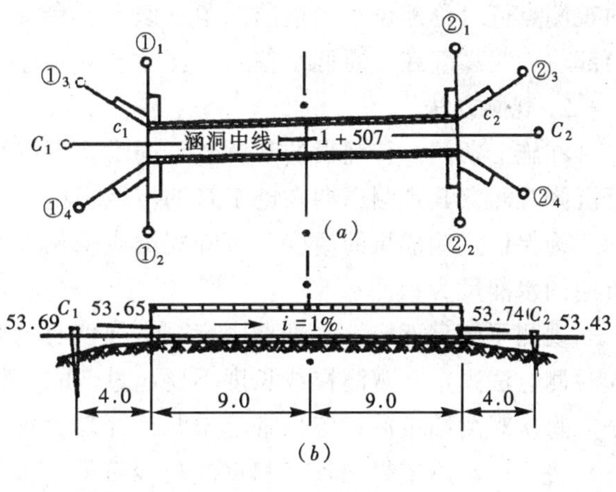

图 9-7 施工控制桩

（a）中心桩；（b）坡度钉

为控制端墙基础高程及开挖深度，在①$_1$①$_2$ 和②$_1$②$_2$ 等端墙控制桩上，应测设端墙基础高程钉，即离开基础高程为一整分米数，以便于检查及控制挖土深度。

四、涵洞施工测量

涵洞基础及基坑的边线根据涵洞的轴线测设。由于在施工开挖基坑时轴线桩要被挖掉，所以在坑边 2~4m 处测设轴线控制桩（又称引桩），也可在基坑开挖边界线以外 1.5~2m 处钉设龙门板，将基础轴线用经纬仪或用线绳、垂球引测到控制桩或龙门板上，并钉小钉作标志（称为中心钉），作为挖坑后各阶段施工恢复轴线的依据。

在基础砌筑完毕，安装管节或砌筑涵洞身及端墙时，各个细部的放样均以涵洞的轴线作为放样依据。

涵洞细部的高程放样可根据附近水准点用水准仪测设。

第五节　桥梁变形观测

桥梁工程在施工和使用过程中，由于各种内在因素和外界条件的影响，墩、台会产生一定的沉降、倾斜及位移。如桥梁的自重对基础产生压力，引起基础、墩台的均匀沉降或不均匀沉降，从而使墩柱倾斜或产生裂缝；梁体在动荷载的作用下产生挠曲；高塔柱在日照和温度的影响下会产生周期性的扭转或摆动等。为了保证工程施工质量和运营安全，验证工程设计的效果，需要对桥梁工程定期进行变形观测。观测方法与建筑物的变形观测相似。

一、沉降观测

沉降观测是根据水准点定期测定桥梁墩台上所设观测点的高程，计算沉降量的工作。具体内容是水准点及观测点的布设、观测方法和成果整理。

1. 水准点及观测点的布设

水准点埋设要稳定、可靠，必须埋设在基础上；最好每岸各埋设三个且布设在一个圆弧上，在观测时仪器安置在圆弧的圆心处。水准点离观测点距离不要超过 100m。

观测点预埋在基础和墩身、台身上，埋设固定可靠，观测点其顶端做成球形。基础上的观测点可对称地设在襟边的四角，墩身、台身上的观测点设在两侧与基础观测点相对应的部位，其高度在普通低水位之上。

2. 观测方法

在施工期间，待埋设的观测点稳固后，即进行首次观测；以后每增加一次大荷载要进行沉降观测，其观测周期在施工初期应该短些，当变形逐渐稳定以后则可以长些。

为保证观测成果的精度，沉降观测应采用精密水准测量，所用的仪器为精密水准仪，所用的水准尺为铟瓦水准尺。

观测要做到五定：水准点固定、水准仪与水准尺固定、水准路线固定、观测人员固定和观测方法固定。观测视线长度不要超过50m，前后视距离尽量相等。

每次观测结束后，应检查记录和计算是否正确。

将每次观测求得的各观测点的高程与第一次观测的数值相比较，即得该次所求得的观测点的垂直位移量（沉降量）。

3. 成果整理

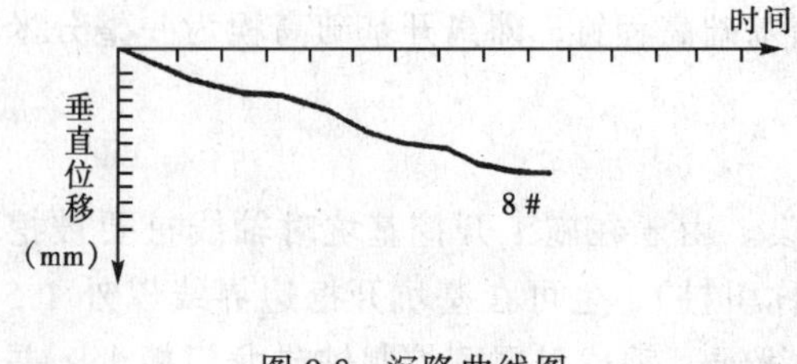

图 9-8　沉降曲线图

根据历次沉降观测各观测点的高程和观测日期填入沉降观测成果表。计算相邻两次观测之间的沉降量和累计沉降量，以便比较。为了直观地表示沉降与时间之间的关系，可绘制成沉降点的沉降量—时间关系曲线图，供分析用。绘制沉降量图时，以时间为横坐标，以沉降量为纵坐标，把观测数据展绘到图上，并将相邻点相连绘制成一条光滑的曲线，这条曲线称为沉降位移过程线，如图 9-8 所示。

如果沉降位移量小且趋势日渐稳定，则说明桥梁墩台是正常的；如果沉降位移量大且有日益增长趋势，则应及时采取工程补救措施。

如果每个桥墩的上下游观测点沉降量不同，则说明桥墩发生倾斜，此时必须采取相应措施加以解决。

二、水平位移观测

水平位移主要产生自水流方向，这是由于桥墩长期受水流尤其是洪水的冲击；其他原因如列车的运行，也会产生沿桥轴线方向位移，所以水平位移观测分为纵向（桥轴线方向）位移和横向（垂直于桥轴线方向）位移。

1. 纵向位移观测

对于小跨度的桥梁可用钢尺、铟瓦线尺直接丈量各墩中心之间的距离，大跨度的桥梁应采用测距仪施测。每次观测所得观测点至测站点的距离与第一次观测距离之差，即为墩台沿桥轴线方向的位移值。

2. 横向位移观测

如图 9-9 所示，A、B 为视准线两端的测站点，C 为墩上的观测点。观测时在 A 点安置经纬仪，在 B、C 点安置棱镜，观测∠BAC 的值后按下式计算出观测点 C 偏离 AB 的距离 d。

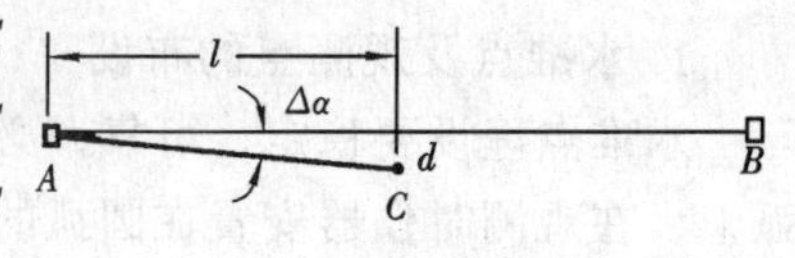

图 9-9　横向位移

$$d = \frac{l\Delta\alpha''}{\rho''}$$

每次观测所求得的 d 值与第一次 d 值之差即为该点的位移量。

三、倾斜观测

倾斜观测主要是对高桥墩和斜拉桥的塔柱进行铅垂线方向的倾斜观测，这些构筑物倾斜与基础的不均匀沉降有关。

在桥墩立面上设置上下两个观测标志，它们的高差为 h，用经纬仪将上标志中心投影到下标志附近，量取它与下标志中心的水平距离 ΔD，则两标志的倾斜度为

$$i = \frac{\Delta D}{h}$$

四、挠度观测

挠度观测是对梁在静荷载和动荷载的作用下产生挠曲和振动的观测。

如图 9-10 所示，在梁体两端及中间设置 A、B、C 三个沉降观测点，进行沉降观测，测得某时间段内这三点的沉降量分别为 h_a、h_b 和 h_c，则此构件的挠度为

$$f = \frac{h_a + h_c - 2h_b}{2D_{AC}}$$

利用多点观测值可以画出梁的挠度曲线。

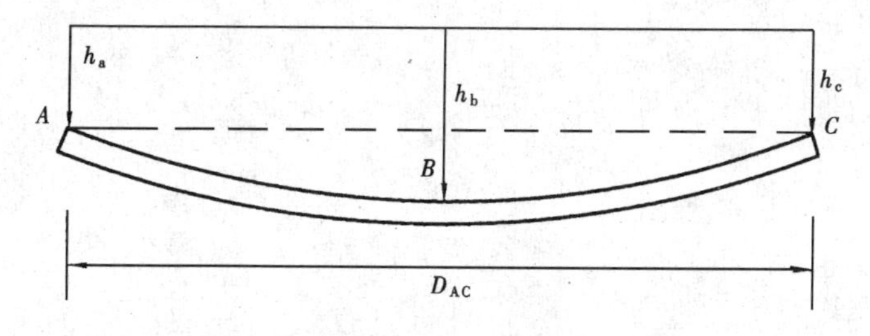

图 9-10　挠度曲线

五、裂缝观测

裂缝观测是对混凝土的桥台、桥墩和梁体上产生的裂缝的现状和发展过程的观测。

裂缝观测时在裂缝两侧设置观测标志，用直尺、游标卡尺或其他量具定期测量两侧标志间的距离、裂缝长度，并记录测量的日期。

思考题与习题

1. 桥梁施工测量有哪些内容？
2. 桥梁施工控制测量有哪些？如何进行？
3. 桥梁墩台中心测设方法有几种？如何施测？
4. 桥梁变形观测有哪些内容？如何进行？
5. 如图 9-11 所示为桥梁施工控制网，外业观测数据如下：

$d_1 = 222.605\text{m}$　　$d_2 = 224.571\text{m}$

$\angle 1 = 55°16'13''$　　$\angle 4 = 33°28'17''$

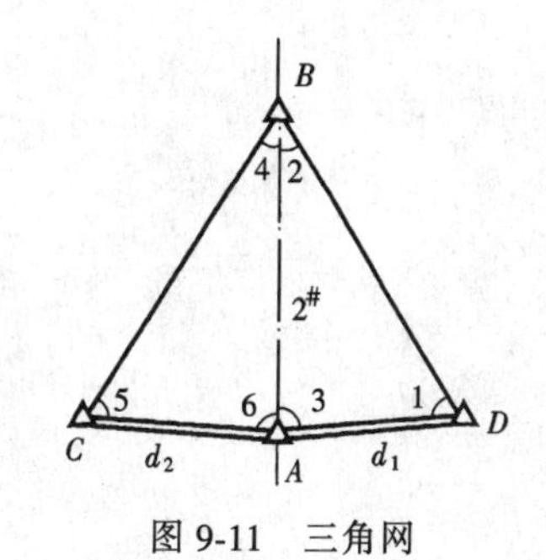

图 9-11　三角网

$\angle 2 = 35°18'23''$　　　　$\angle 5 = 51°01'45''$

$\angle 3 = 89°25'12''$　　　　$\angle 6 = 95°30'05''$

求：(1) 桥轴线 AB 的长度；

(2) 桥轴线端点 A 至 2 号桥墩距离为 105.87m，求测设 2 号桥墩所需的测设数据。

6. 已知临时水准点高程为 3.672m，后视水准尺读数为 1.864m，桥墩顶部钢垫板高程为 4.015m，求钢垫板前视水准尺上的读数。

7. 涵洞施工测量的任务与测设内容有哪些？

第十章　全站仪及其使用

第一节　全站仪的基本功能与构造

一、全站仪的基本功能

全站仪的基本功能是仪器照准目标后，通过微处理器控制，自动完成测距、水平方向、竖直角的测量，并将测量结果进行显示与存储。存储的数据可以记录在磁卡上，利用磁卡将数据输入到计算机，或者存储在微处理器的存储介质上，再在专用软件的支持下传输到计算机。全站仪是一种多功能仪器，除能自动测距、测角和高程三个基本要素外，还

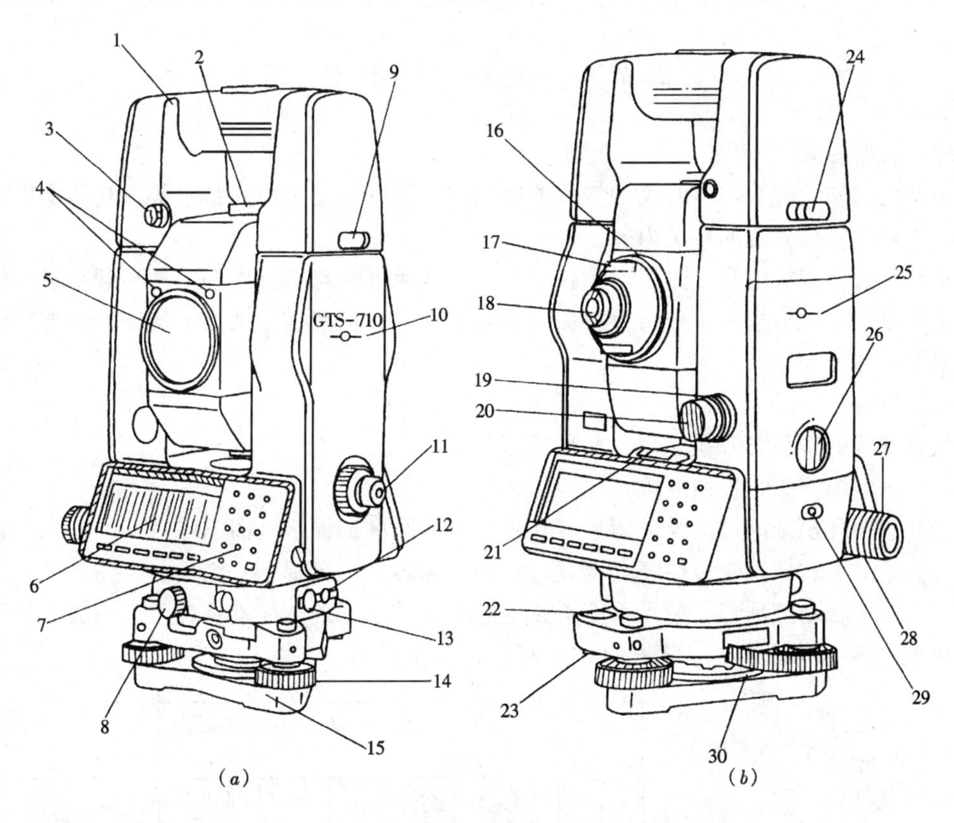

图 10-1　拓普康 GTS-710 电子全站仪构造

1—手把型电池；2—瞄准器；3—保险丝盒；4—定线点指示器；5—物镜；6—显示窗；7—操作键；8—下盘水平制动螺旋；9—电池固定钮；10—仪器中心标志；11—光学对点器；12—外部电源接口；13—串行接口；14—脚螺旋；15—基座；16—望远镜调焦螺旋；17—望远镜把手；18—望远镜目镜；19—竖直制动螺旋；20—竖直微动螺旋；21—长水准管；22—圆水准器；23—圆水准器校正螺丝；24—电池固定钮；25—仪器中心标志；26—磁卡盒锁定钮；27—水平微动螺旋；28—水平制动；螺旋；29—电源开关；30—三角基座固定钮

能快速完成一个测站所需完成的工作，包括平距、高差、高程，坐标以及放样等方面功能的计算。具有高速、高精度和多功能的特点。目前，有的全站仪在 WINDOWS 系统支持下，实现了全站仪功能的大突破，使全站仪实现了电脑化、自动化、信息化、网络化。因此，它既能完成一般的控制测量，又能进行地形图的测绘和施工放样。

二、拓普康（TOPCON）GTS-710 电子全站仪的构造

全站型电子速测仪简称全站仪，它由光电测距仪、电子经纬仪和数据处理系统三大部分组成。

图 10-1 为拓普康 GTS-710 电子全站仪的构造。该仪器属于整体式结构，测角、测距等使用同一望远镜和同一微处理系统，盘左和盘右各设一组键盘和液晶显示器，以便操作。在基座上方设有 RS-232C 中行信号接口，用于与数据采集器的连接。

全站仪的种类很多，精度、价格不一。衡量全站仪的精度主要包含测角精度和测距精度两部分：一测回方向中误差从 0.5″到 5″不等，测边精度从 1mm + 1ppm 到 10mm + 2ppm 不等。该仪器的测角精度为 ±1″，一般气象条件下测程为 3.6km，测距精度为 2mm + 2ppm。

第二节　全 站 仪 的 使 用

一、仪器安置

全站仪的安置方法与经纬仪的安置方法相同，包括仪器对中、整平等，具体操作方法详见第三章经纬仪安置的相关内容。

跟踪杆的安置方法是：先将对中杆下端的尖瑞对准测点标志中心，然后调节跟踪杆的两条支架变圆水准器居中，然后再将棱镜连接于跟踪杆的棱镜支架上，转动棱镜支架使棱镜面对准仪器方向。

二、开机

仪器安置完毕后可开机工作，操作流程如下：

（1）按电源开关，接通电源；

（2）显示屏出现闪烁的纵转望远镜和水平旋转照准部提示（图 10-2）；

（3）上下纵转望远镜，使竖盘读数过 0°至“纵转望远镜提示”消失；

（4）水平转动照准部，使水平度盘读数过 0°至“水平旋转照准部提示”消失，显示屏即刻出现主菜单（图 10-3），开机完成，可进行测量工作。

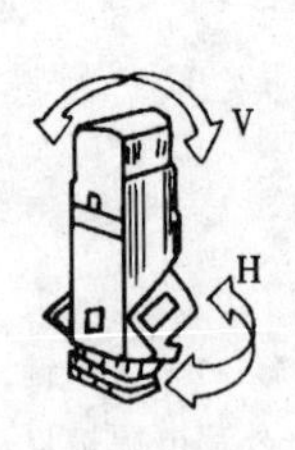

图 10-2

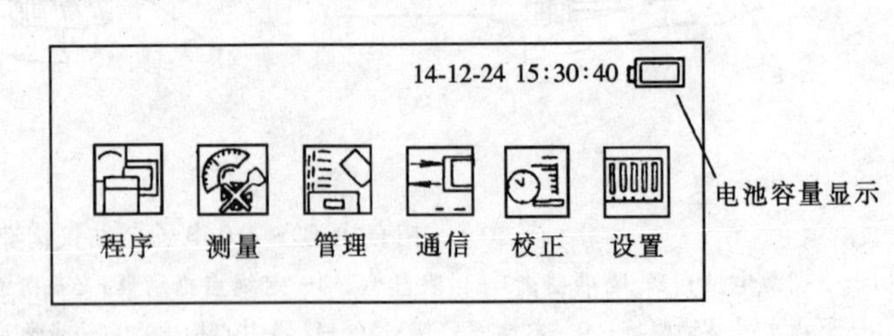

图 10-3　主菜单

三、角度测量

利用全站仪进行角度测量，基本操作程序与经纬仪大体相同，不同点在于水平度盘的配置方法。

（一）水平度盘起始方向为0°时的操作方法

（1）在主菜单下（图 10-3）按［F2］（测量）键，进入标准测量模式（角度测量、距离测量、坐标测量，如图 10-4 所示）。若开机后已是标准测量模式可直接进行下一步；

（2）照准第一个目标（A）；

（3）按［F4］键（置零），将 A 目标的水平度盘读数置零（图 10-5），并按［F6］（设置）键，确认设定（图 10-6）；

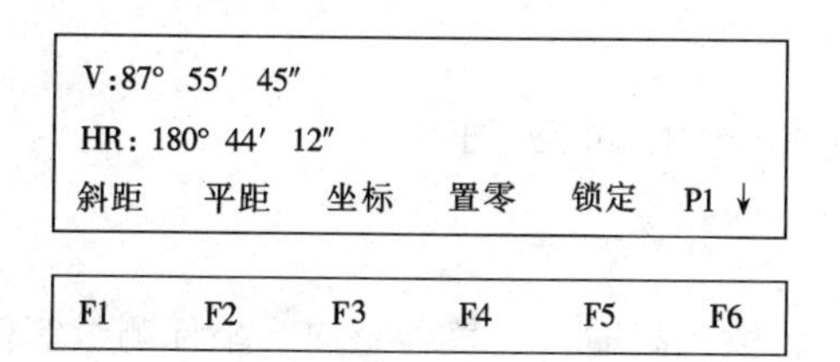

图 10-4 标准测量模式

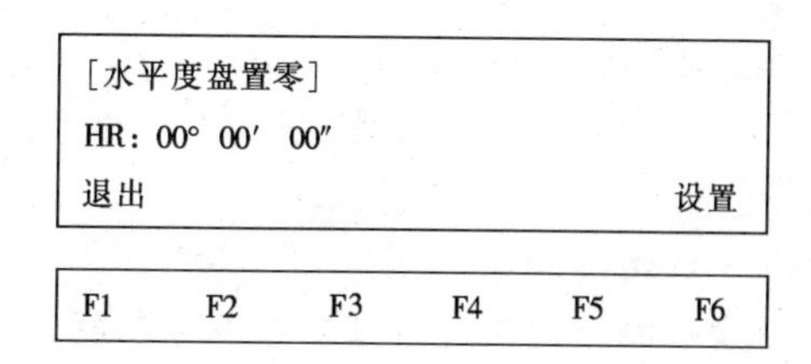

图 10-5 水平度盘置零

（4）照准第二个目标（B），仪器显示目标 B 的竖直角（V:）和水平方向值（HR:）（图 10-7）。

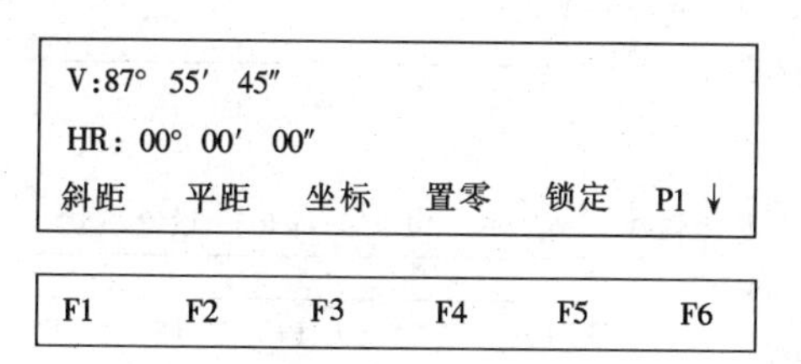

图 10-6 A 目标水平度盘置零

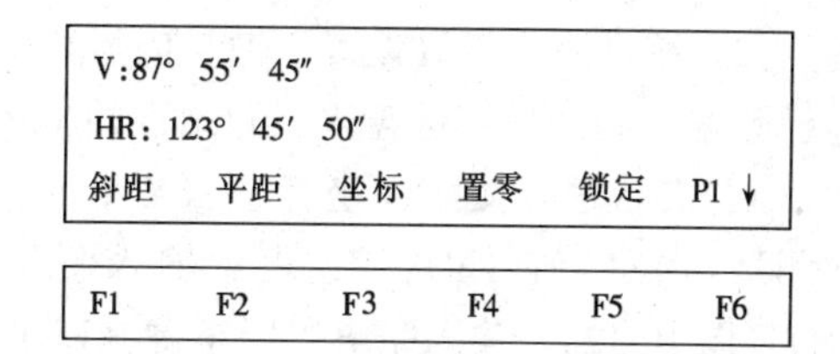

图 10-7 竖直角、水平方向值显示

（二）水平度盘起始方向值为某一“设定值”时的操作方法

（1）同（一）中的 1、2 步；

（2）按［F6］键（翻页），进入第二页功能（图 10-8），再按［F1］（置盘）键；

（3）利用数字键盘输入所需的角值。如需设定的水平角值为70°20′30″，则从数字键盘上输入 70 20 30（如图 10-9），按回车键［ENT］确认。回车前可利用［F6］（左移）键修正输入，取消设值可按［F1］（退出）键；

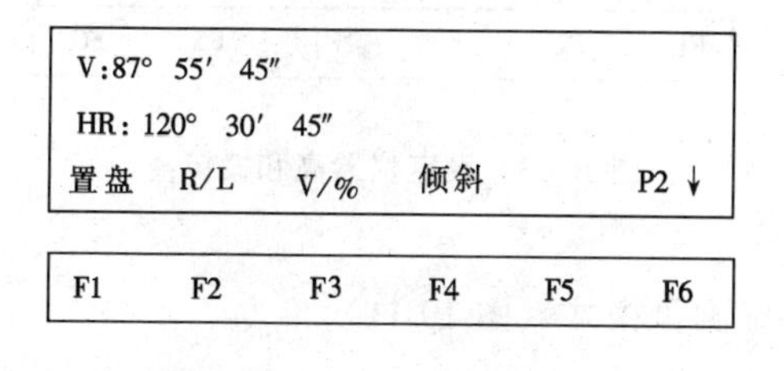

图 10-8 第二页功能

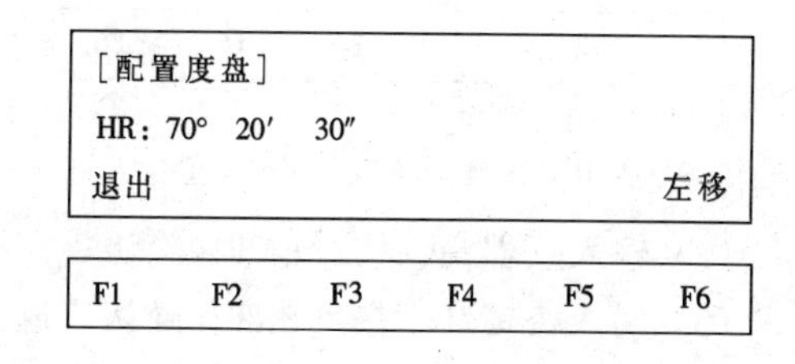

图 10-9 输入所需角值

（4）回车后显示返回测角模式，即可进行角度测量工作。

四、距离测量

（1）首先确认为角度测量模式（图 10-7），若不是则可按［ESC］键退回主菜单，再按

V:87° 55′ 45″
HR: 120° 30′ 45″ PSM0.0
HD: 716.6612 ppm - 12.5
VD: 4.0010 (m) * F.R
斜距 平距 坐标 置零 锁定 P1

F1	F2	F3	F4	F5	F6

图 10-10 测距

[F2] 键即可；

(2) 照准棱镜中心；

(3) 按 [F1] (斜距) 键或 [F2] (平距) 键可进行相应的距离测量工作；

(4) 数秒后显示测距结果。HD：表示平距，SD：表示斜距，VD：表示高差（如图 10-10)。

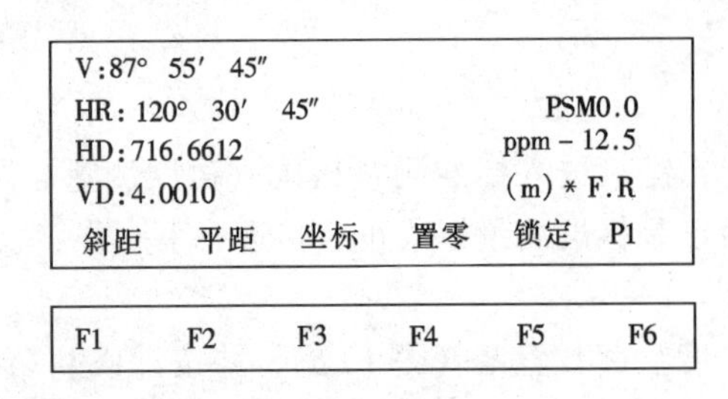

第三节 全站仪在测量中的应用

一、坐标测量

坐标测量时需进行测站点坐标设定、仪器高和棱镜高输入、仪器定向、坐标测量等四项工作。

(一) 测站点坐标设定

(1) 在角度测量模式下（图 10-7)，按 [F3] (坐标) 键，显示坐标测量界面（图 10-11)；

(2) 按 [F5] 键（设置）键，闪烁显示以前的坐标数据，利用数字键盘输入测站点的坐标值。其中，N：表示输入测站纵坐标值（X)；E：表示输入测站横坐标值（Y)；Z：表示输入测站高程值（H)（图 10-12)。输入完毕按回车键 [ENT] 确认。若需同时测定点的高程，可接着进行下面的操作。

N: <<<
E:
Z:
信号 高程 均值 m/ft 设置 P2 ↓

F1	F2	F3	F4	F5	F6

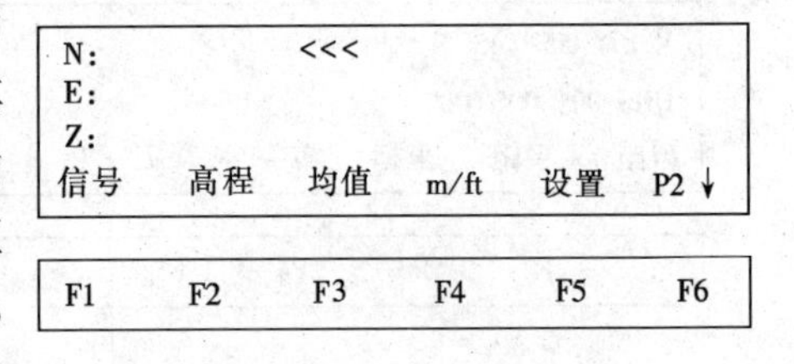

图 10-11 坐标测量界面

(二) 设定仪器高和棱镜高

(1) 按 [F2] (高程) 键，显示以前的数据（图 10-13)；

[设置测量站点]
N:1234.5670 PSM0.0
E:2345.6780 ppm - 12.5
Z:10.2300 (m) * F.R
退出 左移

F1	F2	F3	F4	F5	F6

图 10-12 输入测站点坐标值

仪器高: Hi: 1.230m
棱镜高: Hr: 1.340m
退出 左移

F1	F2	F3	F4	F5	F6

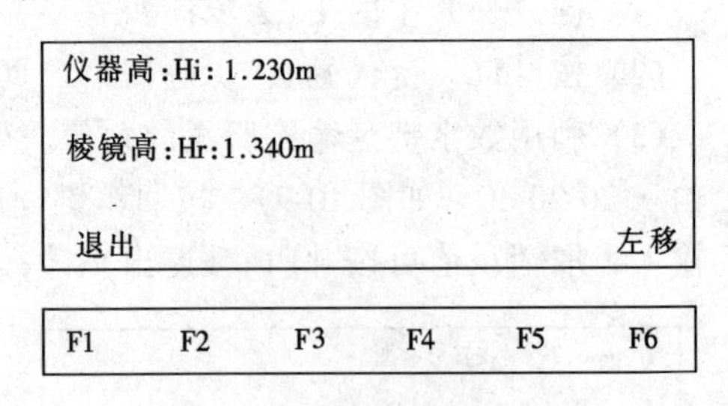

图 10-13 设定仪器高和棱镜高

(2) 输入仪器高，按 [ENT] 确认；

(3) 输入棱镜高，按 [ENT] 确认，返回坐标测量模式（图 10-11)。

(三) 仪器定向

仪器定向即设定起始方位角。

(1) 按 [ESC] 键，返回主菜单（图 10-13)，按 [F1] (程序) 键，进入程序测量模式，显示仪器提供的测量程序项（图 10-14)；

(2) 按 [F1] 键，选择“设置方向”程序项，显示当前数据（测站点平面坐标）(图

10-15)；

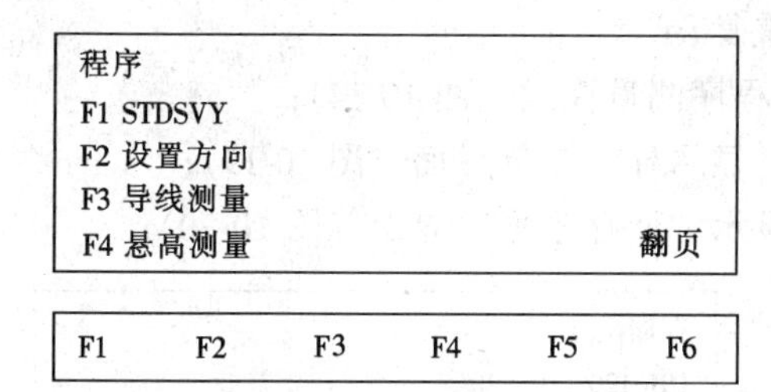

图 10-14 测量程序项

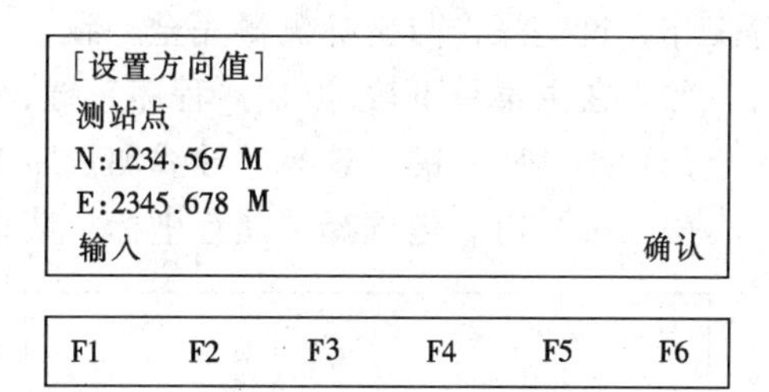

图 10-15 测点平面坐标

（3）按［F6］（确认），进入后视点坐标输入界面，用数字键盘输入当前后视点坐标（图 10-16），完成后按［ENT］确认，出现方向设置界面（图 10-17）；

（4）精确瞄准后视点，按［F5］（是）确认，完成仪器方向（方向设置）。

（四）测量坐标

（1）在完成上述准备工作后，返回主菜单，转动仪器精确瞄准待定点棱镜后，按［F2］进入标准测量模式；

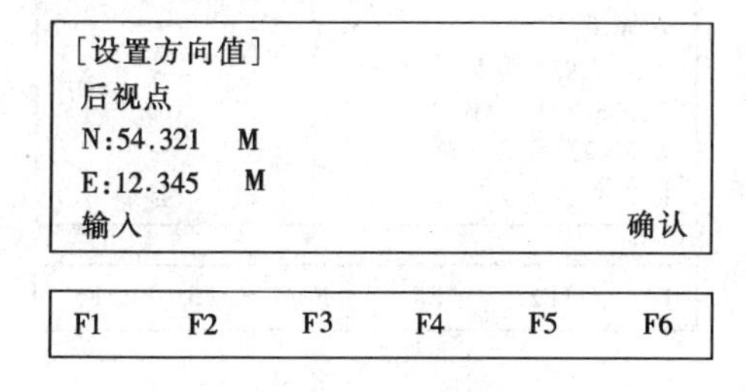

图 10-16 输入后视点坐标

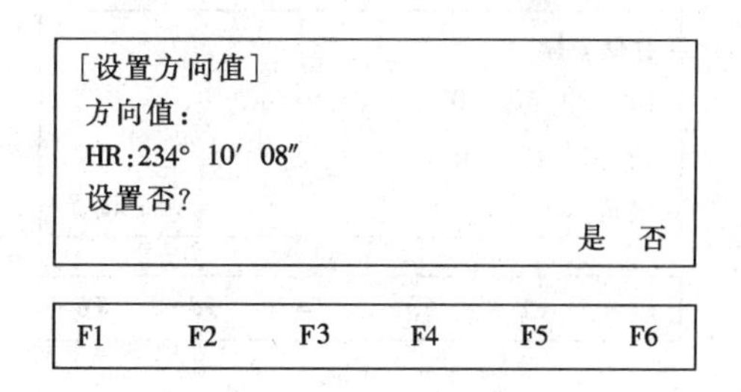

图 10-17 方向设置界面

（2）按［F3］（坐标）键，进行坐标测量，数秒后显示镜站点的坐标；

（3）迁移镜站可进行其他点的坐标测量。

二、导线测量

导线测量如图 10-18 所示。假设仪器由已知点 P_0 依次到未知点 P_1、P_2、P_3 并测定 P_1、P_2、P_3 各点的坐标，则从坐标原点开始每次移动仪器之后，前一点的坐标在内存中均可恢复出来。具体方法如下：

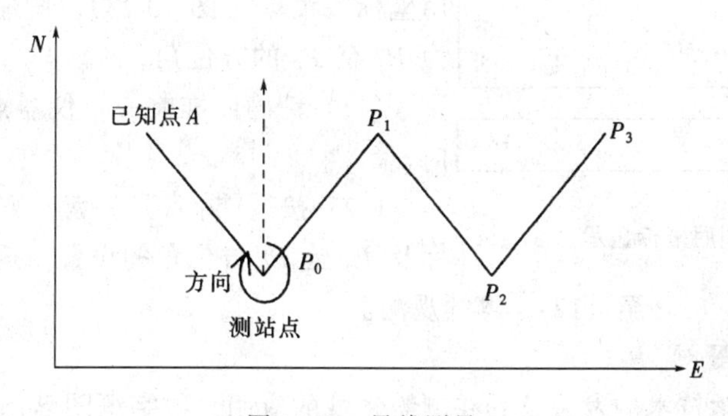

图 10-18 导线测量

(1) 在导线起始点 P_0 上安置仪器，并进行测站点坐标设定、仪器高输入、仪器定向等工作，这些操作与坐标测量完全一致，不再重复；

(2) 在主菜单下按［F1］(程序) 键，进入程序测量模式 (图 10-14)；

(3) 按［F2］键，选择“导线测量”菜单，显示导线测量界面 (图 10-19)；

(4) 按［F1］键选择“储存坐标”菜单，显示“储存坐标”界面 (图 10-20)；

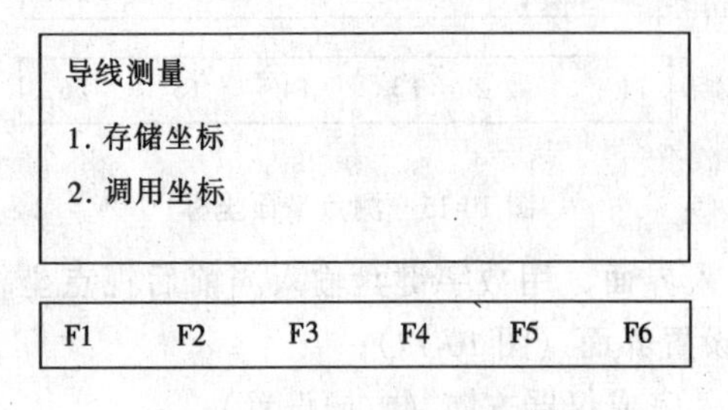

图 10-19 导线测量界面

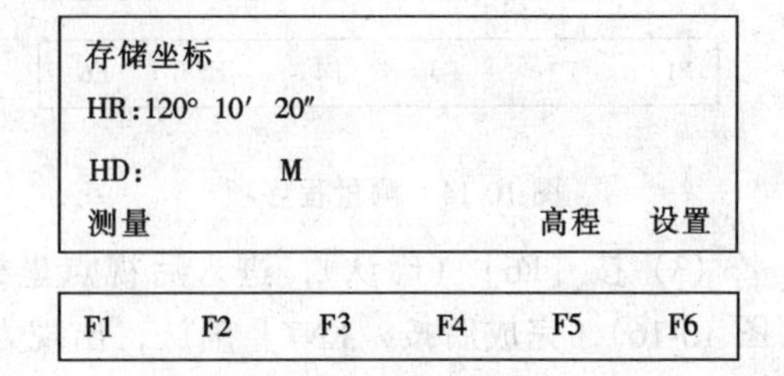

图 10-20 存储坐标

(5) 照准待定点 P_1，按［F5］键可进行仪器高、棱镜高的设定，按［F1］(测量) 观测开始，数秒后显示 P_0P_1 点间水平距离 (HD) 与 P_0、P_1 的方位角 (图 10-21)；

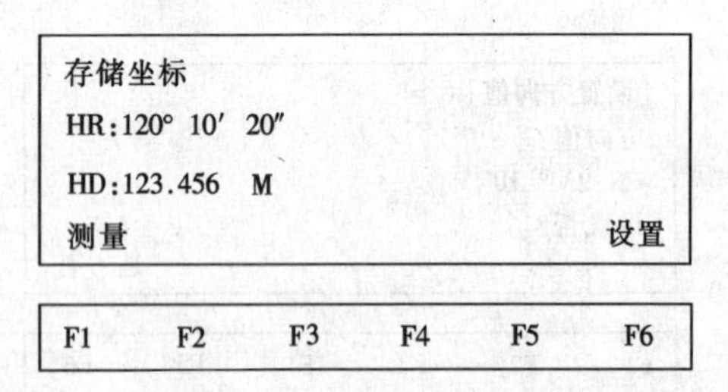

图 10-21 水平距离显示

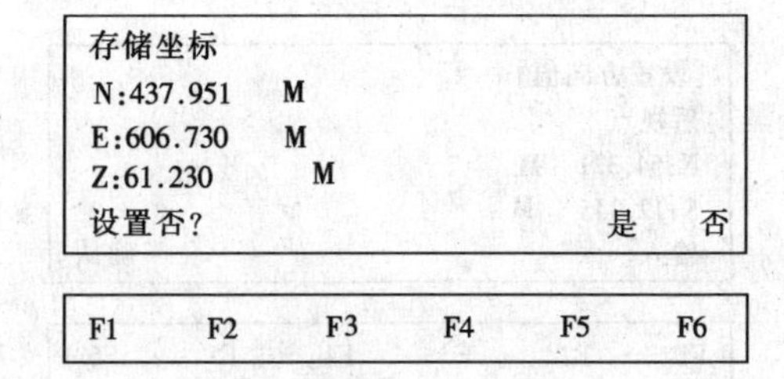

图 10-22 方位角显示

(6) 按［F6］(设置) 键，显示 P_1 点的坐标值 (图 10-22)；

(7) 按［F5］(是) 键，存储显示 P_1 点的坐标，显示返回主菜单。完成该点测量工作，关机，迁站至 P_1 点；

(8) 仪器设置在 P_1 后，打开电源进入程序测量模式 (图 10-14)，即可观测；

(9) 按［F2］选择导线测量键功能，显示导线测量界面 (图 10-19)；

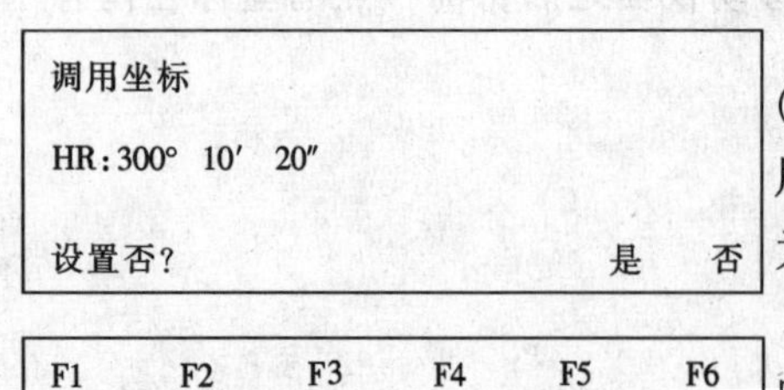

图 10-23 调用坐标显示

(10) 按［F2］键，选择“调用坐标”菜单 (调用 P_1 点坐标及 P_1 至 P_0 的方位角)，显示“调用坐标”菜单 (图 10-23)，图中的 HR：30°10′20″为 P_1 至 P_0 的方位角；

(11) 精确照准前一个仪器点 P_0，进行仪器定向；

(12) 按［F5］(是) 键，确认测站点 P_1 的坐标及 P_1 至 P_0 方位角的设置，返回主菜单；

(13) 重复步骤 (1) 至 (12)，继续观测。

三、数字化测图

随着计算机科学技术的发展及其在测绘领域的应用，数字测图已迅速成熟起来。数字化测图系统包括软件系统和硬件系统。软件系统主要有操作系统（如 WINDOWS）、图形软件（如 AUTOCAD）、测图专用软件（如 EPSW2.0）等。硬件系统主要有全站仪、电子手簿、计算机、绘图仪等。其中，全站仪的作用是完成对外业地形观测点数据（观测数据或坐标）的采集和测站点、特征点编码（如点号等输入），并通过电子手簿完成对采集的数据进行存储、预处理与传输。

1. 作业准备

包括全站仪数据通讯的设置、工程名称和测区范围的设定、测区图幅的划分、已知控制点坐标的输入，以及测量作业参数、图的分层、出图格式和图廓整饰等的设置。

2. 外业数据采集

外业数据采集包括图根控制测量和碎部测量。在数字化测图中，图根控制测量和碎部测量既可分步进行，即先控制后碎部，也可采用“同步法测量”，即图根控制测量与碎部测量同时进行，并实时显示成图。在小范围测图中，后者既省时又省力，同时也能满足精度要求，因而较为常用。

如图 10-24 所示，A、B、C、D 为已知点，a、b……为图根导线点，1、2……为地形特征点，则作业过程如下：

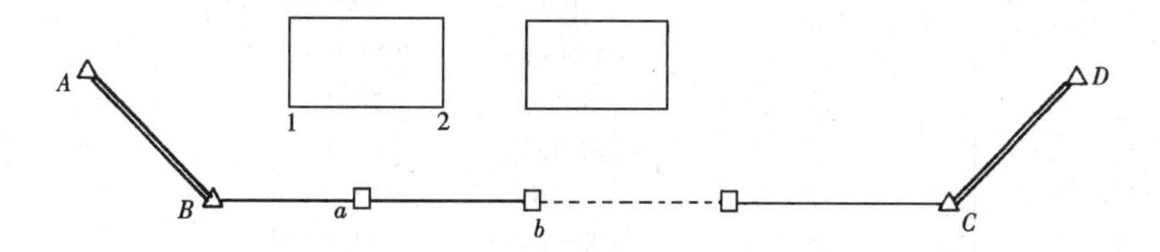

图 10-24　数字化测图

（1）全站仪安置于 B 点，后视 A 点，前视 a，测得水平角、前视竖直角和斜距，由此算得 a 点三维坐标（X_a、Y_a、H_a）。可采用全站仪的坐标测量功能或调用专用测量程序完成此项工作。

（2）仪器不动，以 A 作零方向施测 B 点周围的特征点 1、2……并依据 B 点坐标计算出各特征点的坐标。根据记录的特征点坐标、地形要素编码和连接信息编码，在显示屏上实时展绘成图，并可现场编辑修改。

（3）仪器迁至 a 测站，后视 B 点，前视 b 点，同样测得水平角、竖直角和斜距，算得 b 点三维坐标（X_b、Y_b、H_b）。然后同（2）进行本站周围的特征点测量。同法测量其余各点。

（4）当测至导线终点 C 时，再根据 B 至 C 的导线测量数据，计算出导线的闭合差。若限差在允许范围内，则平差各导线点的坐标，并可根据平差后的坐标重新计算各特征点的坐标，然后再作图形处理。

3. 特征点信息处理

在采集数据过程中，需要对特征点的有关属性进行确定，这些属性有点号、编码、观测值、目标高、连接等。首先是特征点“点号”（也是测量顺序）的输入，第一个点号输入后，其后每观测一个点，点号自动累加 1；其次是分类“编号”，即根据特征点的类别输入其类代码。顺序测量时，同类编码只需输入一次，其后程序自动默认，只有在编码改变时，再输入新的编码；观测数据如“水平角”、“竖直角”、“斜距”等均由全站仪自动输入；“目标高”由人工输入，输入一次后，其余测点自动默认。当目标高改变时，键入新值；“连接”指连接点，程序自动默认连接上一点点号，即自动与上一点相连接。当面要连接其他点时，则输入相应的点号。这些属性信息都将存储在碎部点的记录中。

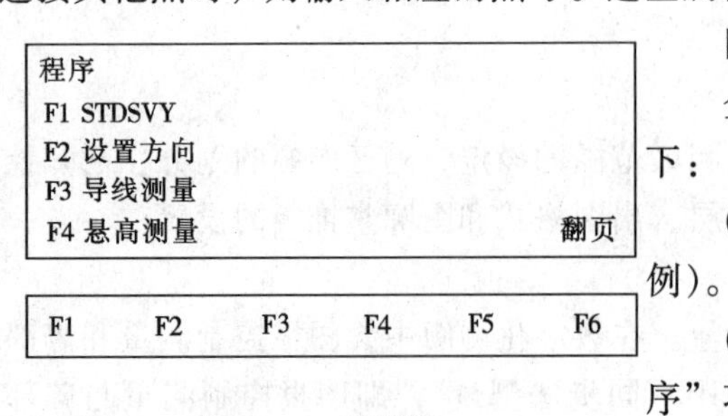

图 10-25　子菜单

四、放样测量

全站仪进行坐标放样（点位放样）的方法如下：

(1) 将仪器安置于控制点 A（以图 10-36 为例）。

(2) 开机后，进入主菜单。按 F1 键选择“程序”项，进入一级子菜单，如图 10-25。

(3) 在子菜单中选择“STDSVY”（标准测量程序），进入程序测量环境窗口，如图 10-26 所示。

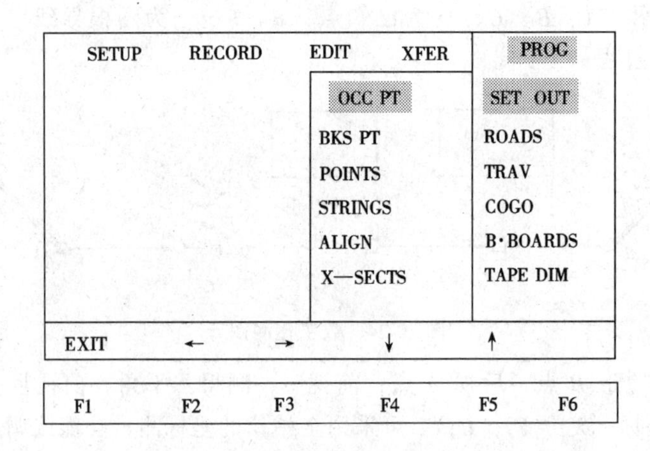

图 10-26　程序测量

(4) 在程序测量窗口的菜单中，利用左右光标键（F2、F3）选择“PROG”（程序）菜单，出现二级下拉子菜单（图中的“SET OUT”、“ROAD”……）。在该子菜单中利用上下光标键（F4、F5）选择“SET OUT”（放样）功能项，按［ENT］键后弹出与之相关联的三级下拉子菜单。在三级子菜单中出现“Occ Pt”、“BKS PT”、“POINTS”等功能项，分别表示“测站点信息输入”、“后视点信息输入”和“点放样”等功能。

(5) 选择“Occ Pt”功能，出现如图 10-27 所示的测站点设定窗口。窗口中的“OCC Pt”、“INS Ht”、“PT CODE”分别表示“测站点号”、“仪器高”、“测站点编码”。

如仪器内尚未存贮有此点信息，由出现输入此点信息的窗口，如图 10-28，该窗口中的“PT NO”、“NORTH”、“EAST”、“ELEV”、“PT CODE”分别表示“测站点号、X 坐标、Y 坐标、高程 H、点编码。”在相应栏目中输入相应值并按回车确认，输入完成返回图 10-26 窗口。

(6) 返回图 10-26 窗口后，利用上下光标键，选择“BKS PT”（后视点）项，出现后视点信息窗口（图 10-29）。在该界面中输入后视点的编号（B 点）。如仪器内尚未有此点

occupied point
occ pt
A
ins Ht
1.480
Pt Code
PT
NUM
←BS
→
↓
SPC
P2
F1
F2
F3
F4
F5
F6

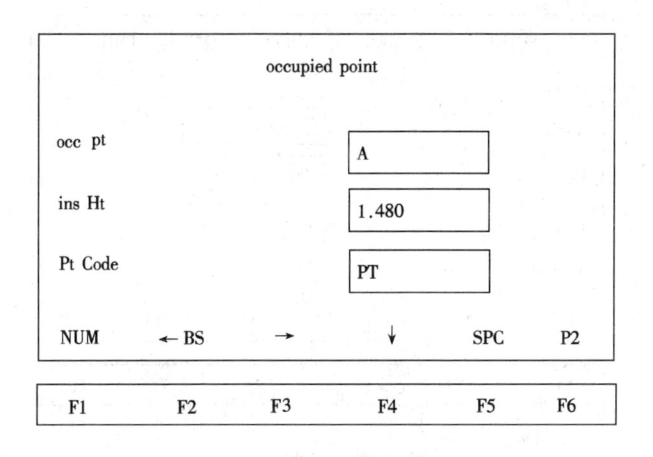

图 10-27 测站点设定

SETUP
RECORD
EDIT
XFER
PROG
Pt no
A
North
410.267
East
500.000
Elev
59.527
Pt code
PT
NUM
←
→
↓
SPC
←BS
F1
F2
F3
F4
F5
F6

图 10-28 信息编码

信息，则出现图 10-30 所示的后视点 *B* 的信息输入窗口。各栏目含义与图 10-28 相同。

SETUP
RECORD
EDIT
XFER
PROG
BKS PT
B
NUM
←
→
↓
SPC
←BS
F1
F2
F3
F4
F5
F6

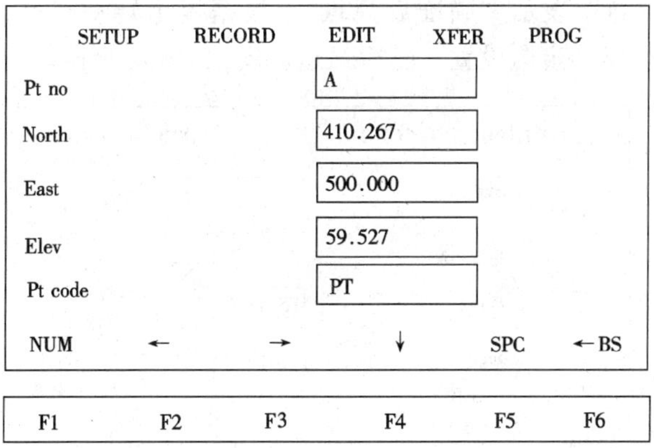

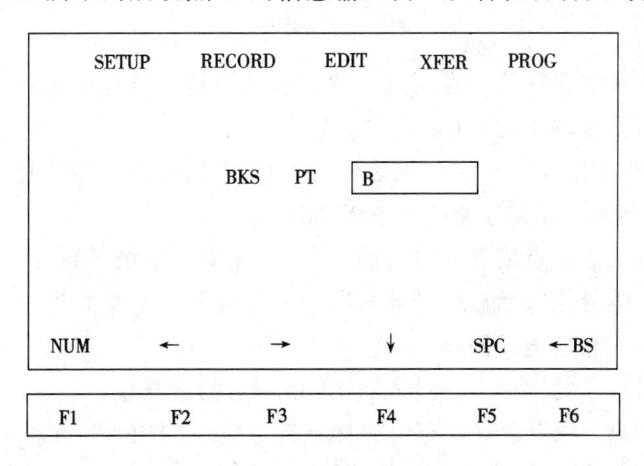

图 10-29 视点信息

数据输入完成并确认（ENT）后，进入仪器定向窗口（图 10-31）。窗口中“BKS PT”、

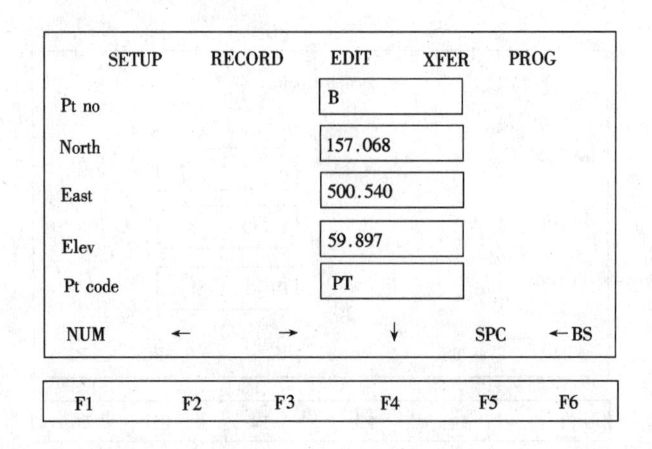

图 10-30 后视点信息

"BKS BRG"、"HORIZ" 分别表示"后视点名"、"后视方位角"、"水平度盘值"。窗口中的提示"SIGHT BS POINT"表示"瞄准后视点"。根据提示转动仪器，精确瞄准后视点 B，按 F1 键（SET）进行仪器定向设置。随后又返回图 10-26 所示窗口。

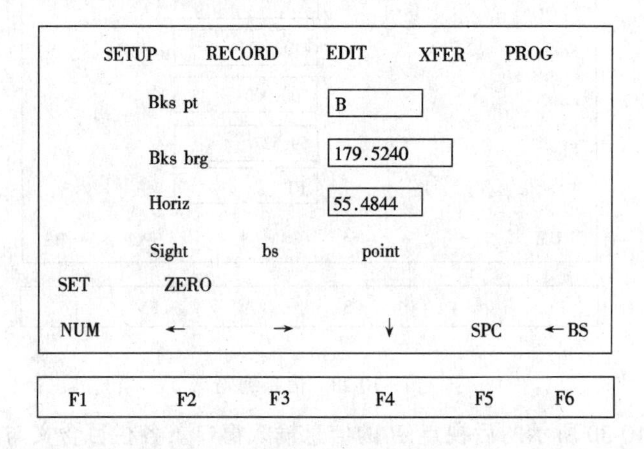

图 10-31 定向窗口

（7）将棱镜大致置于待放样点附近，仪器瞄准棱镜，选择图 10-26 中的"POINTS"项（点放样），回车后出现图 10-32 所示窗口。

按 F5 键，选择"CANCL"后，出现图 10-33 窗口。在该窗口中输入待放样点号（PT-NO）如"1"和棱镜高（R HT）如"1.500"m。

回车后出现输入放样点信息窗口（图 10-34）此窗口中的"Pt no"、"North"、"East"、"Elev"、"Pt code" 等分别表示放样"点号"、"X 坐标"、"Y 坐标""高程"、"点的编码"。在相应输入栏中输入相应值并回车。

当光标位于最后一栏并回车，进入图 10-35 所示的放样窗口。

该窗口中"REQ"值表示测站至待放样点的方位，"TURN"值表示测站至当前棱镜点的方位角，"AWAY"值表示棱镜点与待放样点间的距离，"CUT"值表示填挖深度。右测子窗口中的"圆圈"与"方块"图形分别表示棱镜位置和待放样点的位置，此图表示棱镜与放样点之间的相对位置关系。观测员指挥棱镜员移动棱镜，当"TURN"值与"REQ"

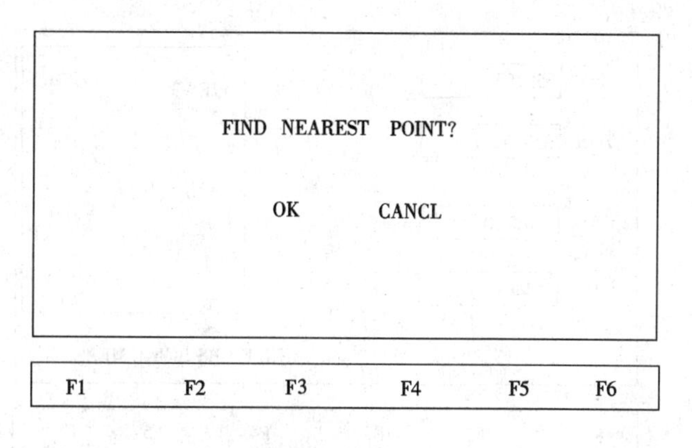

图 10-32　点放样

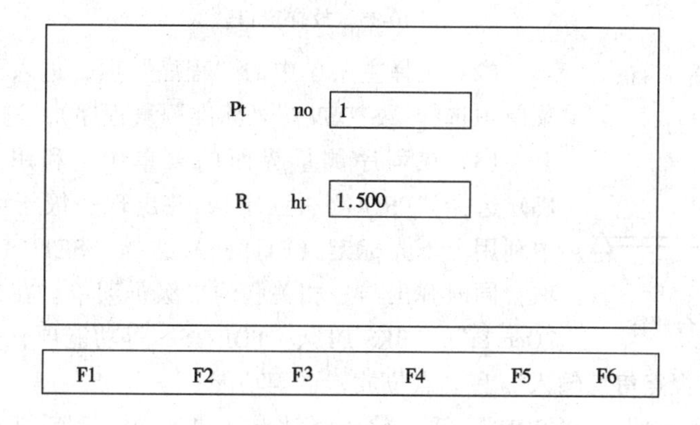

图 10-33　输入待放样点号

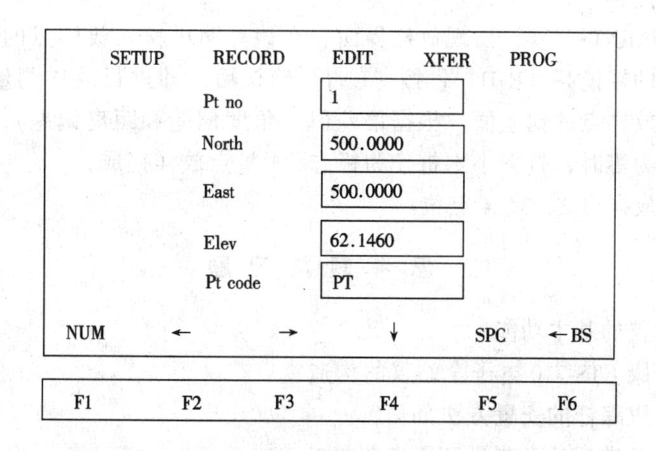

图 10-34　放样点信息

值一致、“AWAY”为零时，该点放样完成。打下木桩作为标志，1 号点放样完成。

（8）同法可放样出其余各点点位。

如图 10-36 所示，A、B 为测量控制点，1、2、3、4 为拟建构筑物墩台放样点，其放样操作过程如下：

（1）在 A 点安置全站仪，开机并进入主菜单；

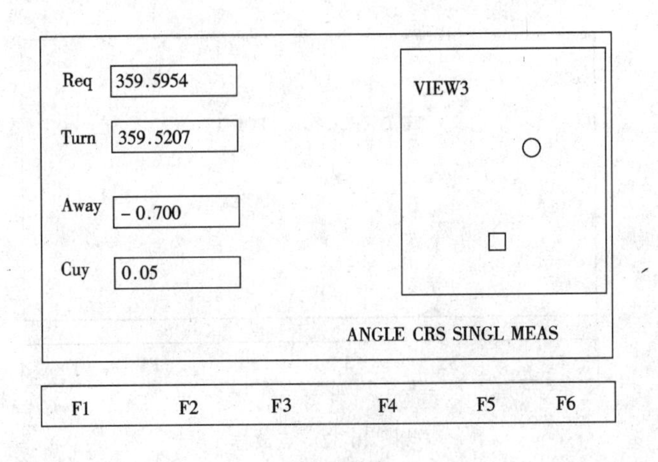

图 10-35 放样窗口

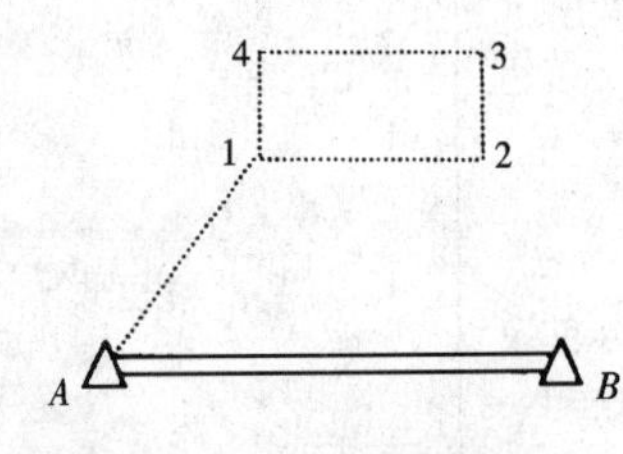

图 10-36 墩台放样

(2) 选择主菜单中的“程序”项，进入下级子菜单，在子菜单中选择“STDSVY”(标准测量程序)，进入程序测量环境；

(3) 在程序测量界面的菜单中，利用左右光标键（F2、F3）选择“PROG”（程序），并出现一级子菜单。在该子菜单中利用上下光标键（F4、F5）选择“SET OUT”（放样）功能项，同时弹出与之相关联的二级子菜单。在二级子菜单中出现“Occ Pt”、“BKS PT”、“POINTS”等功能项，分别表示“测站点信息输入”、“后视点信息输入”和“点位放样”等功能；

(4)选择“Occ Pt”、“BKS PT”，项，输入测站点（如 *A* 点）和后视点（如 1 点）的有关信息；

(5) 选择“POINTS”项，出现放样界面。在该界面中输入放样点的编号（PtNo，如 1 号点）及放样点的棱镜高（R HT），按“ENT”确认后，即进行放样测量。当瞄准后视点棱镜时，显示出放样点的偏差值，根据偏差值（角度偏差和距离偏差），前后或左右移动棱镜，当偏差值为零时，打下小木桩作为标志，1 号点放样完成；

(6) 同法可放样出 2、3、4 点位。

思考题与习题

1. 简述全站仪的基本功能？
2. 试述拓普康 GTS-710 电子全站仪的构造？
3. 全站仪及跟踪杆的安置方法如何？
4. 全站仪如何进行角度测量和距离测量？
5. 简述全站仪进行坐标放样的方法？